应用型本科高校建设示范教材

工程力学导学篇

主　编　高曦光　蒋　彤

副主编　马昌红　刘　隆　李　琳　侯善芹

中国水利水电出版社
www.waterpub.com.cn
·北京·

内 容 提 要

本书是根据《高等学校理工科非力学专业力学基础课程教学基本需求》，并结合创建应用型本科院校背景，以及工程力学课程教学大纲的内容和要求编写的。全书共14章，包括：静力学基础、平面力系、空间力系、轴向拉伸与压缩、剪切与挤压、圆轴的扭转、弯曲、应力状态分析与强度理论、组合变形、压杆稳定、一点的运动分析、刚体的平面运动、质点动力学、动力学普遍定理。本书重视基本概念和基本分析方法，注重培养学生分析和解决问题的能力，同时配有《工程力学教程篇》供读者使用。

本书可作为高等学校工科各相关专业的“工程力学”课程教材，也可供大专院校、成人高校师生及有关工程技术人员参考。

本书配有习题答案，读者可以从中国水利水电出版社网站（www.waterpub.com.cn）或万水书苑网站（www.wsbookshow.com）免费下载。

图书在版编目（CIP）数据

工程力学导学篇 / 高曦光，蒋彤主编. -- 北京 : 中国水利水电出版社，2023.1
应用型本科高校建设示范教材
ISBN 978-7-5226-1347-5

Ⅰ. ①工… Ⅱ. ①高… ②蒋… Ⅲ. ①工程力学－高等学校－教材 Ⅳ. ①TB12

中国国家版本馆CIP数据核字(2023)第022260号

策划编辑：杜　威　　责任编辑：王玉梅　　封面设计：梁　燕

书　名	应用型本科高校建设示范教材 工程力学导学篇 GONGCHENG LIXUE DAOXUE PIAN
作　者	主　编　高曦光　蒋　彤 副主编　马昌红　刘　隆　李　琳　侯善芹
出版发行	中国水利水电出版社 （北京市海淀区玉渊潭南路1号D座　100038） 网址：www.waterpub.com.cn E-mail：mchannel@263.net（答疑） sales@mwr.gov.cn 电话：（010）68545888（营销中心）、82562819（组稿）
经　售	北京科水图书销售有限公司 电话：（010）68545874、63202643 全国各地新华书店和相关出版物销售网点
排　版	北京万水电子信息有限公司
印　刷	三河市德贤弘印务有限公司
规　格	170mm×240mm　16开本　12.75印张　236千字
版　次	2023年1月第1版　2023年1月第1次印刷
印　数	0001—3000册
定　价	38.00元

前　言

“工程力学”是高等学校工科专业的一门重要专业基础课程，它不仅是后续专业课程的基础，还能够帮助学生分析和解决工程中的某些实际问题。但是近年来，“工程力学”教学课时有所减少，再加上课程本身具有理论性强、概念多、公式多、计算多的特点，给教与学都增加了难度。为了满足由于这些变化所产生的教学以及应用型人才培养的需要，我们组织人员，参照教育部高等学校力学教育指导委员会力学基础课程教学指导分委员会制定的《高等学校理工科非力学专业力学基础课程教学基本要求》，并结合编者近年来教学改革的实践编写了本书。

本书作为《工程力学教程篇》的配套教材，通过“知识梳理”“基本要求”“典型例题”“思考题”“习题”5 个模块实现对教程篇教学内容的提炼精解，有助于读者巩固基础知识，抓住重点和难点，掌握分析方法和提高解题技能。

本书共分 14 章，由高曦光、蒋彤担任主编，马昌红、刘隆、李琳、侯善芹担任副主编。其中蒋彤编写了第 1 章和第 2 章，胡庆泉编写了第 3 章，李琳编写了第 4 章，崔泽编写了第 5 章和第 6 章，高曦光编写了第 7 章，侯善芹编写了第 8 章和第 9 章，马昌红编写了第 10 章和附录 A，刘隆编写了第 11 章，杨尚阳编写了第 12 章，王继燕编写了第 13 章和第 14 章。

限于编者的水平，书中缺点和不妥之处在所难免，敬请广大读者批评指正。

编　者

2022 年 11 月

目　　录

第 1 章 静力学基础

知识梳理

1. 基本概念

力、刚体、平衡、约束和约束力。

2. 静力学公理

（1）力的平行四边形法则（三角形法则、多边形法则）。

（2）二力平衡公理（二力构件）。

（3）加减平衡力系公理（推论：力的可传性、三力平衡汇交定理）。

（4）作用与反作用定律。

（5）刚化原理。

3. 常见约束类型与其约束力

几种常见约束及约束力见表 1.1。

（1）柔性体约束——对被约束物体与柔性体本身的约束力为拉力。

（2）光滑面约束——约束力沿接触处的公法线。

（3）光滑铰链约束——约束力一般画为正交两个力，也可画为一个力。

（4）活动铰链支座——约束力为一个力，画为一个力。

表 1.1 几种常见约束及约束力

约束名称	力学模型	约束力	备注
柔性体约束		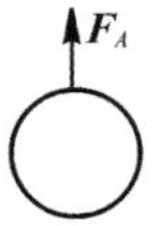 F_A	约束力恒为拉力
光滑面约束	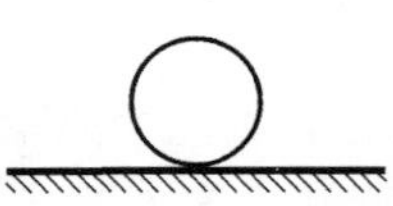	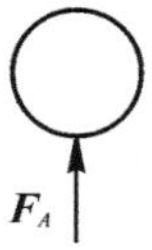 F_A	双面约束时约束力按单面确定

续表

约束名称		力学模型	约束力	备注
光滑铰链约束	圆柱铰链	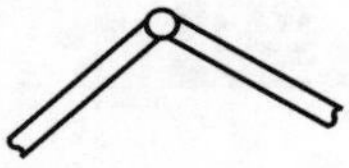	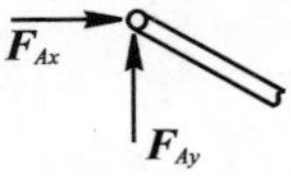 F_{Ax} F_{Ay}	
	固定铰链支座		 F_{Ax} F_{Ay}	
	向心轴承	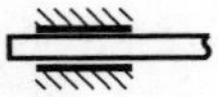	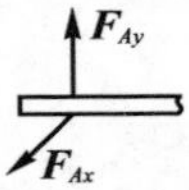 F_{Ay} F_{Ax}	
活动铰链支座		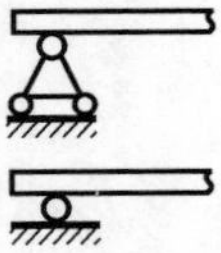	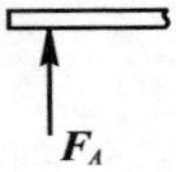 F_A	

4. 物体受力分析

在工程问题中，为了求出未知的约束力，首先要确定构件受了几个力，每个力的作用位置和作用方向，这个过程就称为物体的受力分析。受力分析步骤如下：

第一，确定研究对象，取分离体，画出所要研究的物体的草图。

第二，先画主动力，明确研究对象所受周围的约束，进一步明确约束类型，什么约束画什么约束力。

第三，必要时需用二力平衡共线、三力平衡汇交等条件确定某些约束力的指向或作用线的方位。

正确地进行物体的受力分析并画出其受力图，是分析、解决力学问题的基础。画受力图时必须注意以下几点：

（1）明确研究对象。根据求解需要，可以取单个物体为研究对象，也可以取由几个物体组成的系统为研究对象。不同的研究对象的受力图是不同的。

（2）正确确定研究对象受力的数目。由于力是物体间相互的机械作用，因此，对每一个力都应明确它是哪一个施力物体施加给研究对象的，绝不能凭空产生。同时，也不可漏掉某个力。一般可先画主动力，再画约束力，凡是研究对象与外界接触的地方，都一定存在约束力。

（3）正确画出约束力。一个物体往往同时受到几个约束的作用，这时应分别根据每个约束本身的特性来确定其约束力的方向，而不能凭主观臆测。

第四，当分析两物体间相互作用时，应遵循作用、反作用关系。作用力的方向一经假定，则反作用力的方向应与之相反。当画整个系统的受力图时，由于内力成对出现，组成平衡力系。因此不必画出，只需画出全部外力。

5. 平面力对点之矩—— $M_O(\boldsymbol{F}) = \pm Fh$，逆时针正，反之负

6. 力偶

（1）概念：由两个大小相等、方向相反、作用线相互平行的力组成的力系。

（2）力偶矩：力偶中力的大小与力偶臂的乘积 Fd 定义为力偶矩，用 M 表示，即 $M = \pm Fd$，逆时针正，反之负。

（3）力偶的性质：

1）力偶在任何轴上的投影为 0。

2）力偶对任何点取矩均等于力偶矩，不随矩心的改变而改变（与力矩不同）。

3）若两力偶其力偶矩相等，两力偶等效。

4）力偶没有合力，力偶只能由力偶等效。

基 本 要 求

1. 理解力、刚体、力偶的概念。
2. 正确理解静力学公理及其推论。
3. 熟练地计算力在坐标轴上的投影和力对点之矩。
4. 理解力偶的性质和力偶的三要素。
5. 掌握各种约束类型的性质和约束力的特点，能对研究对象进行受力分析，做到分析准确、简单清晰，力求受力图的正确。

典 型 例 题

例 1.1　用力 $\boldsymbol{F}$ 拉动碾子以压平路面，重为 $\boldsymbol{P}$ 的碾子受到一石块的阻碍，如图 1.1（a）所示。不计摩擦。试画出碾子的受力图。

解：（1）取碾子为研究对象。解除碾子在 A、B 处的约束，得到分离体，并单独画出其简图。

（2）画出作用在碾子圆心处的主动力 $\boldsymbol{P}$（碾子重力）和碾子中心的拉力 $\boldsymbol{F}$。

（3）画约束力。因碾子在 A 和 B 两处受到石块和地面的光滑约束，故在 A 处及 B 处受石块与地面的法向反力 $\boldsymbol{F}_{NA}$ 和 $\boldsymbol{F}_{NB}$ 的作用，它们都沿着碾子上接触点的公法线而指向圆心。

最后，得到碾子的受力图，如图 1.1（b）所示。

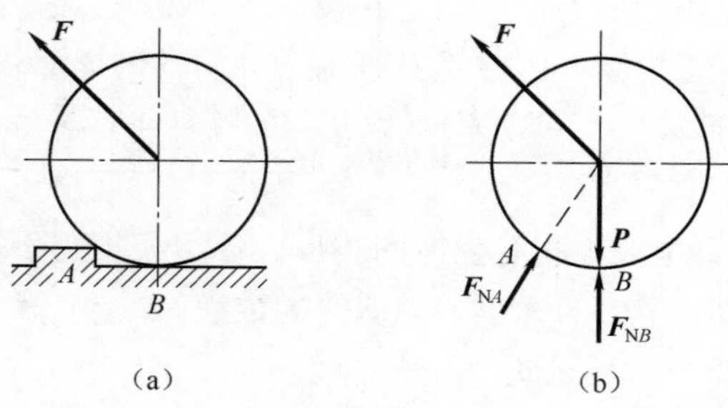

图 1.1

例 1.2 如图 1.2（a）所示，结构由杆 AC 、杆 CD 与滑轮 B 铰接而成。物体重 W，绳子绕在滑轮上。如果杆、滑轮及绳子的自重不计，并忽略各处的摩擦，试分别画出滑轮 B、杆 AC 、杆 CD 及整个系统的受力图。

解：（1）以滑轮为研究对象。作用力有：B 处的光滑圆柱铰链约束力 $\boldsymbol{F}_{Bx}$、$\boldsymbol{F}_{By}$，绳索的柔索约束力 $\boldsymbol{F}_{TE}$、$\boldsymbol{F}_{TH}$，如图 1.2（b）所示。

（2）以杆 CD 为研究对象。根据受力分析，可判断杆 CD 为二力杆，有 $F_{sC}=F_{sD}$，如图 1.2（c）所示。

（3）以杆 AC 为研究对象。作用力有：A 处的固定铰链支座约束力 $\boldsymbol{F}_{Ax}$、$\boldsymbol{F}_{Ay}$，B 处的光滑圆柱铰链约束力 $\boldsymbol{F}'_{Bx}$、$\boldsymbol{F}'_{By}$，C 处来自二力杆 CD 的约束力 $\boldsymbol{F}'_{sC}$。按照作用力与反作用力公理，有 $\boldsymbol{F}_{Bx}=-\boldsymbol{F}'_{Bx}$，$\boldsymbol{F}_{By}=-\boldsymbol{F}'_{By}$，$\boldsymbol{F}_{sC}=-\boldsymbol{F}'_{sC}$，如图 1.2（d）所示。

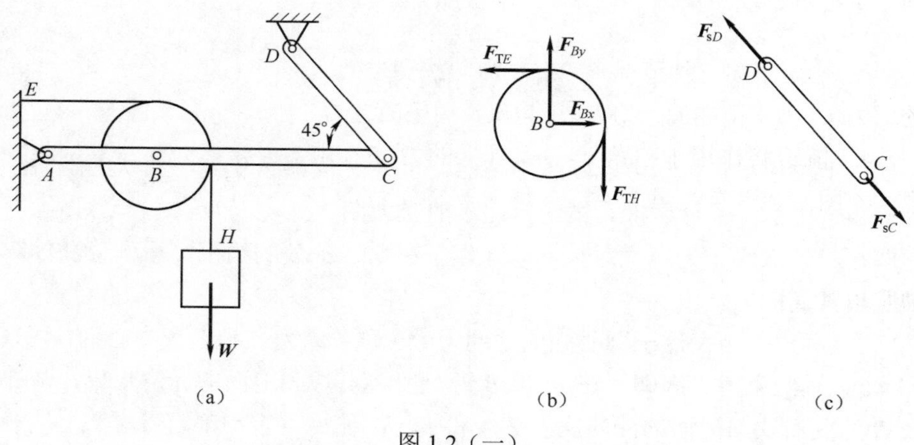

图 1.2（一）

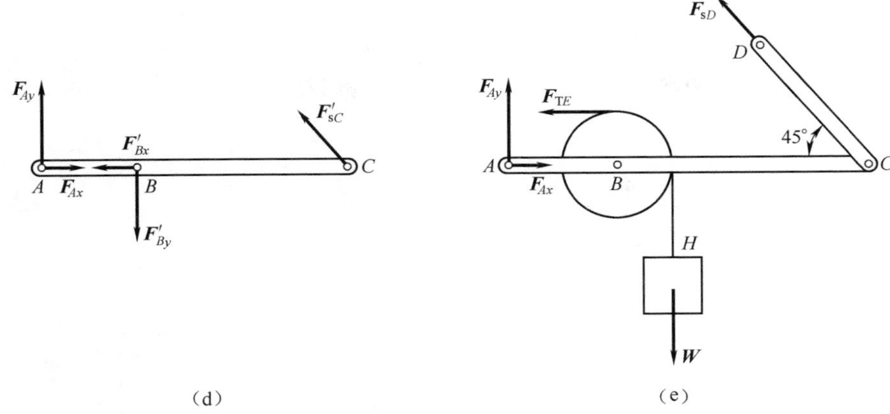

图 1.2（二）

（4）以整体为研究对象。作用力有：主动力物体的重力 $\boldsymbol{W}$ ，A、D 处的固定铰链支座约束力 $\boldsymbol{F}_{Ax}$、$\boldsymbol{F}_{Ay}$ 和 $\boldsymbol{F}_{sD}$ ，绳子在水平方向的约束力 $\boldsymbol{F}_{TE}$ ，如图 1.2（e）所示。

思　考　题

1-1　凡两点受力的杆件都是二力杆吗？凡两端用铰链连接的杆件都是二力杆吗？

1-2　说明下列两个式子是否相同：

（1）$\boldsymbol{F}_1 = \boldsymbol{F}_2$

（2）$F_1 = F_2$

1-3　指出下面三种情况下“二力”的区别：力偶中的二力、二力平衡中的二力、作用与反作用中的二力。

1-4　能否将作用于三角架 AB 杆上的力 $\boldsymbol{F}$（思考题 1-4 图），沿其作用线移到 BC 杆上？这样做是否等效？

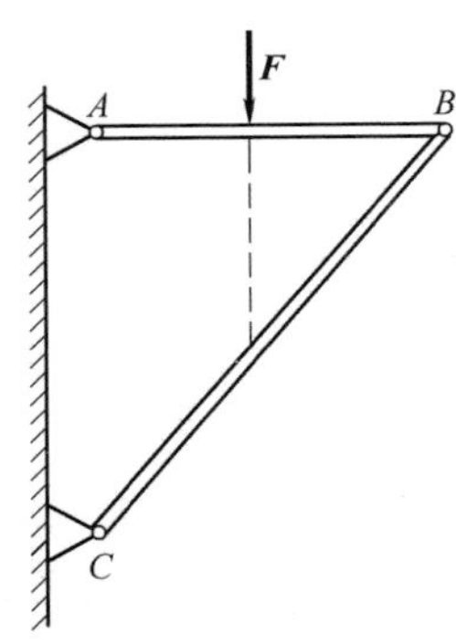

思考题 1-4 图

1-5　“分力一定小于合力”的说法对吗？举例说明。

习　　题

1-1　画出以下各题中物体（习题 1-1 图）的受力图。

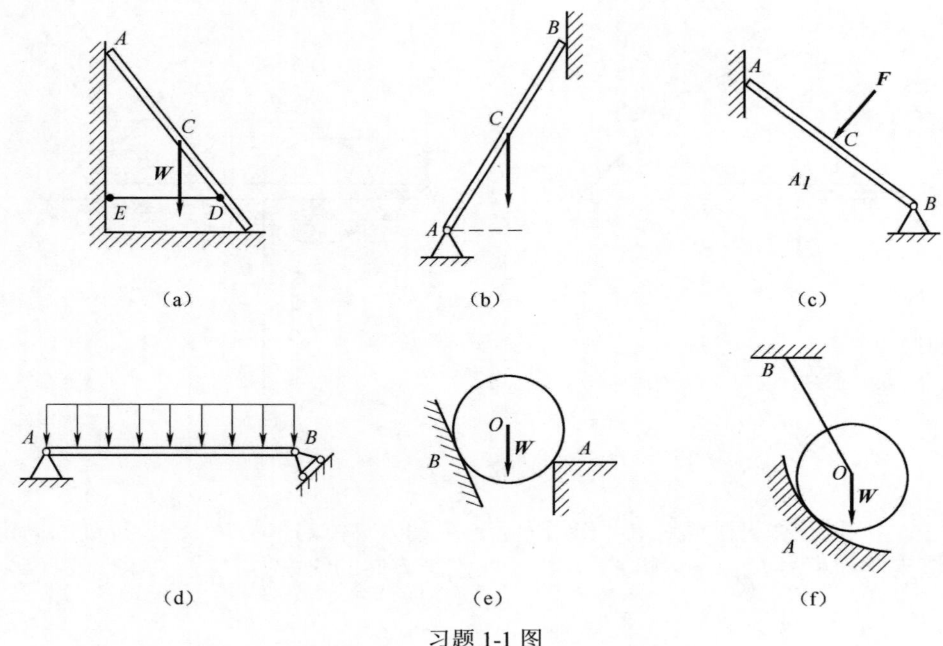

(a) (b) (c)

(d) (e) (f)

习题 1-1 图

1-2 画出下列物系（习题 1-2 图）中指定物体的受力图。

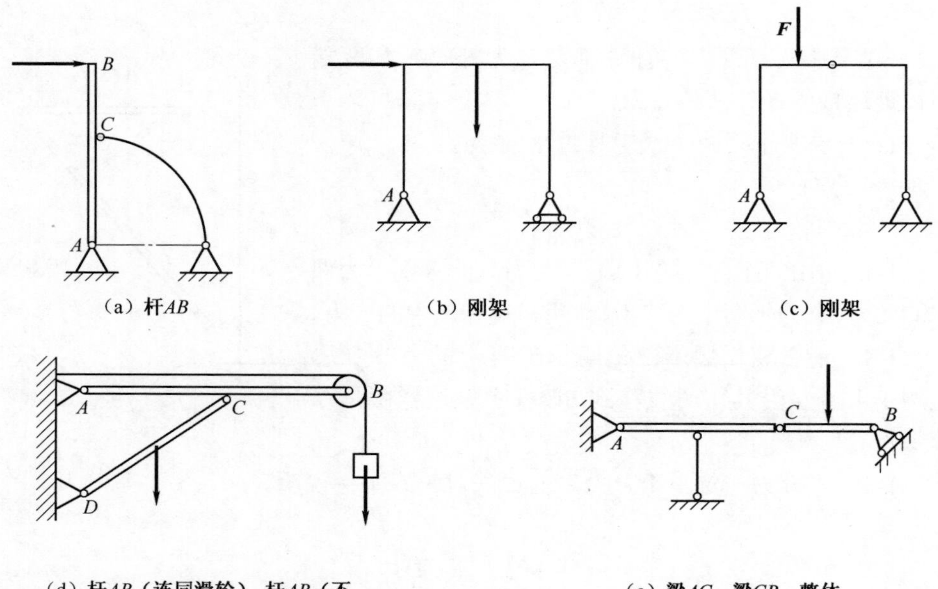

(a) 杆*AB* (b) 刚架 (c) 刚架

(d) 杆*AB*（连同滑轮）、杆*AB*（不连滑轮）、整体 (e) 梁*AC*、梁*CB*、整体

习题 1-2 图（一）

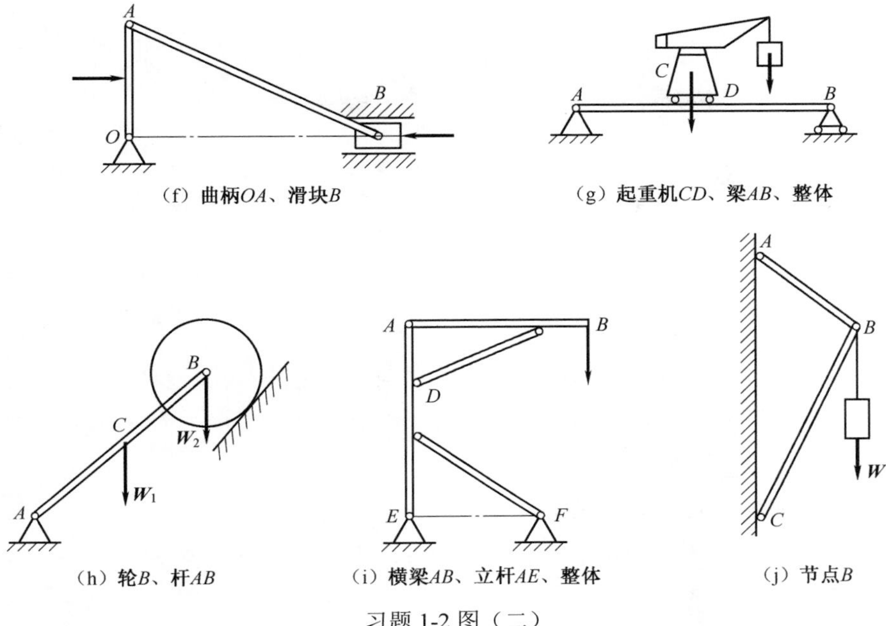

（f）曲柄OA、滑块B　（g）起重机CD、梁AB、整体

（h）轮B、杆AB　（i）横梁AB、立杆AE、整体　（j）节点B

习题 1-2 图（二）

1-3　试计算下列各图（习题 1-3 图）中力 $\boldsymbol{F}$ 对点 O 之矩。

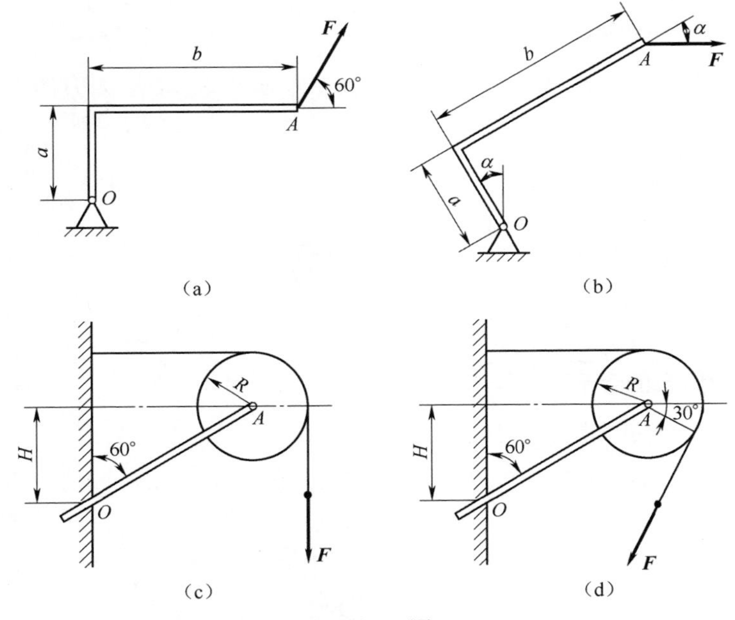

（a）　（b）

（c）　（d）

习题 1-3 图

第2章 平面力系

知识梳理

1. 平面汇交力系解法

（1）几何法（合成：力多边形法则；平衡：力多边形自行封闭）。

（2）解析法（合成：合力大小与方向用解析式；平衡：平衡方程$\sum F_x = 0$，$\sum F_y = 0$）。

注：1）投影轴尽量与未知力垂直（投影轴不一定相互垂直）。

2）对于二力构件，一般先设为拉力，若求出负值，说明受压。

2. 平面力对点之矩——$M_O(\boldsymbol{F}) = \pm Fh$，逆时针正，反之负。灵活利用合力矩定理

3. 平面力偶系

（1）力偶概念：由两个大小相等、方向相反、作用线相互平行的力组成的力系。

（2）力偶矩：力偶中力的大小与力偶臂的乘积Fd定义为力偶矩，用M表示，即$M = \pm Fd$，逆时针正，反之负。

（3）力偶的性质：

1）力偶在任何轴上的投影为0。

2）力偶对任何点取矩均等于力偶矩，不随矩心的改变而改变；（与力矩不同）。

3）若两力偶其力偶矩相等，两力偶等效。

4）力偶没有合力，力偶只能由力偶等效。

（4）力偶系的合成（$M = \sum M_i$）与平衡（$\sum M = 0$）。

4. 力的平移定理

作用在刚体上点A的力$\boldsymbol{F}$可以平行移到任意一点B，为保证不改变该力对物体的作用，必须同时附加一个力偶，这个附加力偶的矩等于原来的力$\boldsymbol{F}$对新作用点B的矩。即

$$M = Fd = M_B(\boldsymbol{F})$$

式中：d为力的平移距离。

5. 平面任意力系简化

一般情况下，平面任意力系向作用面内任意一点 O 简化，可得到一个力和一个力偶。这个力的作用线通过简化中心 O 点，其大小和方向等于力系中各个力的矢量和，称为平面任意力系的主矢。这个力偶的矩等于力系中各力对 O 点的矩的代数和，称为平面任意力系对简化中心 O 点的主矩。主矢等于各力的矢量和，和简化中心的选择无关；主矩等于各力对简化中心之矩的代数和，一般情况下主矩和简化中心的选择有关。

$$\boldsymbol{F}_{\mathrm{R}}' = \boldsymbol{F}_1' + \boldsymbol{F}_2' + \cdots + \boldsymbol{F}_n' = \sum_{i=1}^{n} \boldsymbol{F}_i' = \sum_{i=1}^{n} \boldsymbol{F}_i$$

$$M_O = M_1 + M_2 + \cdots + M_n = \sum_{i=1}^{n} m_i = \sum_{i=1}^{n} m_O(\boldsymbol{F}_i)$$

主矢 $\boldsymbol{F}_{\mathrm{R}}'$ 的大小和方向可用几何法和解析法求出。

平面任意力系简化结果讨论：

（1）$\boldsymbol{F}_{\mathrm{R}}' = 0$，$M_O \neq 0$，则原力系可合成为一力偶，此力偶的矩 $M_O = \sum m_O(\boldsymbol{F})$。

（2）$\boldsymbol{F}_{\mathrm{R}}' \neq 0$，$M_O = 0$，则原力系可合成为作用线通过简化中心 O 点的一个力 $\boldsymbol{F}_{\mathrm{R}}'$，且 $\boldsymbol{F}_{\mathrm{R}}' = \sum \boldsymbol{F}' = \sum \boldsymbol{F}$。

（3）$\boldsymbol{F}_{\mathrm{R}}' \neq 0$，$M_O \neq 0$，利用前面介绍的力的平移定理，可将简化所得进一步合成为一个力。

（4）$\boldsymbol{F}_{\mathrm{R}}' = 0$，$M_O = 0$，则原力系平衡，物体处于平衡状态。

6. 平面任意力系的平衡

（1）平衡条件——平面力系平衡的充分必要条件是该力系的主矢和对作用面内任意一点的主矩同时为 0。

（2）平衡方程——三种形式。

1）基本形式 $\begin{cases} \sum F_x = 0 \\ \sum F_y = 0 \\ \sum M_O(\bar{F}) = 0 \end{cases}$

2）二矩式 $\begin{cases} \sum F_x = 0 \\ \sum M_A(\bar{F}) = 0 \\ \sum M_B(\bar{F}) = 0 \end{cases}$　附加条件为 A、B 两点连线不垂直于 x 轴

3）三矩式 $\begin{cases} \sum M_A(\bar{F})=0 \\ \sum M_B(\bar{F})=0 \\ \sum M_C(\bar{F})=0 \end{cases}$ 附加条件为 A、B、C 三点不共线

7. 物体系统的平衡问题

工程实际中的结构或机械多是由几个物体以一定方式连接起来的系统，这种系统称为物体系统。物体系统平衡问题的求解是本章中的重要内容。

求解物体系统的平衡问题，关键和难点在于研究对象的选择上。原因在于物体系统的平衡问题是静定问题，并不代表从系统中选取任何的部分都是静定的。解决的思路大致有两种：一种是先取整个系统为研究对象，这时物体之间的相互作用力并不出现，理论上，未知的约束力个数应该最少的，列出平衡方程解出一些未知力，然后根据问题的要求，再选取系统中某些物体为研究对象，列出另外的平衡方程求解剩下的未知力；另一种是选取系统中每一个物体为研究对象，列出全部的平衡方程然后求解。后面这种做法，使物体之间的作用力全部暴露出来，理论上，未知的约束力个数达到最多，且其中的某些未知量并不一定是题目需要求解的，从而造成求解工作量的增加，过程太过烦琐。所以，求解物体系统的平衡问题，要根据实际情况，灵活地选择研究对象。

特别注意：在选择研究对象和列平衡方程时，应使每一个平衡方程中未知量的数目尽可能少，最好是只有一个未知量，以避免求解联立方程。

求解物体系统平衡问题的一般步骤如下：

（1）选择研究对象，可以是整个系统，也可以是某个物体（或是几个物体的组合），最佳对象一般依次为静定部分、超静定次数少的部分。

（2）画好研究对象的受力图，标明已知量和未知量。

（3）认清受力图中力系的类别，选择平衡方程。建立恰当的坐标系，尽量使投影轴与最多的未知力的作用线垂直；尽量将最多的未知力作用线的汇交点选成力矩的矩心。力求平衡方程形式简洁，平衡方程中出现较少的未知量，便于解答。

（4）求解方程，如有必要，可用关联方程对结果进行校核。

特别注意：每个研究对象所列的平衡方程数目，不能超过所受力系能提供的独立平衡方程的数目。

8. 滑动摩擦及滑动摩擦力

（1）滑动摩擦。表面不光滑的两个接触物体之间，如果有相对滑动或相对滑动趋势，就会有滑动摩擦现象出现。

（2）滑动摩擦力。两个表面不光滑的接触物体，如果有相对滑动或相对滑动

趋势，在接触面之间会产生彼此阻碍的力，这种阻力称为滑动摩擦力。滑动摩擦力作用于物体相互接触处，其方向与相对滑动或相对滑动趋势的方向相反，也称为切向约束力。

（3）滑动摩擦力的大小，与物体所处的状态有关。没有相对滑动或趋势，就没有摩擦力；摩擦力随相对滑动或趋势而产生，最后达到极值。滑动摩擦力的求解，按物体所处的状态分成三种情况：

1）有滑动趋势但未滑动。此时的滑动摩擦力称为静滑动摩擦力，它的大小随主动力而改变，由平衡方程求得。静滑动摩擦力 F_s 的变化范围为 $0 \leqslant F_s \leqslant F_{max}$ 。

2）将滑未滑时。此时的滑动摩擦力称为最大静滑动摩擦力，静滑动摩擦力的数值达到最大，物体处于临界平衡状态，试验证明最大静滑动摩擦力的大小与两个接触物体间的法向约束力 $\boldsymbol{F}_N$ 成正比，即

$$F_{max} = f_s F_N$$

称为静摩擦定律（又称库仑定律）。式中：f_s 为静滑动摩擦因数，简称静摩擦因数。它是量纲为 1 的系数，大小与两接触面的材料及表面情况（粗糙度、干湿度、温度等）有关，通常与接触的面积大小无关。

3）已经滑动。此时的滑动摩擦力称为动滑动摩擦力，实验结果表明动摩擦力的大小与两个接触面间的法向约束力 $\boldsymbol{F}_N$ 成正比，即

$$F_d = f_d F_N$$

称为动摩擦定律（又称库仑定律）。式中：f_d 为动滑动摩擦因数，简称动摩擦因数。一般情况下，动摩擦因数略小于静摩擦因数。

基 本 要 求

1．理解力的平移定理。

2．熟悉每种平面力系简化（合成）的方法和简化结果。

3．应用每种平面力系的平衡条件和平衡方程，求解物体（系统）的平衡问题。

4．求解考虑滑动摩擦时物体（物体系统）较为简单的平衡问题。

典 型 例 题

例 2.1　平面刚架在 B 点受到水平力 $\boldsymbol{F}$ ，如图 2.1 所示。求 A 和 D 处的约束力。

解：取平面刚架为研究对象。刚架在主动力 $\boldsymbol{F}$ 、D 处活动铰链支座约束力 $\boldsymbol{F}_D$ 和 A 处固定铰链支座力 $\boldsymbol{F}_A$ 的作用下平衡（已知 $\boldsymbol{F}$ 与 $\boldsymbol{F}_D$ 交于 C 点，利用三力平衡

汇交定理知，$\boldsymbol{F}_A$ 的作用线必过 C 点）。

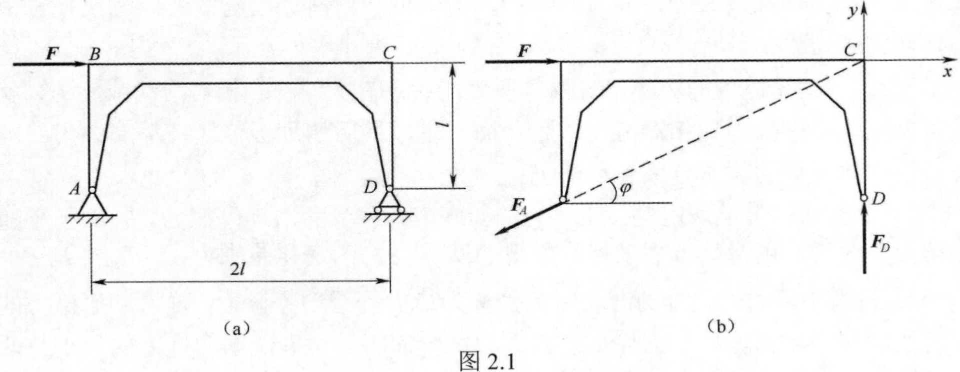

图 2.1

建立坐标系，列出平衡方程

$$\sum F_x = 0, \qquad F - F_A \cos\varphi = 0$$

$$\sum F_y = 0, \qquad F_D - F_A \sin\varphi = 0$$

其中，$\sin\varphi = \dfrac{1}{\sqrt{5}}$，$\cos\varphi = \dfrac{2}{\sqrt{5}}$

解得 $F_A = \dfrac{\sqrt{5}}{2}F$，$F_D = \dfrac{1}{2}F$

例 2.2 如图 2.2（a）所示机构的自重不计。圆轮上的销子 A 放在摇杆 BC 上的光滑导槽内。圆轮上作用一力偶，其力偶矩为 $M_1 = 2\text{1kN}\cdot\text{m}$，$OA = r = 0.5\text{m}$。图示位置时 OA 与 OB 垂直，α=30°，且系统平衡。求作用于摇杆 BC 上的力偶矩 M_2，及铰链 O、B 处的约束反力。

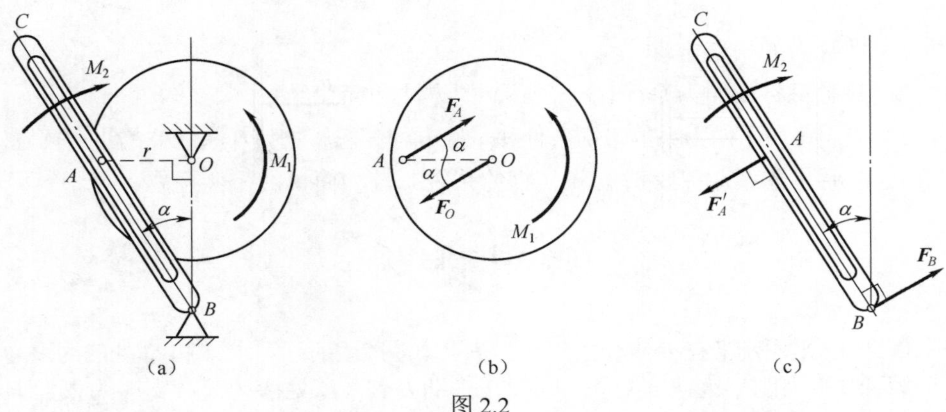

图 2.2

解：先取圆轮为研究对象，其上受有矩为 M_1 的力偶及光滑导槽对销子 A 的作用力 $\boldsymbol{F}_A$ 和铰链 O 处约束反力 $\boldsymbol{F}_O$ 的作用。由于力偶必须由力偶来平衡，因而 $\boldsymbol{F}_O$ 与 $\boldsymbol{F}_A$ 必定组成一力偶，力偶矩方向与 M_1 相反，由此定出 $\boldsymbol{F}_A$ 指向如图 2.2（b）所示，而 $\boldsymbol{F}_O$ 与 $\boldsymbol{F}_A$ 等值且反向。由力偶平衡条件，得

$$\sum M = 0,\quad M_1 - F_A r\sin\alpha = 0$$

解得

$$F_A = \frac{M_1}{r\sin 30^\circ}$$

再以摇杆 BC 为研究对象，其上作用有矩为 M_2 的力偶及力 $\boldsymbol{F}'_A$ 与铰链 B 处约束反力 $\boldsymbol{F}_B$，如图 2.2（c）所示。同理 $\boldsymbol{F}'_A$ 与 $\boldsymbol{F}_B$ 必组成力偶，由平衡条件

$$\sum M = 0,\quad -M_2 + F'_A\frac{r}{\sin\alpha} = 0$$

其中

$$F'_A = F_A$$

解得

$$M_2 = 4M_1 = 8\text{kN}\cdot\text{m}$$

$\boldsymbol{F}_O$ 与 $\boldsymbol{F}_A$ 组成力偶，$\boldsymbol{F}_B$ 与 $\boldsymbol{F}'_A$ 组成力偶，则有

$$F_O = F_B = F_A = \frac{M_1}{r\sin 30^\circ} = 8\text{kN}$$

例 2.3　自重 $P=100\text{kN}$ 的 T 形刚架 ABD，置于铅垂面内，载荷如图 2.3（a）所示。其中 $M=20\text{kN}\cdot\text{m}$，$F=400\text{kN}$，$q=20\text{kN/m}$，$l=1\text{m}$。试求固定端 A 的约束反力。

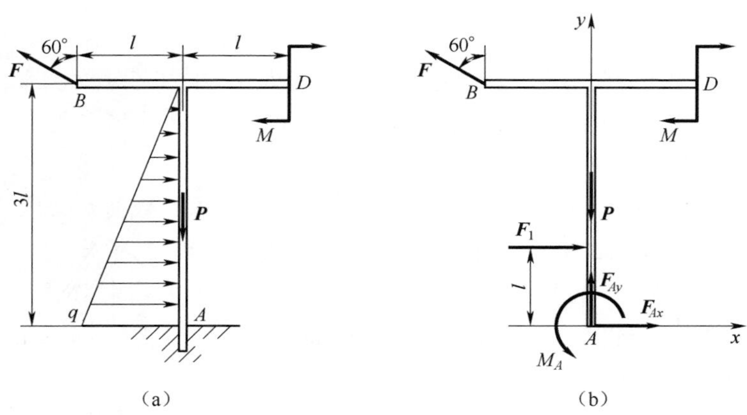

图 2.3

解：取 T 形刚架为研究对象，作受力分析，列平衡方程。

线性分布载荷可用一集中力 $\boldsymbol{F}_1$ 等效替代，其大小为 $F_1 = 0.5q\times 3l = 30\text{ kN}$，作

用于三角形分布载荷的几何中心，即距点 A 为 l 处。

$$\sum F_x = 0 \quad F_{Ax} + F_1 - F\sin 60° = 0 \quad F_{Ax} = 316.4\text{kN}$$

$$\sum F_y = 0 \quad F_{Ay} - P + F\cos 60° = 0 \quad F_{Ay} = -100\text{kN}$$

$$\sum M_A(F) = 0 \quad M_A - M - F_1 l - F\sin 60° \cdot 3l = 0 \quad M_A = -789.2\text{kN}\cdot\text{m}$$

从例 2.1～例 2.3 可见，选取适当的坐标轴和力矩中心，可以减少每个平衡方程中的未知量的数目。在平面任意力系情形下，矩心应取在两未知力的交点上，而坐标轴应当与尽可能多的未知力相垂直。

例 2.4 如图 2.4（a）所示的组合梁由 AC 和 CD 在 C 处铰接而成。梁的 A 端插入墙内，B 处为活动铰链支座。已知：$F = 20\text{kN}$，均布载荷 $q = 10\text{kN/m}$，$M = 20\text{kN}\cdot\text{m}$，$l = 1\text{m}$。试求插入端 A 及活动铰链支座 B 处的约束力。

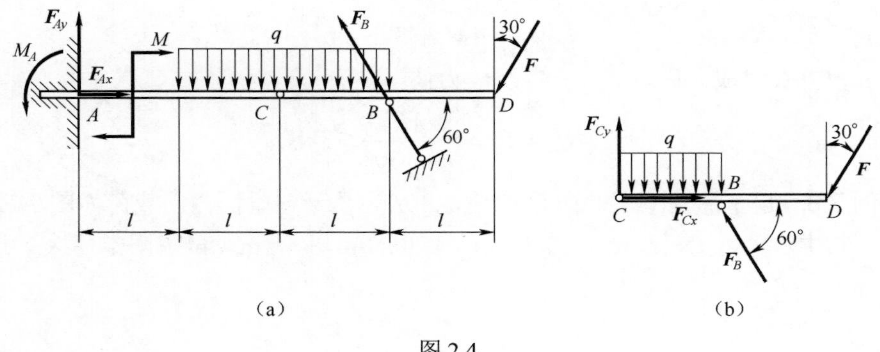

图 2.4

解：组合梁由 AC 梁和 CD 梁组成，单独考虑 AC 梁和 CD 梁，都是在平面任意力系作用下平衡，因而共有六个平衡方程，而 A 处、B 处和 C 处未知的约束力也是六个，所以组合梁的平衡问题是静定问题。

梁是工程实际中常见的结构形式之一。结构用于承受载荷，必须几何形状不变。组合梁由 n 个梁组成，其中直接支撑在基础上、可单独承载的梁是结构的基本部分，如图 2.4（a）中的悬臂梁 AC，A 处和 C 处未知的约束力有五个；必须依靠基本部分的支撑才能承载的梁是结构的附属部分，如图 2.4（a）中的 CD 梁，B 处和 C 处未知的约束力有三个。

可先取梁 CD 为研究对象，受力如图 2.4（b）所示，列出对点 C 的力矩方程

$$\sum M_C(F) = 0 \text{，} \quad F_B \sin 60° \cdot l - 0.5ql^2 - F\cos 30° \cdot 2l = 0$$

可得

$$F_B = 45.77\,\text{kN}$$

再以整体为研究对象，受力如图 2.4（a）所示，列平衡方程

$$\sum F_x = 0\text{，}\quad F_{Ax} - F_B\cos 60° - F\sin 30° = 0$$

$$\sum F_y = 0\text{，}\quad F_{Ay} + F_B\sin 60° - 2ql - F\cos 30° = 0$$

$$\sum M_A(F) = 0\text{，}\quad M_A - M - 2ql\cdot 2l + F_B\sin 60°\cdot 3l - F\cos 30°\cdot 4l = 0$$

解得　$F_{Ax} = 32.89\text{ kN}$　$F_{Ay} = -2.32\text{ kN}$　$M_A = 10.37\text{ kN·m}$

请读者自行计算对比，先选取 *CD* 梁为研究对象后，再以 *AC* 梁为研究对象的算法。

例 2.5　如图 2.5（a）所示为钢结构拱架，拱架由两个相同的钢架 *AC* 和 *BC* 用铰链 *C* 连接，拱脚 *A*、*B* 用铰链固结于地基，吊车梁支承在钢架的突出部分 *D*、*E* 上。设两钢架重相同，*P*=60kN，吊车梁重 P_1=20kN，其作用线通过点 *C*；载荷 P_2=10kN；风力 *F*=10kN。尺寸如图所示。*D*、*E* 两点在力 $\boldsymbol{P}$ 的作用线上。求固定铰支座 *A* 和 *B* 的约束力。

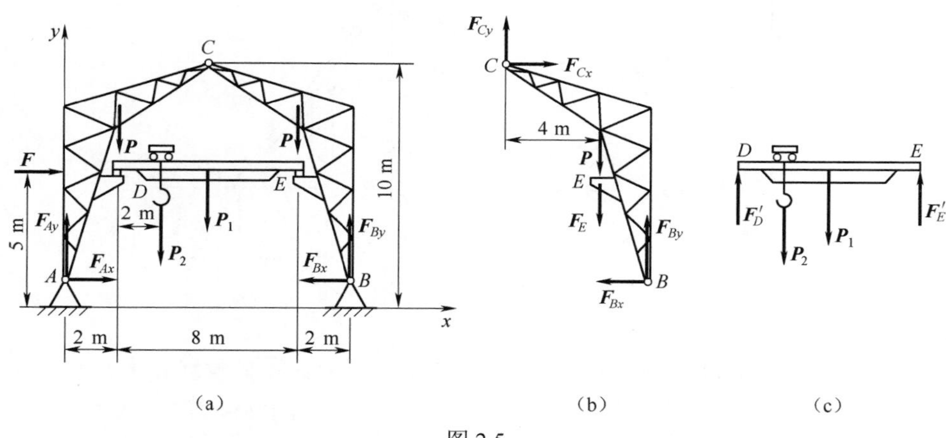

图 2.5

解：（1）选整个拱架为研究对象，受力如图 2.5（a）所示。列出平衡方程

$$\sum M_A(F) = 0\quad 12F_{By} - 5F - 12P - 4P_2 - 6P_1 = 0 \tag{a}$$

$$\sum F_x = 0\quad F + F_{Ax} - F_{Bx} = 0 \tag{b}$$

$$\sum F_y = 0\quad F_{Ay} + F_{By} - P_1 - P_2 - 2P = 0 \tag{c}$$

（2）选右边钢架为研究对象，受力如图 2.5（b）所示，列平衡方程

$$\sum M_C(F) = 0\quad 6F_{By} - 10F_{Bx} - 4(P + F_E) = 0 \tag{d}$$

（3）选吊车梁为研究对象，受力如图 2.5（c）所示，列平衡方程

$$\sum M_D(F) = 0\quad 8F_E - 4P_1 - 2P_2 = 0 \tag{e}$$

由式（e）解得　　$F_E = 12.5\text{ kN}$

由式（a）求得 $F_{By}=77.5\,\text{kN}$

将 F_{By} 和 F_E 的值代入式（d）得 $F_{Bx}=17.5\,\text{kN}$

代入式（b）得 $F_{Ax}=7.5\,\text{kN}$

代入式（c）得 $F_{Ay}=72.5\,\text{kN}$

例 2.6 梯子 AB 长 $l=4\text{m}$，重 $P_2=200\text{N}$，重心在其中点，搁置位置如图 2.6（a）所示，已知 $\tan\theta=\dfrac{4}{3}$。设梯子与墙面间的摩擦因数 $f_{sB}=\dfrac{1}{3}$。现有一个 $P_1=600\text{N}$ 的人沿梯而上，当梯子与地面间的摩擦因数 f_{sB} 为多大时，人能安全到达梯子顶部？

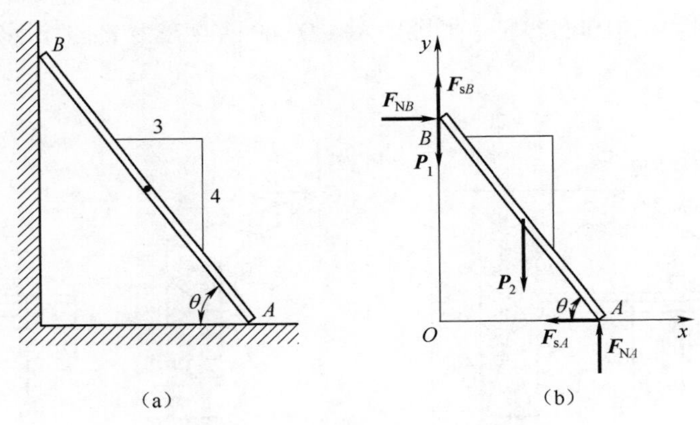

图 2.6

解：考虑有摩擦的平衡问题，先将物体设定处于临界平衡状态。即设人到达梯顶时，梯子处于将动未动的临界状态，此时 A、B 处的摩擦力都达到临界值。

（1）取梯子为研究对象，受力如图 2.6（b）所示。梯子所受的力有：主动力 P_1、P_2，法向约束力 F_{NA}、F_{NB}，摩擦力 F_{sA}、F_{sB}。由于梯子的 B 端有向下滑动趋势，故摩擦力 F_{sB} 向上；梯子的 A 端有向右滑动的趋势，摩擦力 F_{sA} 向左。

（2）列平衡方程。

$$\sum F_x=0,\quad F_{NB}-F_{sA}=0$$

$$\sum F_y=0,\quad F_{NA}+F_{sB}-P_1-P_2=0$$

$$\sum M_A(F)=0,\quad P_1 l\cos\theta+P_2\frac{l}{2}\cos\theta-F_{NB}l\sin\theta-F_{sB}l\cos\theta=0$$

应用库仑摩擦定律，列出两个补充方程

$$F_{sA}=F_{A\max}=f_{sA}F_{NA}$$

$$F_{sB}=F_{B\max}=f_{sB}F_{NB}$$

（3）求解方程

$$F_{NA}=660\text{N}，\quad F_{NB}=420\text{N}，\quad F_{sA}=420\text{N}，\quad f_{sA}=0.64$$

（4）分析平衡范围。以上求得的是临界值，若要使人能安全到达梯顶，梯子与地面间的摩擦因数 $f_{sA}\geqslant 0.64$。

思　考　题

2-1　平面汇交力系合成和平衡所画出的两个力多边形有何不同？

2-2　平面汇交力系的平衡方程中 x 轴与 y 轴必须相互垂直吗？

2-3　能否用力多边形封闭来判断力偶系是否平衡？

2-4　平面任意力系的平衡方程能不能全部采用力的投影方程？为什么？

2-5　组合梁上作用均布载荷 q，如思考题 2-5 图所示，在求 A、B、D 处的约束力时，可否用作用线通过 C 点的合力 $Q=2ql$ 来替代？为什么？

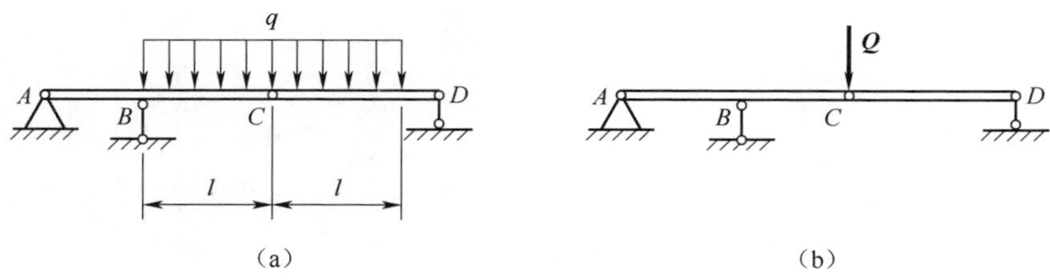

思考题 2-5 图

2-6　如思考题 2-6 图所示三铰拱，在构件 AC 上分别作用一力偶 M 或力 $\boldsymbol{F}$。当求铰链 A、B、D 的约束力时，能否将力偶 M 或力 $\boldsymbol{F}$ 分别移到构件 BC 上？为什么？

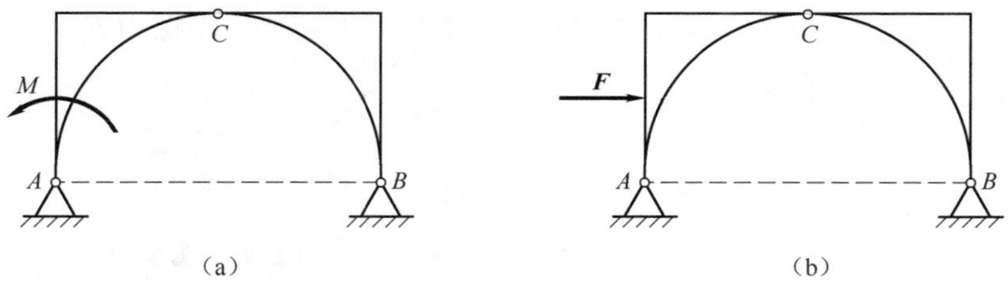

思考题 2-6 图

2-7　为什么说平面任意力系最多只能有三个独立的平衡方程，任何第四个方程只能是前三个方程的线性组合，不可能用第四个方程求解未知量？

2-8　一平面平行力系如思考题 2-8 图所示。已知 $\sum F_x = 0, \sum F_y = 0$。此力系是否平衡？

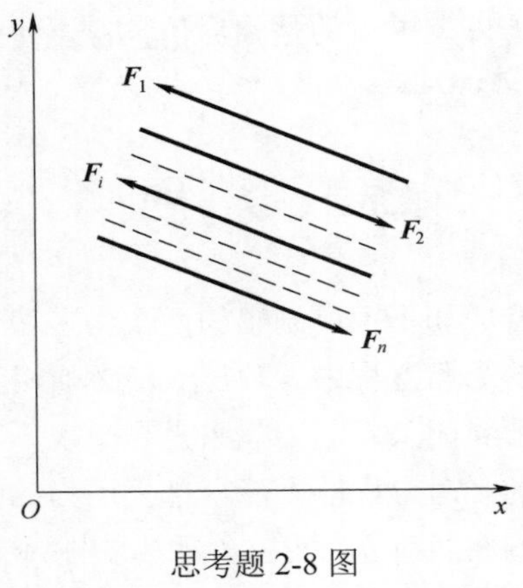

思考题 2-8 图

习　题

2-1　已知四个力作用在 O 点。$F_1 = 500\text{N}$，$F_2 = 300\text{N}$，$F_3 = 600\text{N}$，$F_4 = 1000\text{N}$，方向如习题 2-1 图所示。试分别用几何法和解析法求合力的大小和方向。

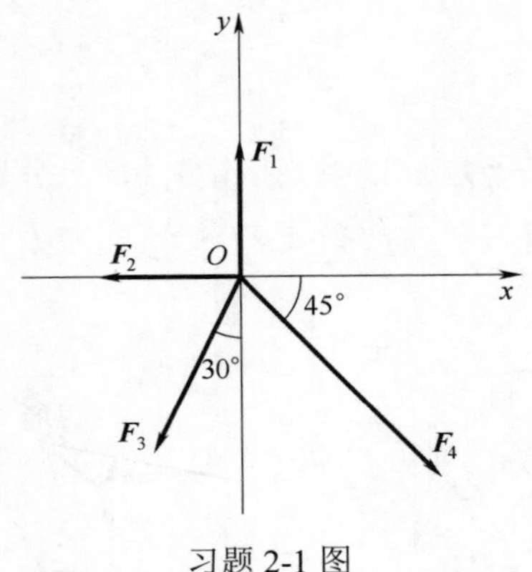

习题 2-1 图

2-2　如习题 2-2 图所示简支梁受载荷作用，$F = 20\text{kN}$，求支座 A、B 处的约束力。

2-3　三铰拱的尺寸和受力如习题 2-3 图所示。拱的自重不计，试求 A、B 处的约束力。

2-4　在液压夹紧机构中，D 为固定铰链，B、C、E 为活动铰链。已知力 $\boldsymbol{F}$，机构平衡时角度如习题 2-4 图所示，求此时工件 H 所受的压紧力。

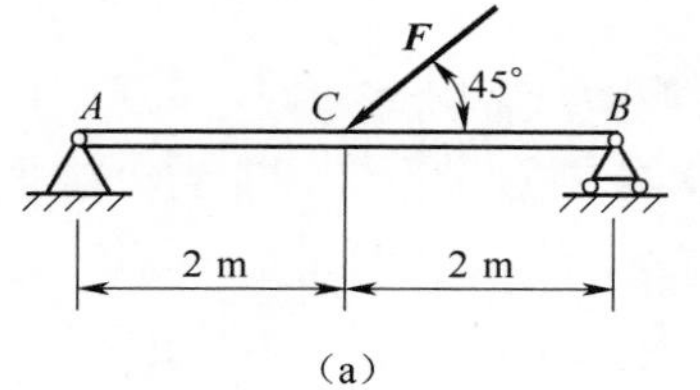

(a)

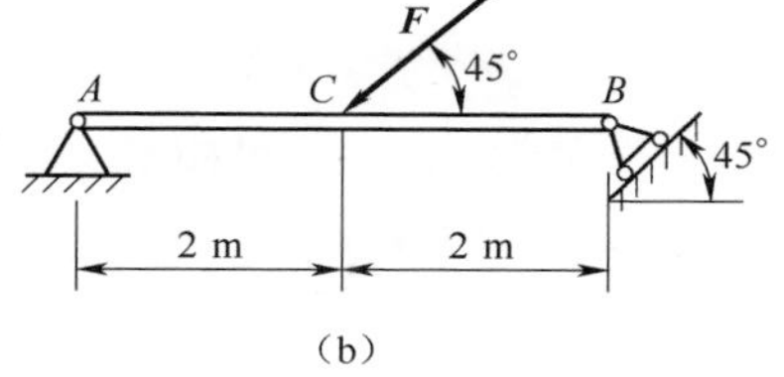

(b)

习题 2-2 图

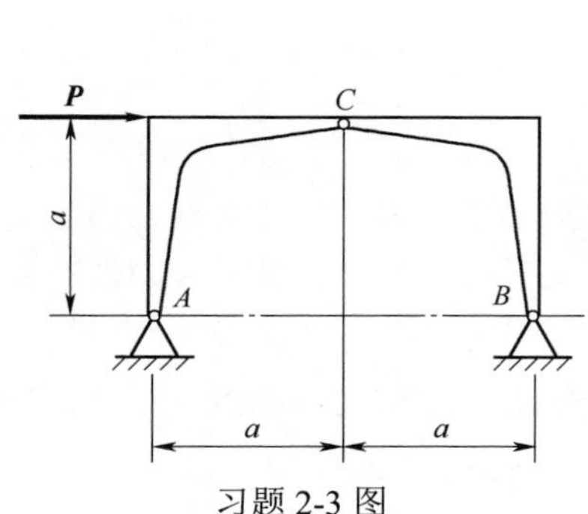

习题 2-3 图

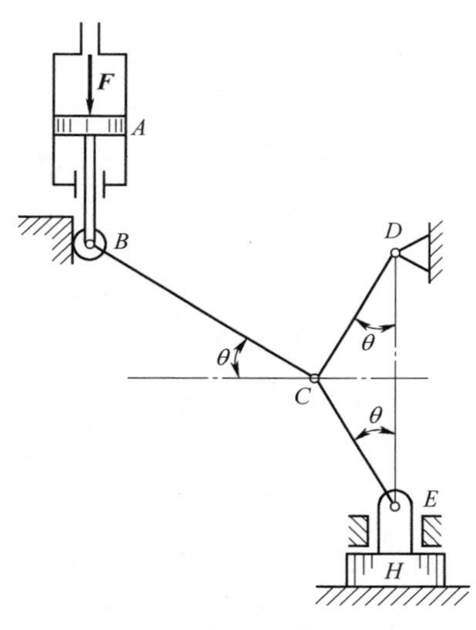

习题 2-4 图

2-5　铰链四杆机构 $CABD$ 的 CD 边固定，在铰链 A、B 处有力 $\boldsymbol{F}_1$、$\boldsymbol{F}_2$ 作用，如习题 2-5 图所示。

该机构在图示位置平衡，杆重略去不计。求力 $\boldsymbol{F}_1$ 与 $\boldsymbol{F}_2$ 的关系。

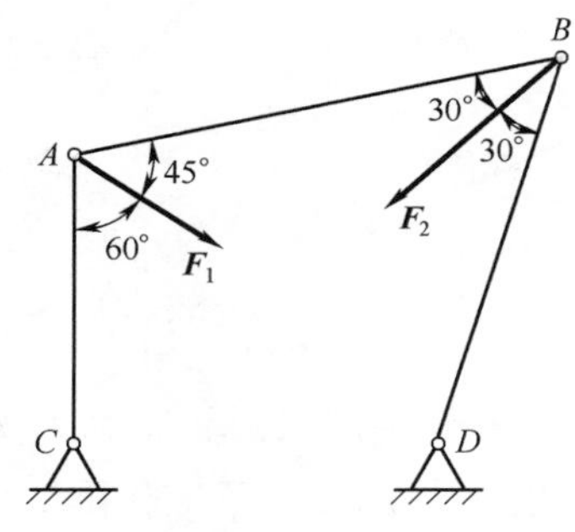

习题 2-5 图

2-6 简支梁 AB 的尺寸及受力如习题 2-6 图所示，$\alpha=45°$，自重不计。求支座 A、B 处的约束力。

2-7 在如习题 2-7 图所示的机构中，曲柄 OA 上作用一力偶，其矩为 M；另在滑块 D 上作用水平力 F。机构尺寸如图所示，各杆重量不计。求当机构平衡时，力 F 与力偶矩 M 的关系。

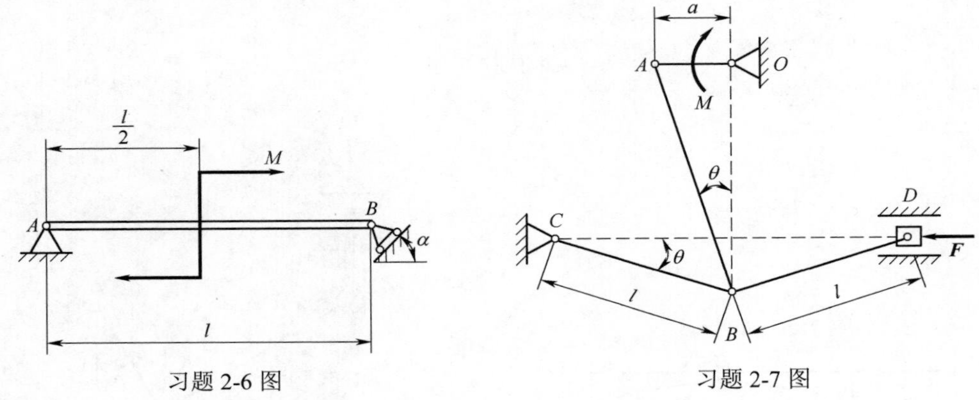

习题 2-6 图　　习题 2-7 图

2-8 将如习题 2-8 图所示的平面任意力系向 O 点简化，并求力系合力的大小及其与原点的距离 d。已知 $F_1=150\text{N}$，$F_2=F_4=200\text{N}$，$F_3=300\text{N}$，力偶的臂等于 8cm。

2-9 如习题 2-9 图所示为一外伸梁，自重不计。已知：$q=2\text{kN/m}$，$L=2\text{m}$，$M=60\text{kN·m}$，$\theta=30°$。试求 A、B 支座的约束力。

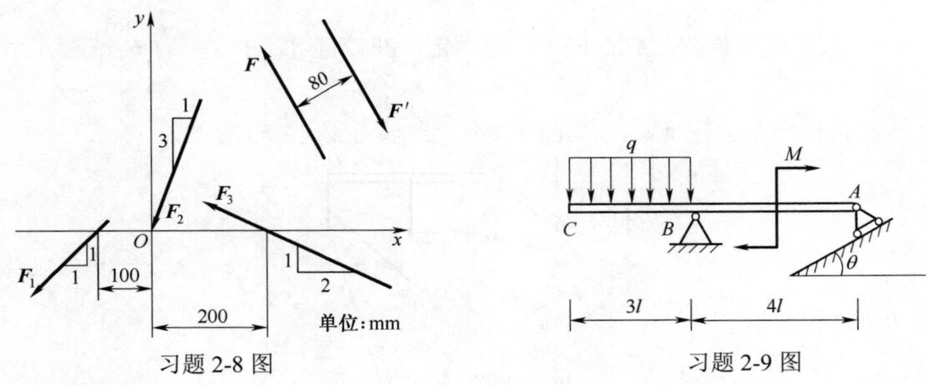

习题 2-8 图　　习题 2-9 图

2-10 简支梁 AB 如习题 2-10 图所示，其 A 端为固定铰链支座，B 端为活动铰链支座。在梁的中点 C 作用一力 P，BC 段上作用均布载荷，在 AC 段上作用一力偶矩为 $M=Pl$ 的力偶。求支座 A、B 的约束力。

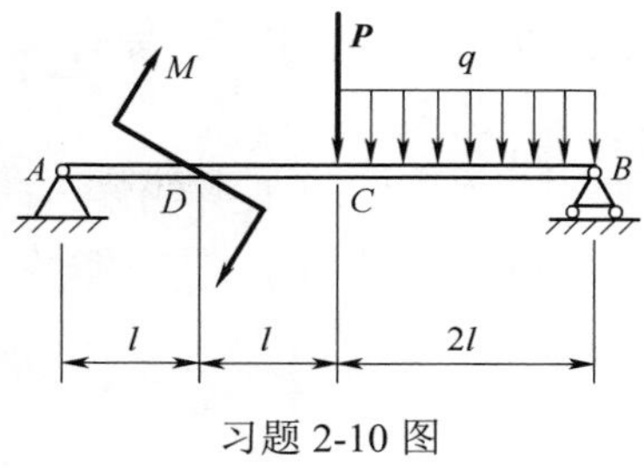

习题 2-10 图

2-11　刚架受力和尺寸如习题 2-11 图所示。求支座 A 和 B 处的约束力。

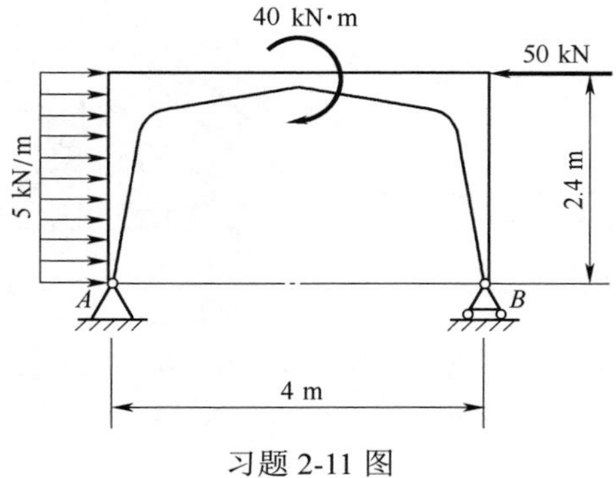

习题 2-11 图

2-12　挂物支架如习题 2-12 图所示。三根等长的均质杆 AC、BC 和 CD 彼此固结，各杆的自重均为 W，B 端靠在光滑的墙壁上，D 端挂一重为 F 的物块。求 B 处的受力和铰链 A 处的约束力。

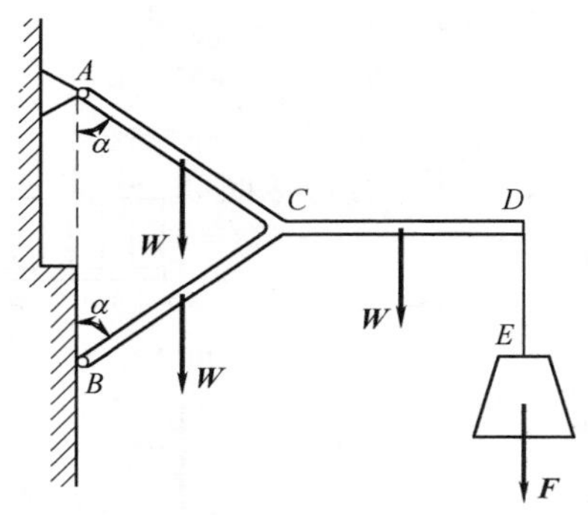

习题 2-12 图

2-13　如习题 2-13 图所示，曲柄 OA 长 $R = 230\text{mm}$，当 $\alpha = 20°$，$\beta = 3.2°$ 时达到最大冲击压力 $P = 3150\text{kN}$。因转速较低，故可近似地按静平衡问题计算。如

略去摩擦，求在最大冲击压力 P 作用的情况下，导轨给滑块的侧压力和曲柄上所加的转矩 M，并求这时轴承 O 处的反力。

2-14　平面机构如习题 2-14 图所示，CF 杆承受均布载荷 $q=100\text{kN/m}$，各杆之间均为铰链连接，其中 AD 杆、EF 杆为二力杆。假设各杆的重量不计，试求支座 A、B、C 三处的约束力。

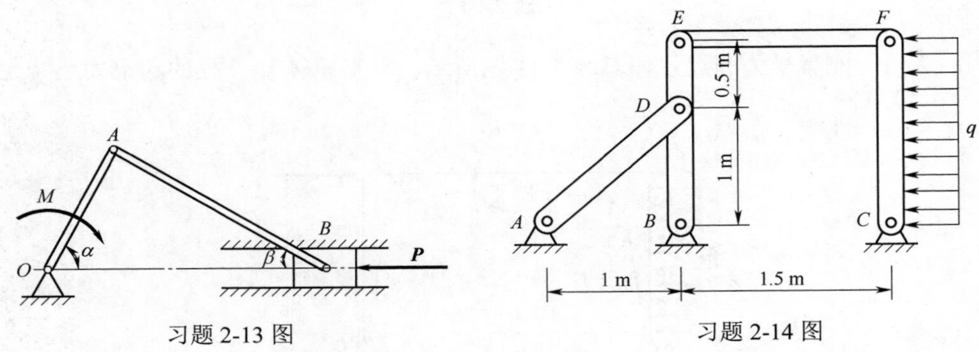

习题 2-13 图　　习题 2-14 图

2-15　如习题 2-15 图所示多跨梁由 AC 和 CB 铰接而成，自重不计。已知：$q=8\text{kN/m}$，$M=4.5\text{kN·m}$，$l=3\text{m}$。试求固定端 A 处的约束力。

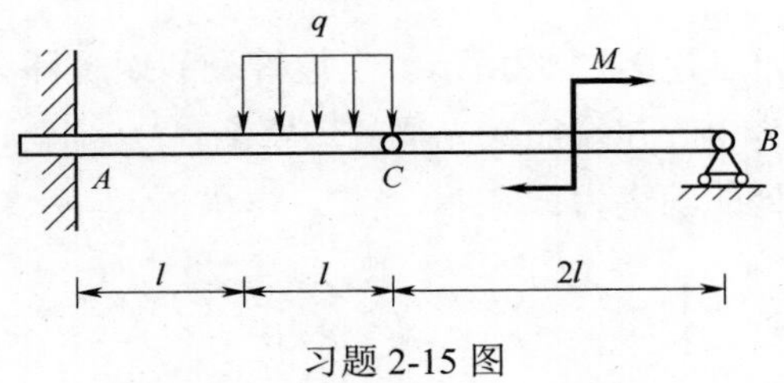

习题 2-15 图

2-16　已知梁由 AC 和 CD 两部分铰接而成，载荷如习题 2-16 图所示，求图中支座 A、B、D 的约束力。

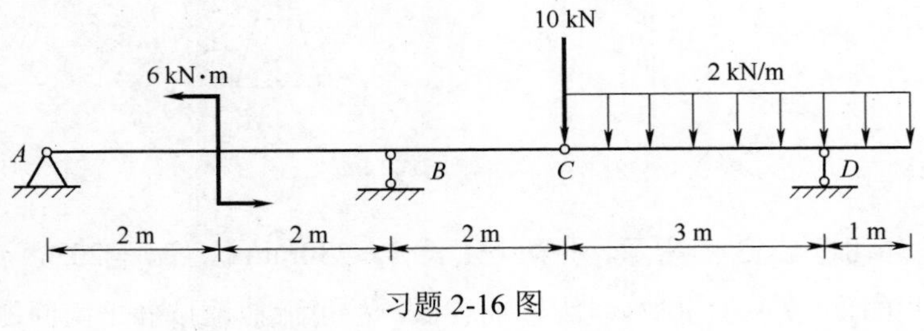

习题 2-16 图

2-17　如习题2-17图所示为一种闸门启闭设备的传动系统。已知各齿轮的半径分别为r_1、r_2、r_3、r_4，鼓轮的半径为r，闸门重P，齿轮的压力角为α，不计各齿轮的自重，求最小的启门力偶矩M及轴O_3的约束反力。

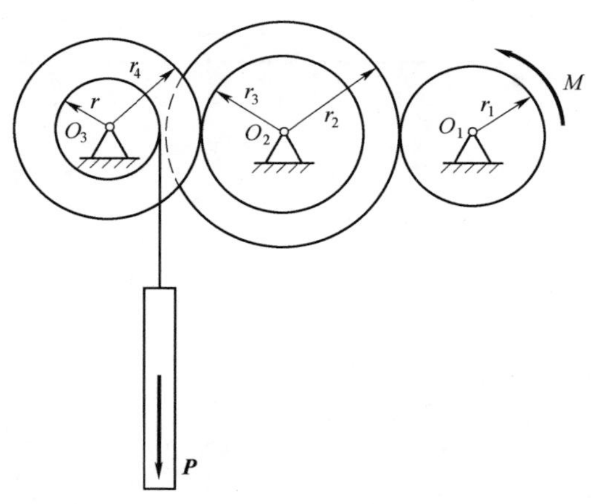

习题2-17图

2-18　如习题2-18图所示，用三根杆连接成一构架，各连接点均为铰链，B处的接触表面光滑，不计各杆的重量。图中尺寸单位为米（m）。求铰链D受的力。

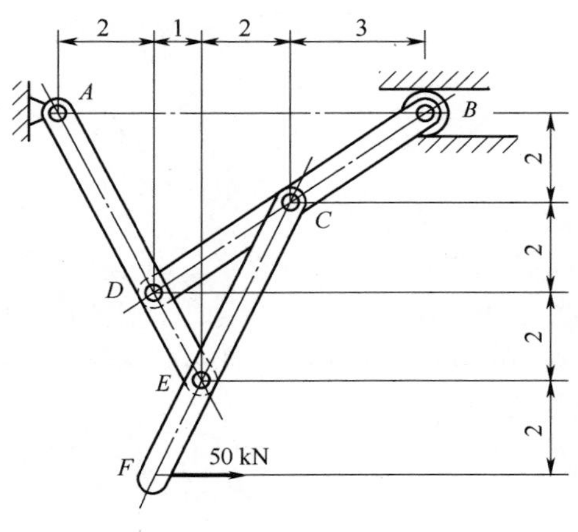

习题2-18图

2-19　如习题2-19图所示的简单构架，杆AB和CE在中点以销钉D铰接。如物重1000N，$AD = DB = 2\text{m}$，$CD = DE = 1.5\text{m}$，滑轮直径为1m，不计各杆及滑轮重量。求杆BC所受的力，以及杆AB作用在销钉D的力（A处为固定铰链支座）。

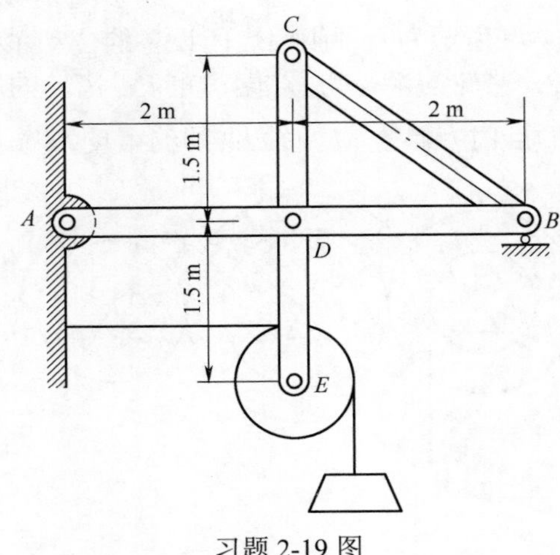

习题 2-19 图

2-20 构架受力如习题 2-20 图所示，销钉 E 固结在 DH 杆上，与 BC 槽杆为光滑接触。已知：$M = 200\text{N}\cdot\text{m}$，$AD = DC = BE = EC = 0.2\text{m}$，各杆重不计。试求 A、B、C 处的约束力。

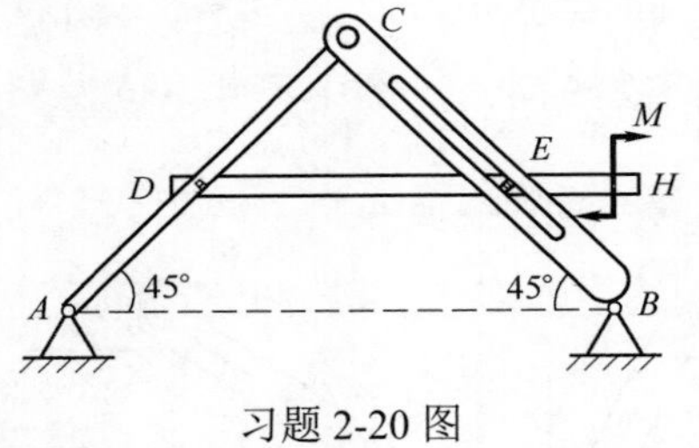

习题 2-20 图

2-21 简易升降混凝土吊筒装置如习题 2-21 图所示，混凝土和吊筒共重 25kN，吊筒与滑道间的摩擦因数为 0.3，分别求出重物匀速上升和下降时绳子的张力。

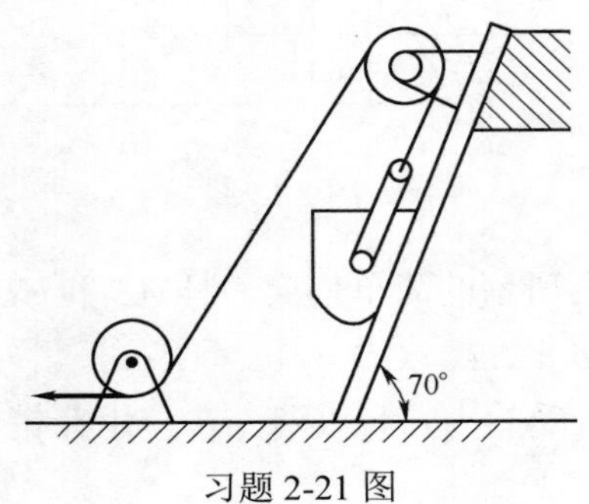

习题 2-21 图

2-22　起重绞车的制动器由带制动块的手柄和制动轮组成。已知制动轮半径 $R=50\text{cm}$，鼓轮半径 $r=30\text{cm}$，制动轮和制动块间的摩擦因数 $f_s=0.4$，提升的重量 $G=1000\text{N}$，手柄长 $L=300\text{cm}$，$a=60\text{cm}$，$b=10\text{cm}$，如习题 2-22 图所示。不计手柄和制动轮的重量，求能制动所需 $\boldsymbol{P}$ 力的最小值。

2-23　修理电线工人攀登电线杆所用脚上套钩如习题 2-23 图所示。已知电线杆直径 $d=30\text{cm}$，套钩尺寸 $b=10\text{cm}$，套钩与电线杆间的摩擦因数 $f_s=0.3$，其重量忽略。求脚踏处与电线杆轴线间的距离 a 多大时能保证工人安全操作。

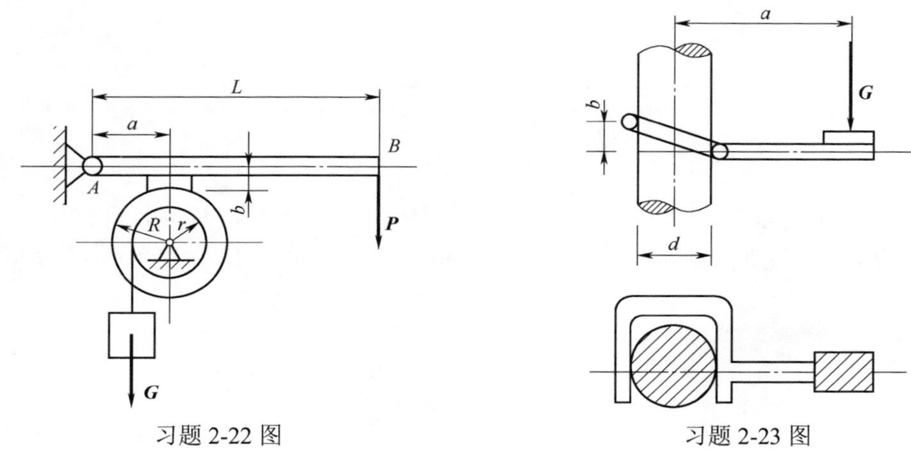

习题 2-22 图　　习题 2-23 图

2-24　如习题 2-24 图所示为凸轮机构。已知推杆与滑道间的摩擦因数为 f_s，滑道宽度为 b，设凸轮与推杆接触处的摩擦忽略不计。问：a 为多大，推杆才不致被卡住？

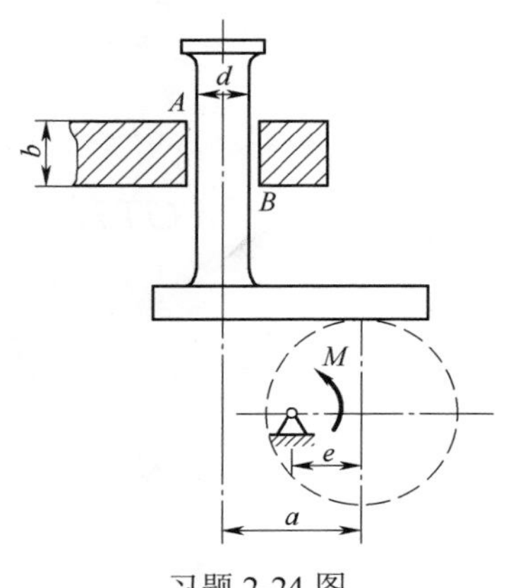

习题 2-24 图

2-25 尖劈起重装置如习题 2-25 图所示，尖劈 A 的顶角为 θ，在 B 块上受力 F_Q 的作用。A 块和 B 块之间静摩擦因数为 f_s（有滚珠处摩擦不计）。若不计 A 块、B 块的重量，试求能保持平衡的力 $\boldsymbol{F}$ 的大小的范围。

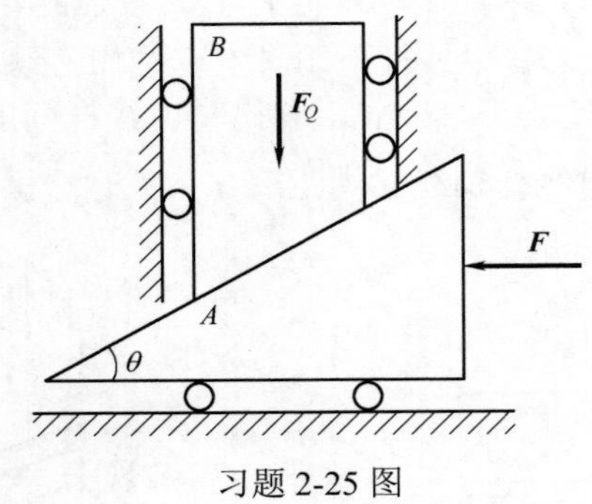

习题 2-25 图

2-26 如习题 2-26 图所示，已知均质箱体重 $P = 200\text{kN}$，与斜面间的摩擦因数 $f_s = 0.2$，尺寸 $b = 1\text{m}$，$h = 2\text{m}$，$a = 1.8\text{m}$，$\alpha = 20°$，计算箱体平衡时物 E 的重量 Q。

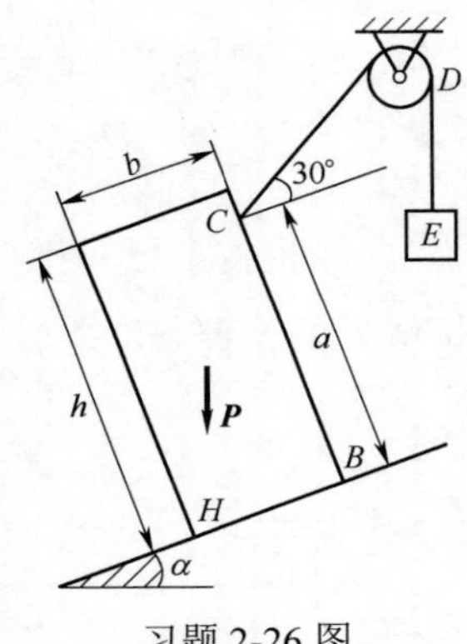

习题 2-26 图

第3章 空间力系

知识梳理

1. 基本概念

（1）力在空间直角坐标轴上的投影：一次（直接）投影法和二次（间接）投影法。

（2）力对点之矩（图 3.1）：力使物体绕该点转动效果的度量，是定位矢量。用矢积式表示：

$$\boldsymbol{M}_O(\boldsymbol{F}) = \boldsymbol{r} \times \boldsymbol{F} = \begin{vmatrix} \boldsymbol{i} & \boldsymbol{j} & \boldsymbol{k} \\ x & y & z \\ X & Y & Z \end{vmatrix}$$

$$= (yZ - zY)\boldsymbol{i} + (zX - xZ)\boldsymbol{j} + (xY - yX)\boldsymbol{k}$$

（3）力对轴之矩（图 3.2）：力使物体绕轴转动效果的度量，是代数量。可按定义或下述解析式计算。

$$\left.\begin{aligned} M_x(\boldsymbol{F}) &= yZ - zY \\ M_y(\boldsymbol{F}) &= zX - xZ \\ M_z(\boldsymbol{F}) &= xY - yX \end{aligned}\right\}$$

式中：x、y、z 为力 $\boldsymbol{F}$ 作用点的坐标；X、Y、Z 为力矢在轴上的投影。

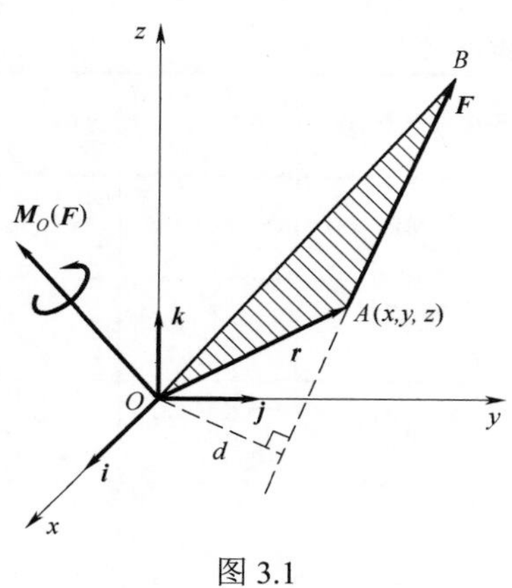

图 3.1

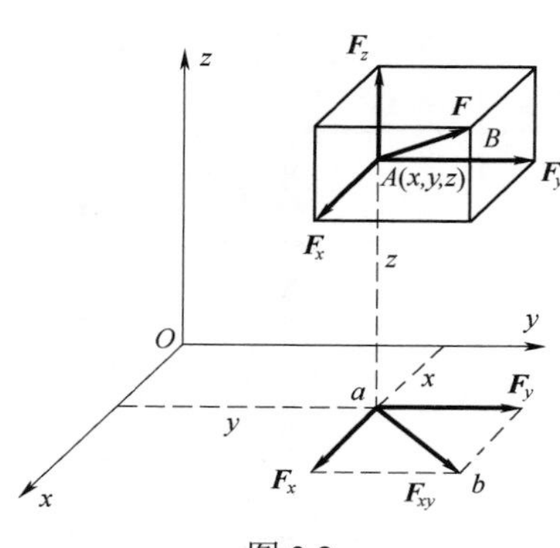

图 3.2

力对点之矩在通过该点某轴上的投影等于力对该轴之矩。

$$\left.\begin{aligned}[\boldsymbol{M_O}(\boldsymbol{F})]_x &= M_x(\boldsymbol{F})\\ [\boldsymbol{M_O}(\boldsymbol{F})]_y &= M_y(\boldsymbol{F})\\ [\boldsymbol{M_O}(\boldsymbol{F})]_z &= M_z(\boldsymbol{F})\end{aligned}\right\}$$

（4）平行力系中心、重心：设物体由无数各微小部分组成，则作用于每个微小部分的力构成一分布的重力系，其合力的大小称为物体的重量，合力作用点称为物体的重心。

2. 空间力系的合成

（1）空间汇交力系可合成为通过汇交点的一个合力，合力矢为

$$\boldsymbol{F}_{\mathrm{R}} = \sum \boldsymbol{F} \quad 或 \quad \boldsymbol{F}_{\mathrm{R}} = \sum X\boldsymbol{i} + \sum Y\boldsymbol{i} + \sum Z\boldsymbol{k}$$

（2）空间力偶系可合成为一个合力偶，合力偶矩矢为

$$\boldsymbol{M} = \sum \boldsymbol{M}_i \quad 或 \quad \boldsymbol{M} = \sum M_{ix}\boldsymbol{i} + \sum M_{iy}\boldsymbol{j} + \sum M_{iz}\boldsymbol{k}$$

（3）空间力系向任一点 O 简化，得到作用在 O 点的一个力和一个力偶，力的大小、方向等于力系的主矢量，力偶矩矢等于力系对 O 点的主矩。即

$$\boldsymbol{F}'_{\mathrm{R}} = \sum \boldsymbol{F}$$
$$\boldsymbol{M_O} = \sum \boldsymbol{M_O}(\boldsymbol{F}_i)$$

主矢与简化中心位置无关，主矩与简化中心位置有关。

3. 空间力系平衡方程的基本形式

$$\sum X = 0,\ \sum Y = 0,\ \sum Z = 0$$
$$\sum M_x(F) = 0,\ \sum M_y(F) = 0,\ \sum M_z(F) = 0$$

各种力系平衡方程的基本形式见表 3.1。

表 3.1 各种力系平衡方程的基本形式

力系类型	独立平衡方程数	平衡方程的基本形式					
空间任意力系	6	$\sum X = 0$	$\sum Y = 0$	$\sum Z = 0$	$\sum M_x = 0$	$\sum M_y = 0$	$\sum M_z = 0$
空间汇交力系	3	$\sum X = 0$	$\sum Y = 0$	$\sum Z = 0$			
空间力偶系	3				$\sum M_x = 0$	$\sum M_y = 0$	$\sum M_z = 0$
平面任意力系	3	$\sum X = 0$	$\sum Y = 0$				$\sum M_O = 0$

续表

力系类型	独立平衡方程数	平衡方程的基本形式					
平面汇交力系	2	$\sum X=0$	$\sum Y=0$				
平面平行力系	2		$\sum Y=0$				$\sum M_O=0$
平面力偶系	1						$\sum M_O=0$

4. 刚体在空间力系作用下的平衡问题

求解刚体在空间力系作用下的平衡问题，其分析方法和解题步骤与平面问题基本相同。空间力系的平衡方程，除基本形式外，也有其他形式。投影方程可部分或全部由力矩方程代替。但所写的平衡方程必须都是彼此独立的。和平面问题不同的是，求解空间问题要有清楚的空间概念，明确力与坐标间的空间关系，熟练计算力在空间三个坐标轴上的投影和力对轴之矩。

5. 重心坐标的一般公式

重心（图 3.3）的一般公式为

$$\left.\begin{aligned} x_C &= \sum P_i x_i / \sum P_i = \sum P_i x_i / P \\ y_C &= \sum P_i y_i / \sum P_i = \sum P_i y_i / P \\ z_C &= \sum P_i z_i / \sum P_i = \sum P_i z_i / P \end{aligned}\right\}$$

对于均质物体，其重心为

$$\left.\begin{aligned} x_C &= \int_v x\mathrm{d}V / V \\ y_C &= \int_v y\mathrm{d}V / V \\ z_C &= \int_v z\mathrm{d}V / V \end{aligned}\right\}$$

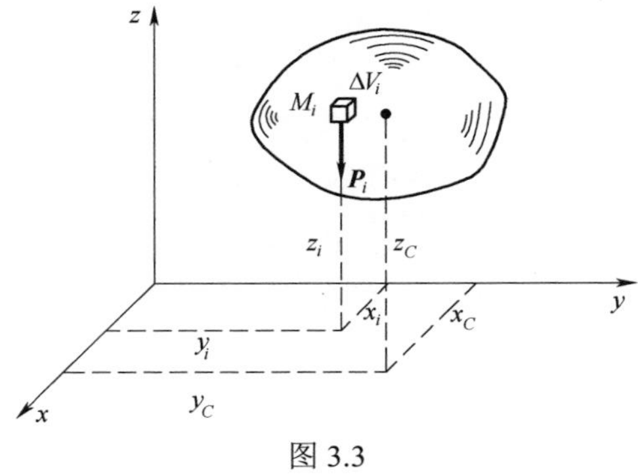

图 3.3

对于均质等厚的板，其重心为

$$\left.\begin{aligned} x_C &= \int_A x\mathrm{d}A / A \\ y_C &= \int_A y\mathrm{d}A / A \\ z_C &= \int_A z\mathrm{d}A / A \end{aligned}\right\}$$

组合形状物体的重心为

$$\left.\begin{aligned} x_C &= \sum V_i x_i / V \\ y_C &= \sum V_i y_i / V \\ z_C &= \sum V_i z_i / V \end{aligned}\right\}$$

组合图形的形心为

$$\left.\begin{aligned} x_C &= \sum A_i x_i / A \\ y_C &= \sum A_i y_i / A \\ z_C &= \sum A_i z_i / A \end{aligned}\right\}$$

基 本 要 求

1．能熟练地计算力在空间直角坐标轴上的投影和力对轴之矩。

2．了解空间力系向一点简化的方法和结果。

3．能应用平衡条件求解空间汇交力系、空间任意力系、空间平行力系的平衡问题。

4．能正确地画出各种常见空间约束的约束力。

5．对重心应有清晰的概念，能熟练地应用组合法求物体的重心。

典 型 例 题

例 3.1　力 $\boldsymbol{F}$ 通过 $A(3,4,0)$，$B(0,4,4)$两点（长度单位为 m)，如图 3.4 所示，若 $F=100\,\mathrm{N}$，求力 $\boldsymbol{F}$ 在各坐标轴上的投影及对各坐标轴的距。

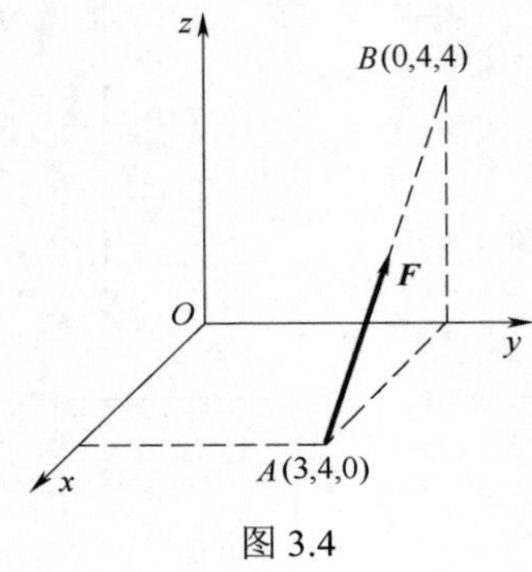

图 3.4

解：由二次投影可得

$$F_x = -100 \times \frac{3}{5} = -60\text{N}$$

$$F_y = 0$$

$$F_z = 100 \times \frac{4}{5} = 80\text{N}$$

力 $\boldsymbol{F}$ 作用点的坐标分别为 $x = 3\text{m}$，$y = 4\text{m}$，$z = 0$。

由力对坐标轴之距的公式得

$$M_x(\boldsymbol{F}) = yZ - zY = 0 - 80 = -80\text{N} \cdot \text{m}$$

$$M_y(\boldsymbol{F}) = zX - xZ = 4 \times (-60) - 3 \times 80 = -480\text{N} \cdot \text{m}$$

$$M_z(\boldsymbol{F}) = xY - yX = 0 - 4 \times (-60) = 240\text{N} \cdot \text{m}$$

例 3.2　简易起吊架如图 3.5 所示。杆 AB 铰接于墙上，不计自重。绳索 AC 与 AD 在同一水平面内。已知起吊重物的重力 $P = 1000\text{N}$，CE=DE=12cm，$AE = 24\text{cm}$，β=45°，求绳索的拉力及杆 AB 所受的力。

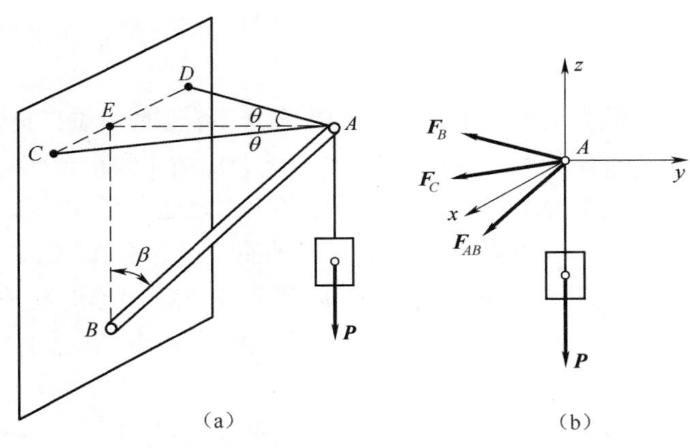

图 3.5

解：取铰链 A 和重物为研究对象，受力包括：重力 $\boldsymbol{P}$、绳子的拉力 $\boldsymbol{F}_C$ 和 $\boldsymbol{F}_D$，杆 AB 对 A 点的作用力 $\boldsymbol{F}_{AB}$。杆 AB 为二力杆，所以 $\boldsymbol{F}_{AB}$ 的作用线沿杆 AB。以上四个力构成空间汇交力系，如图 3.5（b）所示，建立坐标系。列平衡方程：

$$\sum F_x = 0,\ \ F_C \sin\theta - F_D \sin\theta = 0$$

$$\sum F_y = 0,\ \ -F_C \cos\theta - F_D \cos\theta - F_{AB} \sin\beta = 0$$

$$\sum F_z = 0,\ \ -F_{AB} \cos\beta - P = 0$$

其中
$$\theta = \arctan\frac{1}{2} = 26.57°$$

解得　$F_{AB} = -1414\text{N}$（受压），$F_C = F_D = 559\text{N}$

例 3.3 水平传动轴上装有两个皮带轮 C 和 D，半径分别是 $r_1 = 0.4\text{m}$，$r_2 = 0.2\text{m}$。套在 C 轮上的胶带是铅垂的，两边的拉力 $F_1 = 3400\text{N}$，$F_2 = 2000\text{N}$，套在 D 轮上的胶带与铅垂线成夹角 $\alpha = 30°$，其拉力 $F_3 = 2F_4$，如图 3.6（a）所示。求在传动轴匀速转动时，拉力 $\boldsymbol{F}_3$ 和 $\boldsymbol{F}_4$ 以及深沟球轴承处约束力的大小。

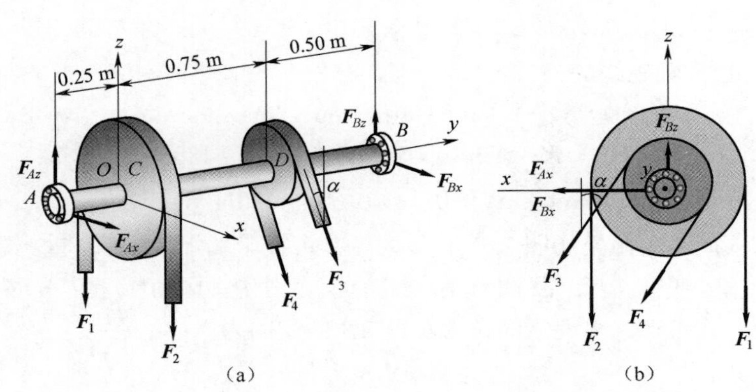

图 3.6

解： 取整个系统为研究对象，建立坐标系 $Oxyz$［图 3.6（a）］，画出系统的受力图。为了分析皮带轮 C 和 D 的受力情况，作右视图［图 3.6（b）］。

下面以对 x 轴之矩分析为例说明力系中各力对轴之矩的求法。力 $\boldsymbol{F}_{Ax}$ 和 $\boldsymbol{F}_{Bx}$ 平行于轴 x，力 $\boldsymbol{F}_1$ 和 $\boldsymbol{F}_2$ 与 x 轴相交，它们对 x 轴的矩均等于 0。力 $\boldsymbol{F}_{Az}$ 和 $\boldsymbol{F}_{Bz}$ 对 x 轴的矩分别为 $-0.25\boldsymbol{F}_{Az}$ 和 $1.25\boldsymbol{F}_{Bz}$。力 $\boldsymbol{F}_3$ 和 $\boldsymbol{F}_4$ 可分解为沿 x 轴和沿 z 轴的两个分量，其中沿 x 轴的分量对 x 轴的矩为 0。所以力 $\boldsymbol{F}_3$ 和 $\boldsymbol{F}_4$ 对 x 轴的矩等于 $-0.75\times(F_3 + F_4)\times\cos 30°$。

系统受空间任意力系的作用，可写出六个平衡方程：

$$\sum F_x = 0,\ F_{Ax} + F_{Bx} + (F_3 + F_4)\sin 30° = 0$$
$$\sum F_z = 0,\ F_{Az} + F_{Bz} - (F_3 + F_4)\cos 30° - (F_1 + F_2) = 0$$
$$\sum M_x = 0,\ -0.25F_{Az} + 1.25F_{Bz} - 0.75(F_3 + F_4)\cos 30° = 0$$
$$\sum M_y = 0,\ 0.4(-F_1 + F_2) + 0.2(F_3 - F_4) = 0$$
$$\sum M_z = 0,\ 0.25F_{Ax} - 1.25F_{Bx} - 0.75(F_3 + F_4)\sin 30° = 0$$

又已知 $F_3 = 2F_4$，故利用以上方程可以解出所有未知量：

$$F_3 = 5600\text{N},\ F_4 = 2800\text{N},\ F_{Ax} = -2975\text{N},\ F_{Az} = 10387.2\text{N},$$
$$F_{Bx} = -1225\text{N},\ F_{Bz} = 2287.2\text{N}$$

例 3.4 如图 3.7 所示的匀质圆弧半径为 R，对应的圆心角为 $\angle AOB = 2\alpha$，求

圆弧的重心位置。

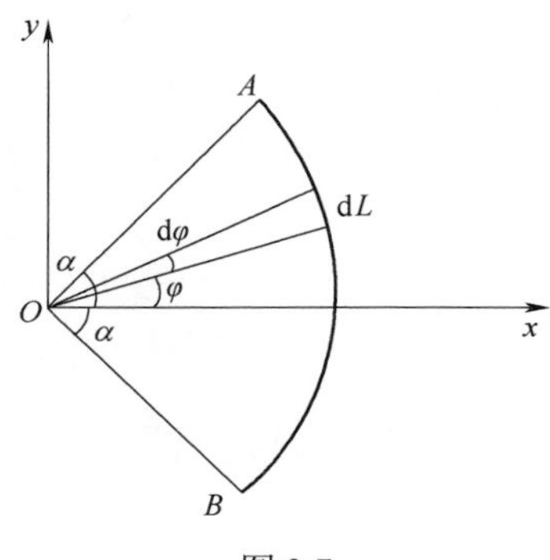

图 3.7

解：选坐标系 Oxy（图 3.7），图形对称于 x 轴，所以重心在 x 轴上，即 $y_C = 0$，现在来求 x_C。应用公式 $x_C = \int_L x\mathrm{d}L / L$。

其中 $\mathrm{d}L = R\mathrm{d}\varphi$，而 $L = 2aR$，$x = R\cos\varphi$，代入公式得

$$x_C = \int_L x\mathrm{d}L / L = \int_{-a}^{+a} R\cos\varphi \cdot R \cdot \mathrm{d}\varphi / 2aR$$

$$= R^2 \int_{-a}^{+a} \cos\varphi \mathrm{d}\varphi / 2aR$$

所以　　$$x_C = R\sin\varphi / 2a\Big|_{-a}^{+a} = R\sin\varphi / a$$

例 3.5　截面尺寸如图 3.8 所示，试求图形的形心位置。

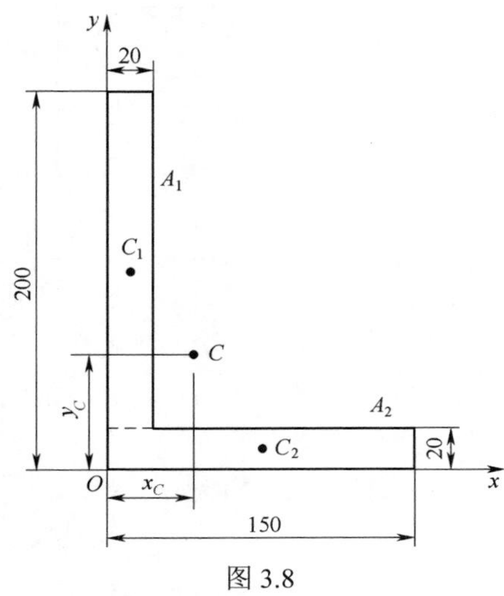

图 3.8

解：取坐标系，如图 3.8 所示，用虚线将图形分割成两个简单图形——矩形，

面积分别为A_1、A_2，矩形重心分别为C_1、C_2。(x_1, y_1)、(x_2, y_2)分别表示C_1、C_2的坐标。则有

$$A_1 = (200-20)\times 20 = 3600\text{mm}^2$$

$$x_1 = 10\text{mm}，y_1 = 20+\frac{200-20}{2}=110\text{mm}$$

$$A_2 = 150\times 20 = 3000\text{mm}^2$$

$$x_2 = 75\text{mm}，y_2 = 10\text{mm}$$

代入公式$\left.\begin{aligned}x_C=\sum A_i x_i / A\\ y_C=\sum A_i y_i / A\end{aligned}\right\}$，则图形形心坐标为

$$x_C = \frac{\sum A_i x_i}{\sum A_i} = \frac{x_1 A_1 + x_2 A_2}{A_1 + A_2} = 39.5\text{mm}$$

$$y_C = \frac{\sum A_i y_i}{\sum A_i} = \frac{y_1 A_1 + y_2 A_2}{A_1 + A_2} = 64.5\text{mm}$$

例 3.6 底板（图 3.9）的尺寸为$a = 12\text{cm}$，$b = 20\text{cm}$，$l = 2\text{cm}$，$d = 6\text{cm}$，$R = 2\text{cm}$，求底板重心位置。

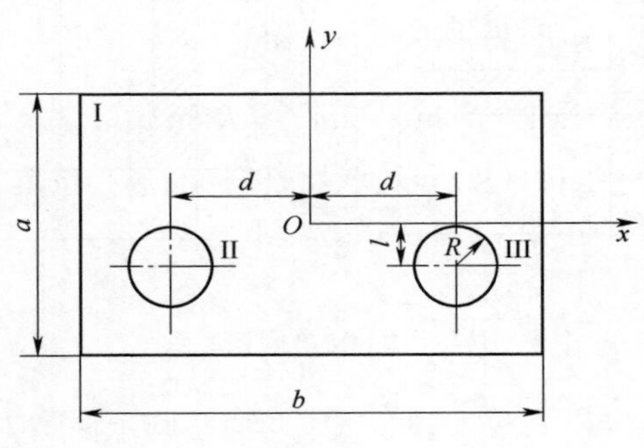

图 3.9

解：将底板看成由三部分组成：长方形I、圆孔II和圆孔III。因为圆孔是切除部分，所以面积应取负值，选取如图 3.9 所示的坐标轴，因为底板对称于y轴，所以重心在对称轴y上，即$x_C = 0$，只要求出y_C即可，由图示关系可得

长方形板I：

$$A_1 = ab = 12\times 20 = 240\text{cm}^2，y_1 = 0$$

圆孔II、圆孔III：

$$A_2 = A_3 = -\pi R^2 = -\pi\times 2^2 = -4\pi\text{cm}^2$$

$$y_2 = y_3 = -l = -2\text{cm}$$

根据重心坐标公式，就可求得底板的重心位置为

$$y_C = \frac{A_1 y_1 + A_2 y_2 + A_3 y_3}{A_1 + A_2 + A_3} = \frac{0 + (-4\pi) \times (-2) + (-4\pi) \times (-2)}{240 - 4\pi - 4\pi}$$
$$= 0.234\text{cm}$$

思　考　题

3-1　一个力沿任一组坐标轴分解所得的分力的大小和该力在坐标轴上的投影的大小一定相等吗？

3-2　在空间问题中，力对轴的矩和力对点的矩分别是什么量？

3-3　力对一点的矩在一轴上投影一定等于该力对该轴的矩，对吗？

3-4　已知一正方体，各边长 a，沿对角线 BH 作用一个力 $\boldsymbol{F}$，则该力在 x_1 轴上的投影是多少？

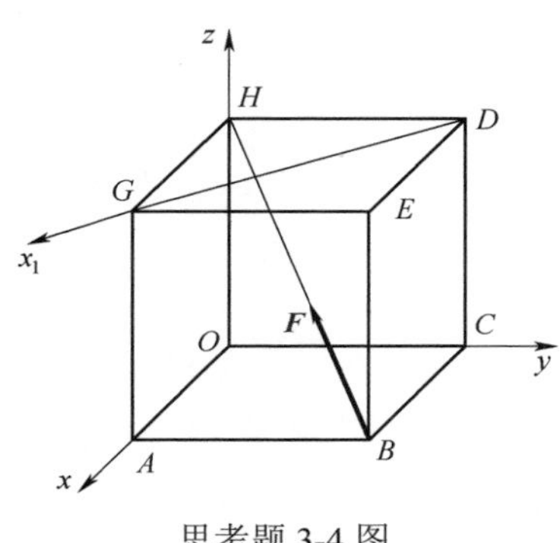

思考题 3-4 图

习　　题

3-1　如习题 3-1 图所示，空间构架由三根直杆组成（不考虑直杆自重），在 D 端用球铰链连接。A、B 和 C 端用球铰链固定在水平地板上。在 D 端挂一重为 $P = 10\text{kN}$ 的重物，求铰链对 A、B 和 C 的约束力。

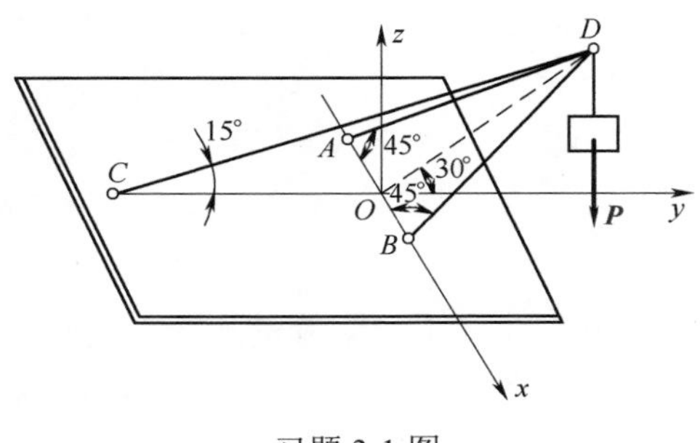

习题 3-1 图

3-2　如习题 3-2 图所示空间桁架由六根杆构成。在节点 A 上作用力 $\boldsymbol{F}$，此力

在矩形 $ABCD$ 面内，并与铅直线成45°角。$\triangle EAK = \triangle FBM$。等腰三角形$\triangle EAK$、$FBM$ 和 NDB 在顶点 A、B 和 D 处均为直角，又 $EC = CK = FD = DM$。若 $F = 10\text{kN}$，求各杆的内力。

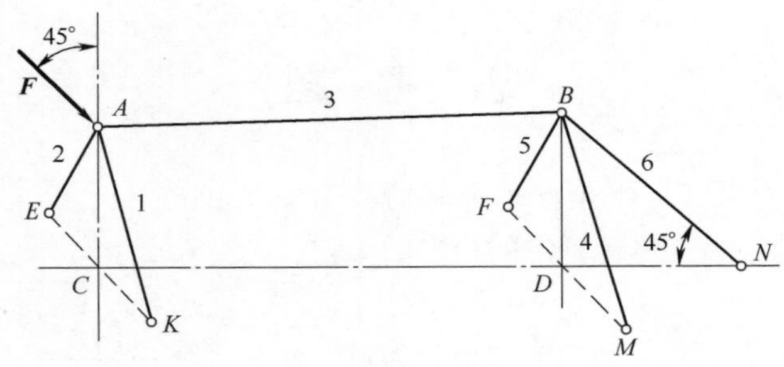

习题 3-2 图

3-3 力 $\boldsymbol{F}$ 作用于曲柄的中点 A，如习题 3-3 图所示。已知 $\alpha = 30°$，$F = 1\text{kN}$，$d = 400\text{mm}$，$r = 50\text{mm}$。求力 $\boldsymbol{F}$ 对 x 轴、y 轴和 z 轴的力矩。

3-4 物体受力，如习题 3-4 图所示。已知 $F_1 = 400\text{N}$，$F_2 = 300\text{N}$，$F_3 = 500\text{N}$。将力系向 O 点简化。

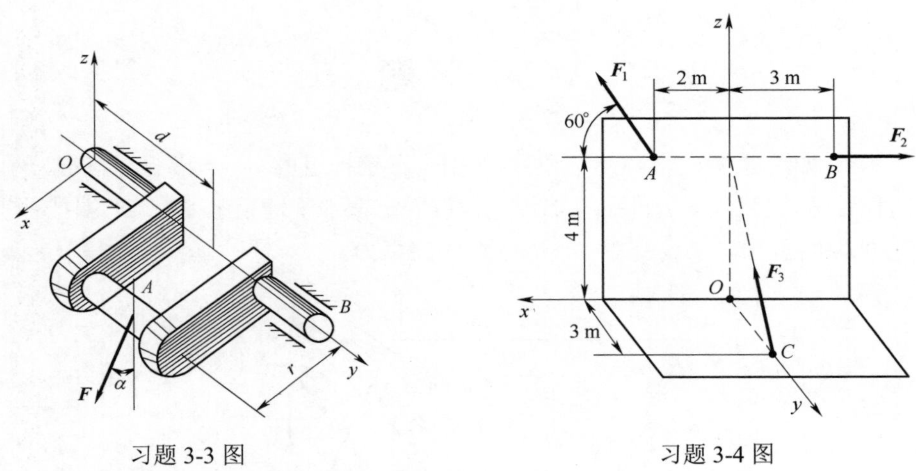

习题 3-3 图

习题 3-4 图

3-5 如习题 3-5 图所示，长方体的顶角 A 和 B 处分别作用力 $\boldsymbol{F}_1$ 和 $\boldsymbol{F}_2$，已知 $F_1 = 500\text{N}$，$F_2 = 700\text{N}$。试求力 $\boldsymbol{F}_1$ 和 $\boldsymbol{F}_2$ 对 x、y、z 轴的力矩。

3-6 立方体（习题 3-6 图）的边长为 a，在顶点 A 受一力 $\boldsymbol{F}$ 作用。试求：（1）力 $\boldsymbol{F}$ 对 x 轴、y 轴、z 轴的力矩；（2）力 $\boldsymbol{F}$ 对 O 点的力矩。

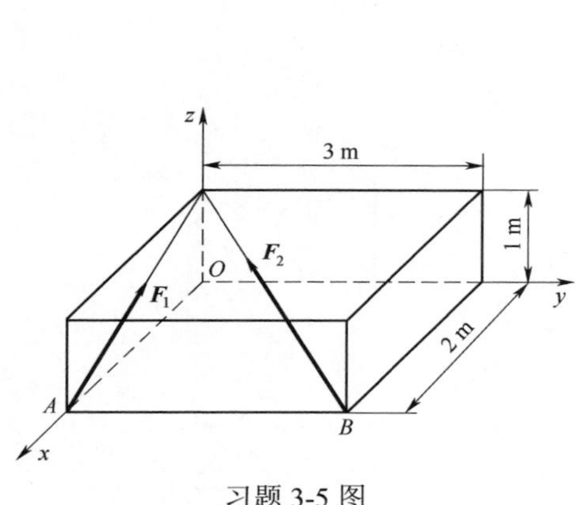

习题 3-5 图

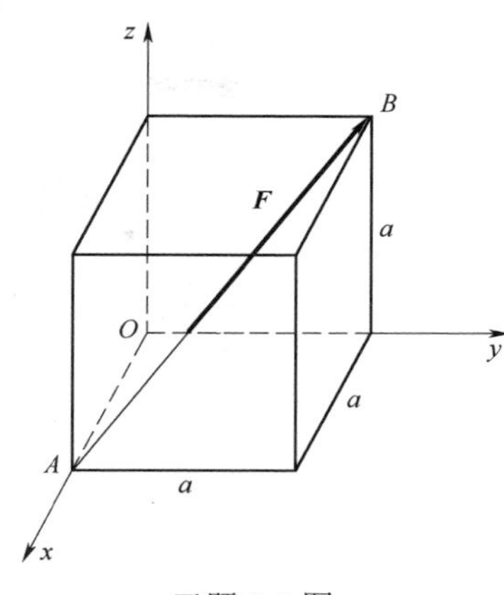

习题 3-6 图

3-7　如习题 3-7 图所示三圆盘 *A*、*B* 和 *C*，半径分别为150mm、100mm和50mm。*OA*、*OB* 和 *OC* 三轴位于同一水面，∠*AOB* 是直角。三圆盘上分别作用力偶，构成力偶的各力都作用在轮缘上，分别等于10N、20N和 $\boldsymbol{F}$。若三圆盘所构成的物系是自由的，忽略本身重力，求结构保持平衡时 F 的大小和角 θ。

3-8　六根杆支撑一水平板。铅直力 $\boldsymbol{F}$ 作用于板角处，如习题 3-8 图所示。忽略板和杆的自重，求各杆的内力。

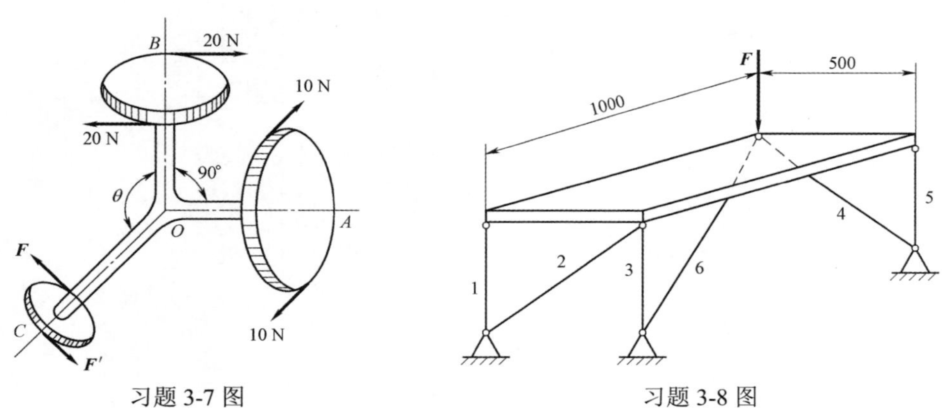

习题 3-7 图　　习题 3-8 图

3-9　涡轮连同轴和齿轮的总重 $P=12\text{kN}$，作用线沿轴 Cz。如习题 3-9 图所示，涡轮的转动力偶矩 $M_z=1200\text{N}\cdot\text{m}$。齿轮的平均半径 $OB=0.6\text{m}$，在齿轮 B 处收到的力分解为三个力：切向力 $\boldsymbol{F}_\text{t}$、轴向力 $\boldsymbol{F}_\text{a}$ 和径向力 $\boldsymbol{F}_\text{r}$。其中 $F_\text{t}:F_\text{a}:F_\text{r}=1:0.32:0.17$。求轴承 A 和止推轴承 C 的约束力。

3-10　试求如习题 3-10 图所示型材截面的形心位置。

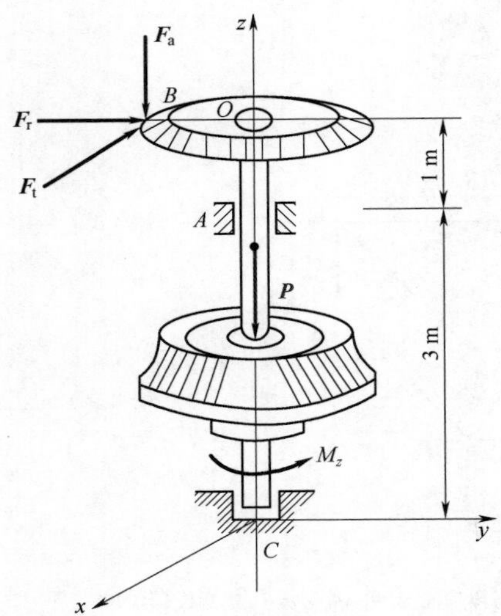

习题 3-9 图

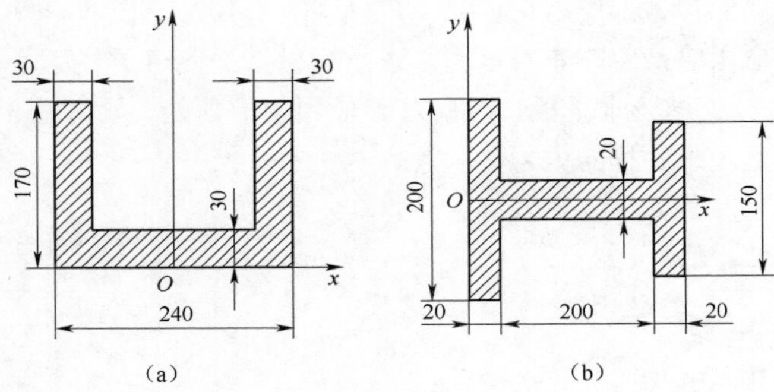

习题 3-10 图

3-11 如习题 3-11 图所示圆截面，求形心位置。

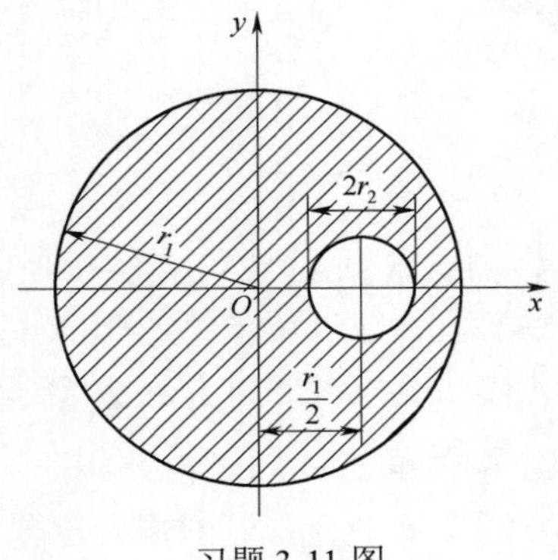

习题 3-11 图

第 4 章　轴向拉伸与压缩

知 识 梳 理

1. 轴向拉伸与压缩的概念

杆件承受的外力（或外力的合力）作用线与杆轴线重合，并且杆件沿轴线方向伸长或缩短，这种变形形式称为轴向拉伸或轴向压缩。

2. 内力计算

（1）内力：因外力引起的构件各部分之间相互作用力的变化。

（2）截面法：求内力的方法。截面法的步骤可用“截、取、代、平”四个字描述：

1）截：欲求某一截面上的内力，用一假想平面将物体分为两部分。

2）取：取其中任意一部分为研究对象，而弃去另一部分。

3）代：用作用于截面上的内力，代替舍弃部分对留下部分的作用力。

4）平：建立留下部分的平衡方程，由外力确定未知的内力。

（3）拉压杆横截面上的内力。拉压杆横截面上的内力的合力作用线与杆轴线重合，轴向内力 F_N 称为轴力。轴力的符号规则：拉力为正，压力为负。工程上常以轴力图表示杆件轴力沿杆长的变化。

3. 直杆截面上的应力

（1）应力：截面内某点的内力集度称为该点的应力。应力是一个矢量，垂直于截面的分量称为正应力，用 σ 表示；切于截面的分量称为切应力，用 τ 表示。应力单位是 N/m^2（或 MN/m^2），记为 Pa（或 MPa）。

（2）拉压杆横截面上的应力：根据圣维南原理，在离杆端一定距离之外，横截面上各点的变形是均匀的，各点的应力也应是均匀的，并垂直于横截面，即为正应力，设杆的横截面积为 A，则有

$$\sigma = \frac{F_{\mathrm{N}}}{A}$$

正应力 σ 的符号规则：拉应力为正，压应力为负。

4. 拉压杆斜截面上的应力

与横截面成α角的斜截面上的正应力和切应力分别为

$$\sigma_{\alpha} = p_{\alpha} \cos\alpha = \sigma \cos^2 \alpha$$

$$\tau_{\alpha} = p_{\alpha} \sin\alpha = \frac{\sigma}{2} \sin 2\alpha$$

5. 轴向拉压杆的强度条件

$$\sigma_{\max} = \frac{F_{N\max}}{A} \leqslant [\sigma]$$

用强度条件可解决工程中强度校核、截面设计和许可载荷确定三方面的强度计算问题。

6. 轴向拉压时的变形和胡克定律

（1）等直杆在拉伸或压缩时的轴向变形为

$$\Delta l = \frac{F_N l}{EA} = \frac{Fl}{EA}$$

上式为杆件拉压时的胡克定律。式中：E 为材料的拉伸（压缩）弹性模量；EA 为抗拉（压）刚度。

（2）胡克定律为

$$\sigma = E\varepsilon$$

在弹性范围内，杆件的横向应变ε'和轴向应变ε有如下关系：

$$\varepsilon' = -\varepsilon\mu$$

式中：μ 为泊松比（横向变形系数）。

7. 材料在拉伸（压缩）时的力学性能

（1）低碳钢在拉伸时的力学性能。

1）低碳钢的应力—应变曲线分为四个阶段：弹性阶段、屈服阶段、强化阶段和局部变形阶段。

2）低碳钢在拉伸时的强度指标（图 4.1）：

a. 比例极限σ_p：应力、应变成正比例的最大应力。

b. 弹性极限σ_e：材料只产生弹性变形的最大应力。

c. 屈服极限σ_s：屈服阶段相应的应力，塑性材料的强度指标。

d. 强度极限σ_b：材料能承受的最大应力。

3）低碳钢在拉伸时的两个塑性指标：

a. 延伸率：

$$\delta = \frac{l_1 - l}{l} \times 100\%$$

工程上通常按延伸率的大小把材料分为两类：$\delta \geqslant 5\%$的材料称为塑性材料，如碳钢、铝合金等；$\delta < 5\%$的材料称为脆性材料，如灰铸铁、玻璃、陶瓷等。

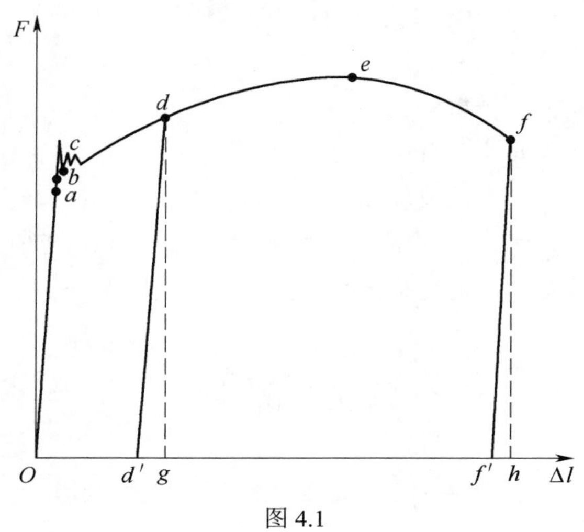

图 4.1

b. 断面收缩率：

$$\psi = \frac{A - A_1}{A} \times 100\%$$

（2）铸铁是典型的脆性材料，其拉伸强度极限较低。

（3）材料在压缩时的力学性能：

1）低碳钢在压缩时的弹性模量 E 和屈服极限 σ_{s} 与拉伸时相同，不存在抗压强度极限。

2）灰铸铁压缩强度极限比拉伸强度极限高得多，是良好的耐压、减震材料。

（4）破坏应力：塑性材料以屈服极限 σ_{s}（或 $\sigma_{0.2}$）为其破坏应力；脆性材料以强度极限 σ_{b} 为其破坏应力。

8. 应力集中

杆件外形突然变化引起局部应力骤增的现象，称为应力集中。理论应力集中因数 $k = \dfrac{\sigma_{\max}}{\sigma_0}$，式中：$\sigma_{\max}$ 为最大正应力；σ_0 为同一截面上的平均应力。k 是一个大于 1 的数，反映了应力集中的程度。

试验结果表明：截面尺寸变化越急剧，孔越小，角越尖，应力集中的程度就越严重。在静载作用下，塑性材料对应力集中不敏感，而脆性材料存在应力集中则有严重后果。在动载作用下，对任何材料，应力集中都会大大降低构件的承载能力，而且往往就是构件破坏的根源，必须高度重视。

基 本 要 求

1．熟练掌握截面法求轴力，绘轴力图。
2．熟练掌握轴向拉、压杆的强度计算。
3．熟练掌握轴向拉、压时的胡克定律及变形、位移计算。
4．熟悉拉伸、压缩试验，掌握低碳钢、铸铁拉伸和压缩时的力学性质。
5．了解弹性模量、横向变形系数。

典 型 例 题

例 4.1 一等直杆，其受力情况如图 4.2 所示，试作其轴力图。

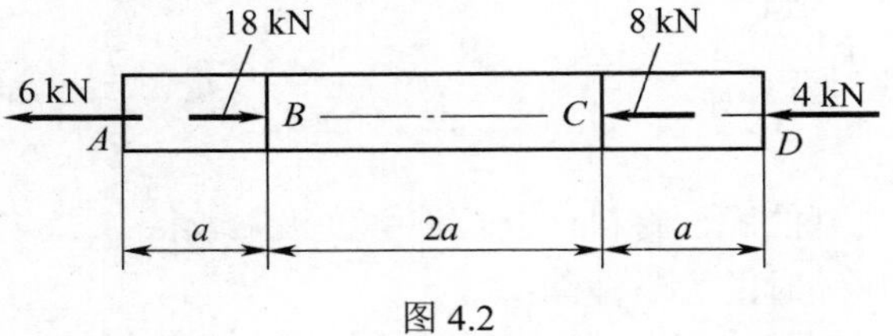

图 4.2

解：如图 4.2 所示，在 AB 之间任取一横截面 1—1，使用截面法，取左半部分为研究对象，画受力图，由静力平衡条件列方程

$$\sum F_x = 0，F_{N1} - 6 = 0，F_{N1} = 6\text{kN}$$

在 BC 之间任取一横截面 2—2，使用截面法，取左半部分为研究对象，画受力图，由静力平衡条件列方程

$$\sum F_x = 0，F_{N2} + 18 - 6 = 0，F_{N2} = -12\text{kN}$$

在 CD 之间任取一横截面 3—3，使用截面法，取右半部分为研究对象，画受力图，由静力平衡条件列方程

$$\sum F_x = 0，F_{N3} + 4 = 0，F_{N3} = -4\text{kN}$$

由 AB、BC、CD 段内轴力的大小和符号，画出轴力图，如图 4.3 所示。

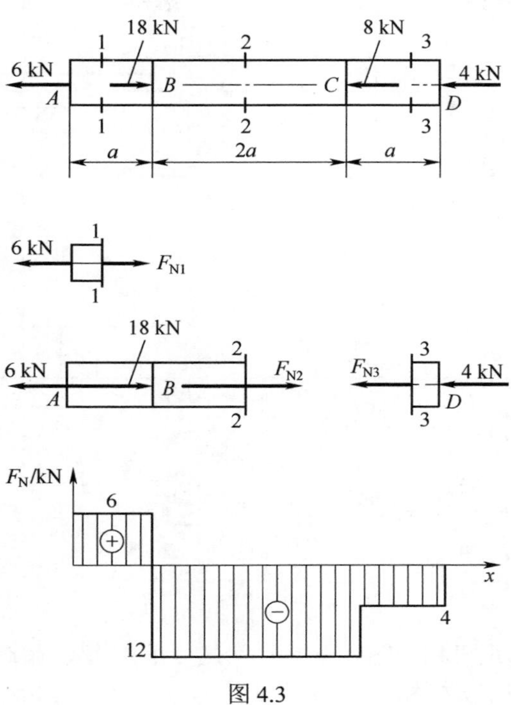

图 4.3

例 4.2　变截面杆受力如图 4.4（a）所示，$A_1 = 400\text{mm}^2$，$A_2 = 300\text{mm}^2$，$A_3 = 200\text{mm}^2$。材料的 $E = 200\text{GPa}$。（1）绘出杆的轴力图；（2）计算杆内各段横截面上的正应力。

解：（1）杆的轴力图如图 4.4（b）所示，各段的轴力

$$F_{N1} = -10\text{kN}，\ F_{N2} = -40\text{kN}，\ F_{N3} = 10\text{kN}$$

（2）各段横截面上的正应力为

$$\sigma_1 = \frac{F_{N1}}{A_1} = \frac{-10\times10^3}{400\times10^{-6}} = -2.5\times10^7\,\text{Pa} = -25\text{MPa}$$

$$\sigma_2 = \frac{F_{N2}}{A_2} = \frac{-40\times10^3}{300\times10^{-6}} = -13.3\times10^7\,\text{Pa} = -133\text{MPa}$$

$$\sigma_3 = \frac{F_{N3}}{A_3} = \frac{10\times10^3}{200\times10^{-6}} = 5\times10^7\,\text{Pa} = 50\text{MPa}$$

负号表示为压应力。

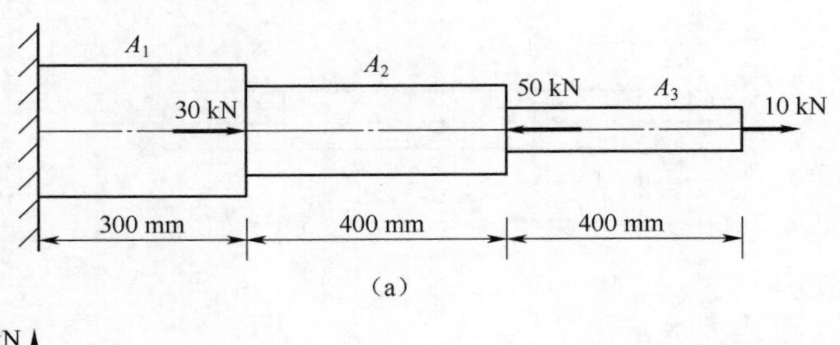

（a）

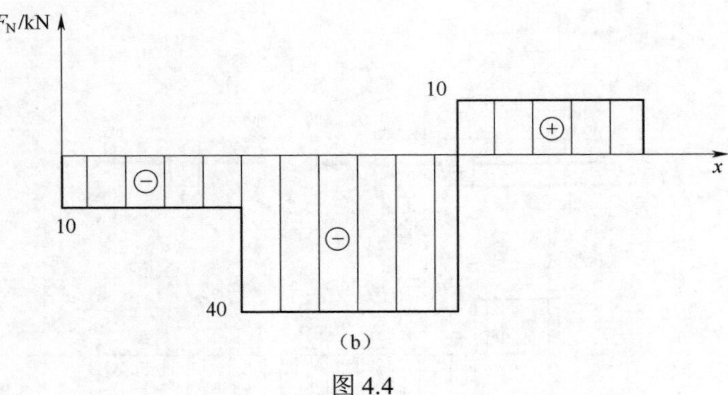

（b）

图 4.4

例 4.3 简易起重机构如图 4.5 所示，AC 为刚性梁，吊车与吊起重物总重为 P，已知 BD 杆的许用应力为$[\sigma]$，为使 BD 杆最轻，角 θ 应为何值？

解：（1）分析：BD 杆的重量和体积有关

$$V = A_{BD}L_{BD}$$

由 BD 杆的强度条件和结构的几何关系可知

$$A_{BD} \geqslant F_{NB} / [\sigma]$$

$$L_{BD} = h / \sin\theta$$

（2）BD 杆内力 $F_{NB}(\theta)$ 与 BD 杆和 AC 杆的夹角有关。

取 AC 为研究对象，如图 4.5（b）所示。

$\sum M_A = 0$，$(F_{NB}\sin\theta)\cdot(h\cot\theta) = Px$

当 $x = L$ 时，杆最危险

$$F_{NB} = \frac{PL}{h\cos\theta}$$

BD 杆面积 $A \geqslant F_{NB} / [\sigma]$

（3）求 V_{BD} 的最小值：

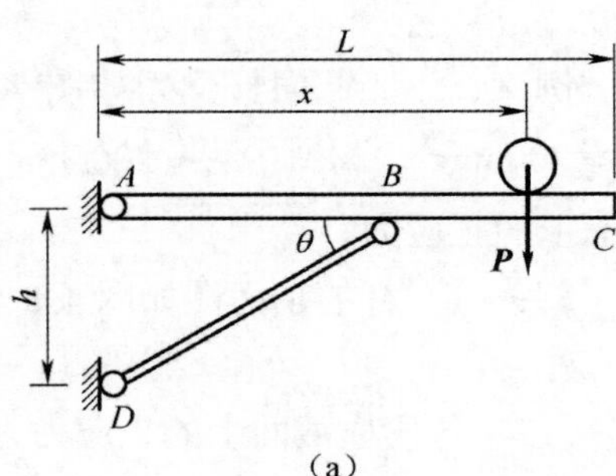

（a）

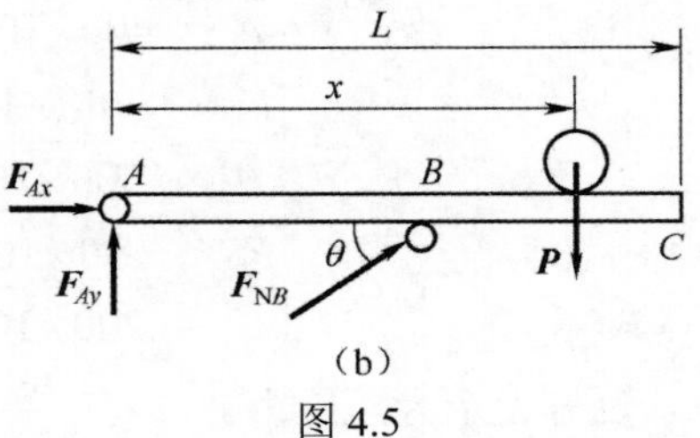

（b）

图 4.5

$$V = AL_{BD} = Ah/\sin\theta \geqslant \frac{2PL}{[\theta]\sin 2\theta}$$

所以$\theta = 45°$时，$V_{\min} = \dfrac{2PL}{[\sigma]}$。

例 4.4　在如图 4.6（a）所示的简单杆系中，AB 和 AC 分别是直径为 20mm 和 24mm 的圆截面杆，E=200GPa，P=5kN。试求 A 点的垂直位移。

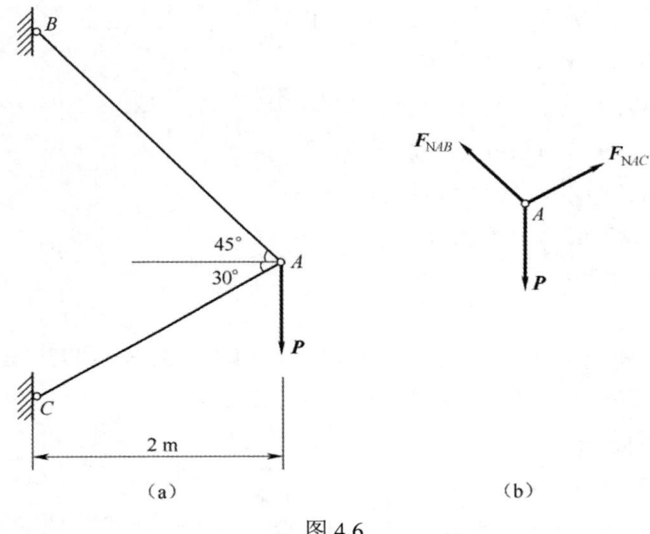

图 4.6

解：（1）以铰 A 为研究对象，如图 4.6（b）所示，设杆 AC 和 AB 的轴力分别为$F_{\mathrm{N}AC}$和$F_{\mathrm{N}AB}$。

$$\sum F_x = 0, \quad F_{\mathrm{N}AC}\cos 30° - F_{\mathrm{N}AB}\cos 45° = 0$$

$$\sum F_y = 0, \quad F_{\mathrm{N}AC}\sin 30° + F_{\mathrm{N}AB}\sin 45° - P = 0$$

$$F_{\mathrm{N}AB} = 4.48\mathrm{kN}, \quad F_{\mathrm{N}AC} = 3.66\mathrm{kN}$$

（2）两杆的变形为

$$\Delta l_{AB} = \frac{F_{\mathrm{N}AB} l_{AB}}{EA_{AB}} = \frac{4.48\times 10^3 \times \dfrac{2000}{\cos 45°}}{200\times 10^3 \times \dfrac{\pi\times 20^2}{4}} = 0.201\mathrm{mm}$$

$$\Delta l_{AC} = \frac{F_{\mathrm{N}AC} l_{AC}}{EA_{AC}} = \frac{3.66\times 10^3 \times \dfrac{2000}{\cos 30°}}{200\times 10^3 \times \dfrac{\pi\times 24^2}{4}} = 0.0934\mathrm{mm}\ （缩短）$$

（3）已知Δl_{AB}为拉伸变形，Δl_{AC}为压缩变形。设想将托架在节点A拆开，AB杆伸长变形后变为BA_2，AC杆压缩变形后变为CA_1。分别以C点和B点为圆心，$\overline{CA_1}$和$\overline{BA_2}$为半径，作圆弧相交于A'。A'点即为托架变形后B点的位置。因为是小变形，A_1A'和A_2A'是两段极其微小的短弧，因而可用分别垂直于AC和AB的直线线段来代替，这两段直线的交点即为A'。AA'即为A点的位移。这种作图法称为“切线代圆弧”法，如图4.7所示。A点受力后将位移至A'，所以A点的垂直位移为AA''。

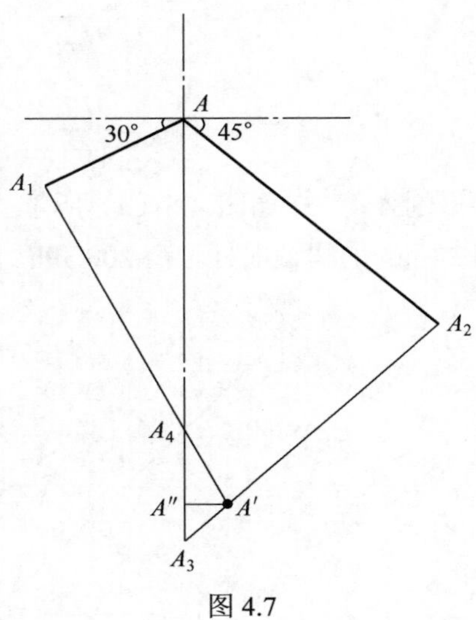

图 4.7

在图中，$AA_1 = \Delta l_{AC}$，$AA_2 = \Delta l_{AB}$，$\triangle A'A_3A_4$中

$$A_4A_3 = AA_3 - AA_4 = AA_2 / \cos 45° - AA_1 / \sin 30° = 0.097\text{mm}$$

$$A_4A_3 = A'A'' \cot 30° + A'A'' \cot 45°,$$

可得$A'A'' = 0.035\text{mm}$。

可求A点的垂直位移

$$y_A = AA'' = AA_3 - A_3A'' = \Delta l_{AB} / \sin 45° - A'A'' \cot 45° = 0.249\text{mm}$$

从上述计算可得，由静力平衡条件，计算杆件的轴力，再由胡克定律计算杆件的变形，最后由变形的几何协调条件求得节点的位移。

思 考 题

4-1　打印机的色带是将一定长度的条形带两端对接后形成的环形带。如思考题4-1图（a）、（b）所示的两种对接缝，哪种更好？为什么？如选择对接缝（b），α取什么角度为好？观察实际色带的对接缝，证实你的分析是否正确。

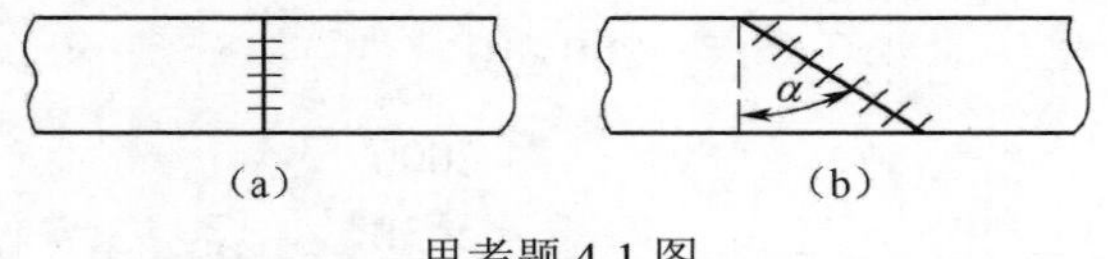

思考题 4-1 图

4-2　电线杆拉索上的低压瓷质绝缘子已设计的一种受力状况如思考题4-2图

所示。但瓷是脆性材料，抗拉极限强度较低，容易被拉断。你能改进这一设计吗？

4-3　落地窗帘的上方通过多个圆环套在横杆上就可以左右拉动（思考题 4-3 图）。如果用木材加工这些圆环是否合适（从木材的各向异性考虑）？

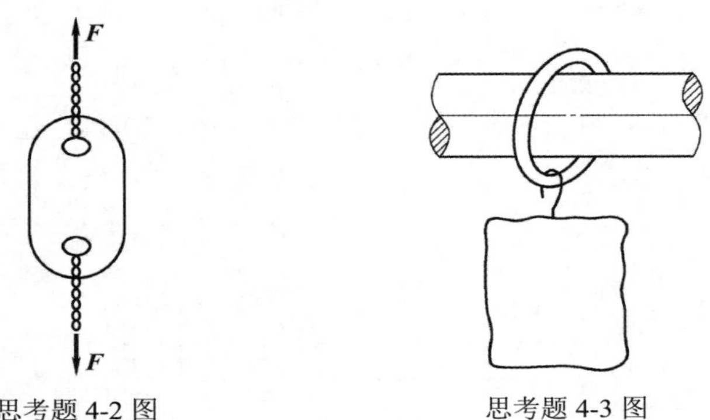

思考题 4-2 图　　思考题 4-3 图

4-4　一辆客车在高速公路上行驶时，前挡风玻璃被前车轮胎弹起的小石子击中。石子弹起的速度虽不大，但因车高速行驶，故相对速度很大，挡风玻璃上随即出现了一条裂缝。此玻璃的价格昂贵，若要继续使用，应采取什么补救措施？

习　题

4-1　试求如习题 4-1 图所示各杆 1—1、2—2、3—3 截面的轴力，并作轴力图。

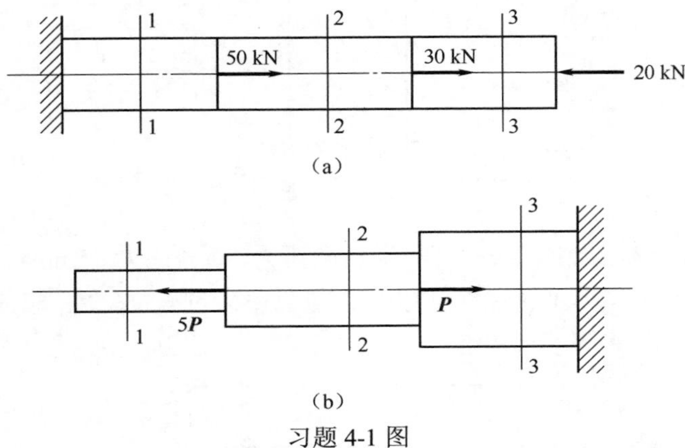

习题 4-1 图

4-2　阶梯状直杆受力如习题 4-2 图所示，已知横截面面积 $A_1 = 200\text{mm}^2$，$A_2 = 300\text{mm}^2$，$A_3 = 400\text{mm}^2$，$a = 200\text{mm}$，试求横截面上的最大应力和最小应力。

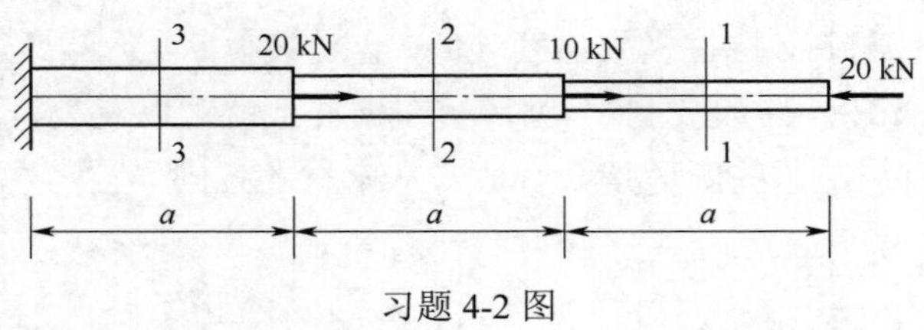

习题 4-2 图

4-3 如习题 4-3 图所示等直杆，受轴向拉力 $P=20\text{kN}$，已知杆的横截面积 $A=100\text{mm}^2$，试求出 $\alpha=0°$，$\alpha=30°$，$\alpha=45°$，$\alpha=90°$ 时各斜截面上的正应力和切应力。

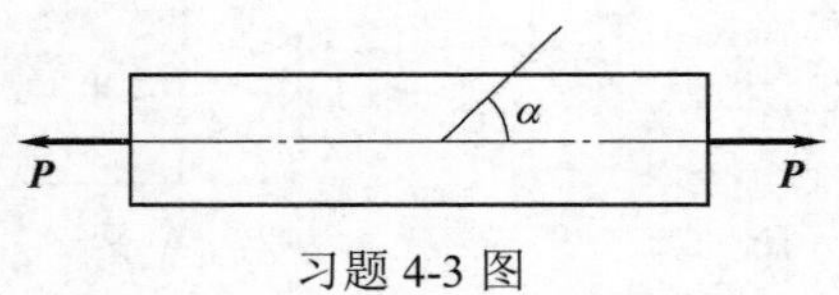

习题 4-3 图

4-4 木立柱承受压力 P，上面放有钢块。如习题 4-4 图所示，钢块截面积 $A_1=5\text{cm}^2$，$\sigma_{钢}=35\text{MPa}$，木柱截面积 $A_2=65\text{cm}^2$，求木柱顺纹方向剪应力大小及指向。

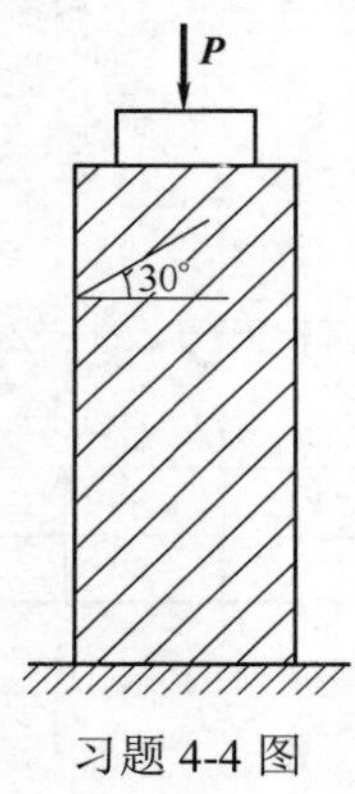

习题 4-4 图

4-5 如习题 4-5 图所示等直杆，受轴向压力，横截面为 75mm×55mm 的矩形，欲使杆任意截面正应力不超过 2.5MPa，切应力不超过 0.75MPa，试求最大荷载 F。

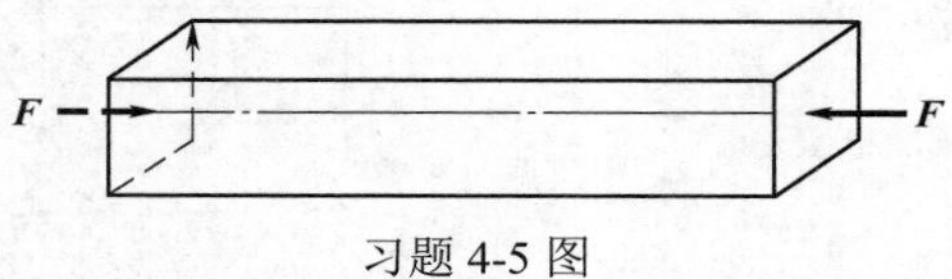

习题 4-5 图

4-6 如习题 4-2 图所示杆中，材料常数 E=200GPa，试求杆件的总变形量。

4-7 横截面为正方形的木桩，其受力情况和各段长度如习题 4-7 图所示。*AC* 段边长为 100mm，*CB* 段边长为 200mm，材料可认为符合胡克定律，其纵向弹性模量 E=10GPa。不计柱的自重，求柱端 *A* 截面的位移。

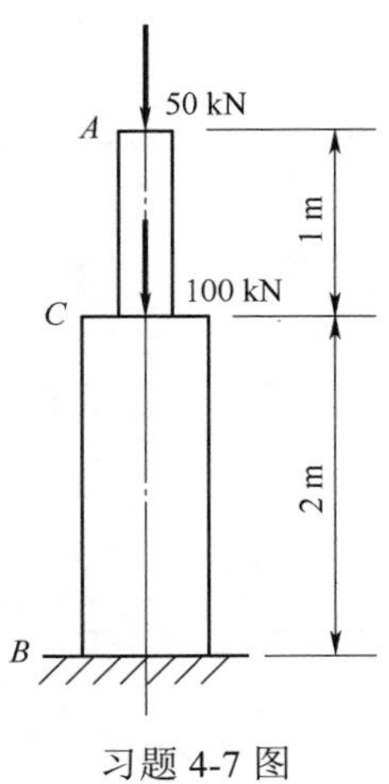

习题 4-7 图

4-8 某拉伸试验机的示意图如习题 4-8 图所示。设试验机的 *CD* 杆与试样 *AB* 同为低碳钢制成，σ_p=200MPa，σ_s=250MPa，σ_b=500MPa。试验机的最大拉力为 10kN。试求：

（1）用试验机做拉断试验时试样最大直径可达多少？

（2）设计时若取安全因数 n=2，则 *CD* 杆的截面面积为多少？

（3）若试样的直径 d=10mm，今欲测弹性模量 E，则所加拉力最大不应超过多少？

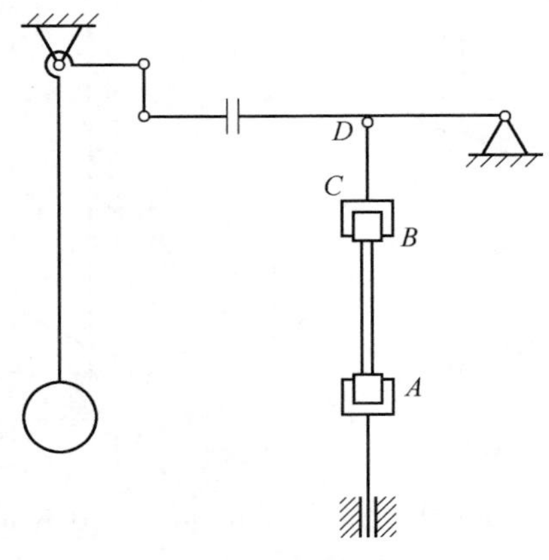

习题 4-8 图

4-9 冷镦机的曲柄滑块机构如习题 4-9 图所示。镦压工件时连杆接近水平位置，承受的镦压力 P=1100kN。连杆的截面为矩形，高与宽之比 h:b=1:5。材料许用应力[σ]=58MPa，试确定截面尺寸 h 和 b。

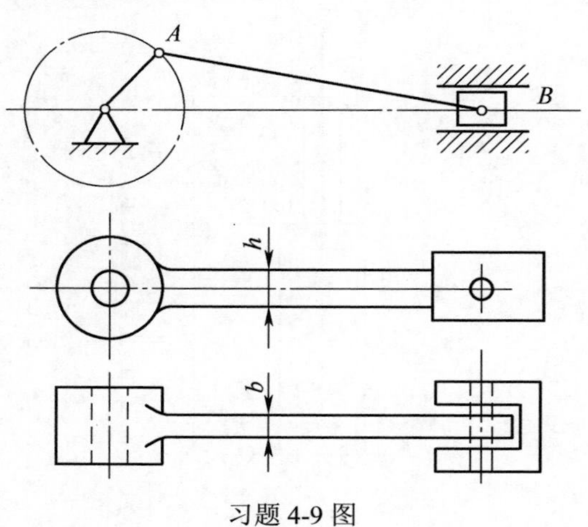

习题 4-9 图

4-10 如习题 4-10 图所示为一个三角形托架，已知：杆 AB 是圆截面钢杆，[σ]=170MPa，杆 AC 是正方形截面木杆，许用压应力[σ]=12MPa，载荷 F=60kN，试选择钢杆的圆截面直径 d 和木杆的正方形截面边长 a。

4-11 习题 4-11 图所示三角架由 AC 和 BC 两杆组成。杆 AC 由两根 No.12b 的槽钢组成，许用应力[σ]=160MPa；杆 BC 为一根 No.22a 的工字钢，许用应力[σ]=100MPa。求该结构承受的许可载荷[P]。

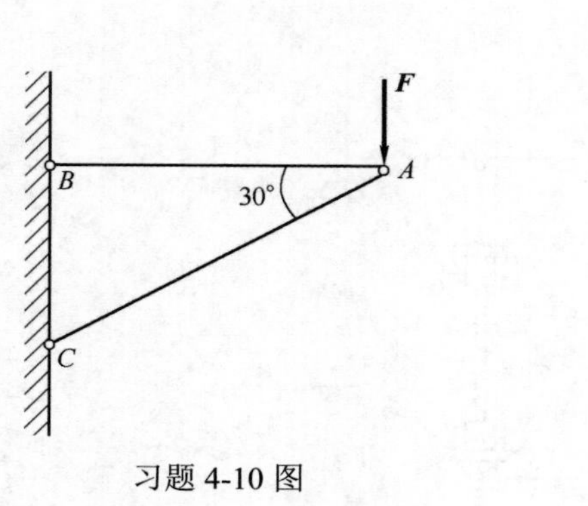

习题 4-10 图

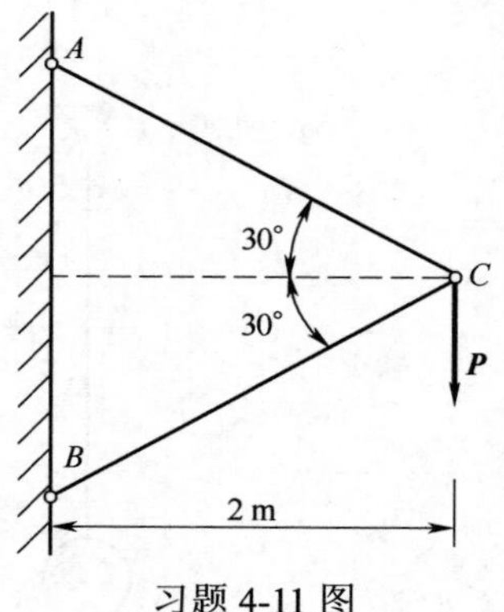

习题 4-11 图

4-12 如习题 4-12 图所示拉杆沿斜截面 m—n 由两部分胶合而成。设在胶合面上许用拉应力[σ_t]=100MPa，许用切应力[τ]=50MPa，并设胶合面的强度控制杆件拉力。试问：为使杆件承受最大拉力 P，α 角的值应为多少？若杆件横截面面积为 4cm^2，并规定 $\alpha \leqslant 60°$，许可载荷 P 是多少？

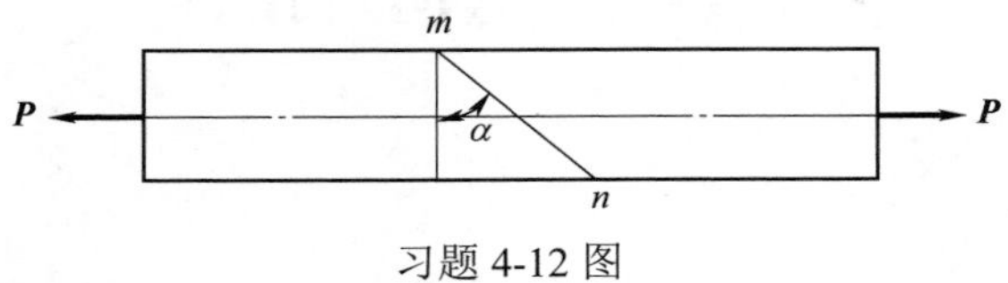

习题 4-12 图

4-13　如习题 4-11 图所示结构，设 EA 为常数，试求节点 C 的水平位移。

4-14　有一两端固定的钢杆，其截面面积 $A = 1000\text{mm}^2$，载荷如习题 4-14 图所示。试求各段杆内的应力。

4-15　在如习题 4-15 图所示的结构中，假设 AC 横梁为刚体，杆 1、杆 2、杆 3 的横截面面积相等，材料相同。试求三杆的轴力。

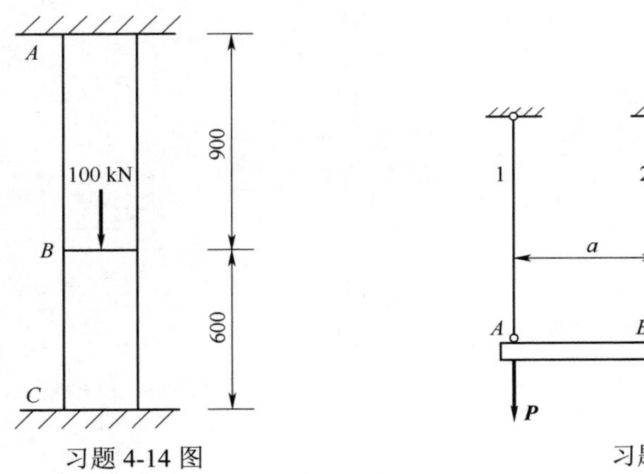

习题 4-14 图

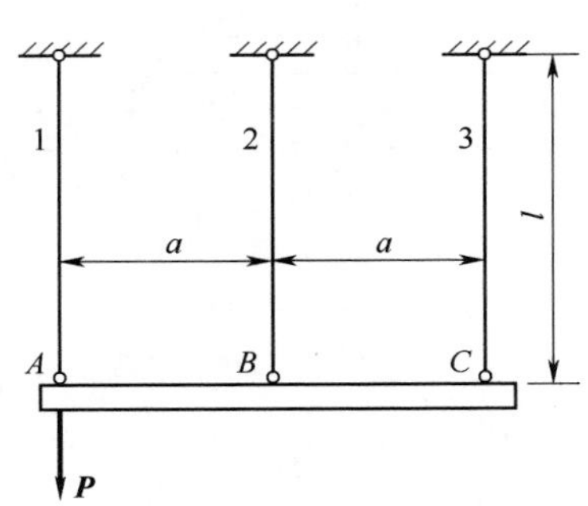

习题 4-15 图

第5章 剪切与挤压

知 识 梳 理

1. 剪切概念

外力特征：杆件受到一对大小相等、方向相反、垂直于杆轴且作用线相距很近的外力作用。

变形特征：杆件力作用线之间的横截面发生相对错动的变形。

剪切面：被剪断的横截面，如图 5.1 所示。

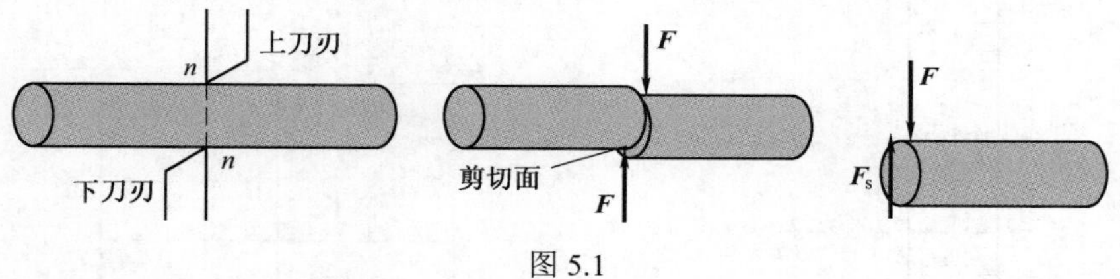

图 5.1

2. 剪切内力——剪力

剪切面上的内力，称为剪力，用符号 F_s 表示，方向与剪切面相切。

3. 切应力

用剪切面内的平均切应力，作为剪切面的工作应力，也称名义切应力，即

$$\tau = \frac{F_s}{A_s}$$

4. 剪切强度条件

$$\tau = \frac{F_s}{A_s} \leqslant [\tau]$$

5. 挤压概念

构件之间的局部压紧现象，局部受压处的压缩力为挤压力 F_{bs}，挤压面内的应力称为挤压应力 A_{bs}。当挤压面上的挤压应力过大时，将会在二者接触的局部区域产生过量的塑性变形，如铆钉压扁或钢板在孔缘被压皱，从而导致连接产生松动而失效。

6. 挤压强度条件

$$\sigma_{bs} = \frac{F_{bs}}{A_{bs}} \leqslant [\sigma_{bs}]$$

基 本 要 求

1．掌握剪切与挤压的受力与变形特点。
2．掌握剪切应力与挤压应力的计算，能熟练解决剪切、挤压的强度问题。
3．理解切应变和剪切胡克定律。

典 型 例 题

例 5.1　如图 5.2（a）所示铆接接头中，载荷 F=80kN，板宽 b=100mm，板厚 t=12mm，铆钉直径 d=16mm，许用切应力$[\tau]$=100MPa，许用挤压力$[\sigma_{bs}]$=300MPa，许用拉力$[\sigma]$=160MPa，试校核该接头的强度。

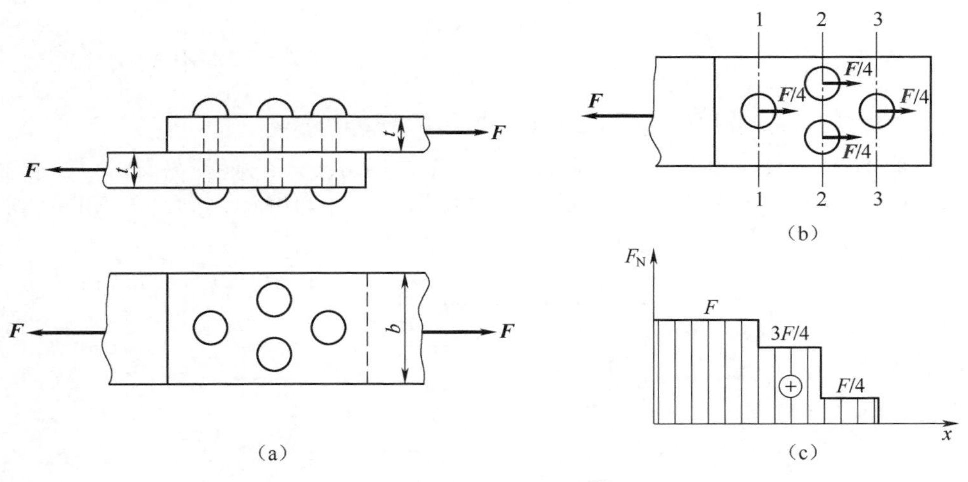

图 5.2

解：（1）铆钉的剪切强度校核。研究表明，若外力的作用线通过铆钉群横截面的形心，且各铆钉的材料与直径均相同，则每个铆钉的受力都相等。因此，对于如图 5.2（a）所示铆钉群，各铆钉剪切面上的剪力应均为

$$F_s = \frac{F}{4} = \frac{80}{4} = 20\text{kN}$$

相应的切应力为

$$\tau=\frac{F_s}{A_s}=\frac{4F_s}{\pi d^2}=\frac{4\times 20\times 10^3}{\pi\times 0.016^2}\times 10^{-6}=99.5\text{MPa}<[\tau]$$

即铆钉的剪切强度足够。

（2）铆钉的挤压强度校核。铆钉所受的挤压力等于剪切面上的剪力 F_s，即 $F_s=F_{bs}=20\text{kN}$，铆钉的挤压应力为

$$\sigma_{bs}=\frac{F_{bs}}{A_{bs}}=\frac{F_{bs}}{td}=\frac{20\times 10^3}{0.012\times 0.016}\times 10^{-6}=104.2\text{MPa}<[\sigma_{bs}]$$

即铆钉的挤压强度足够。

（3）板的拉伸强度校核。板的受力如图 5.2（b）所示。计算板各段的轴力，其轴力图如图 5.2（c）所示。

从轴力图看出，板的危险截面为截面 1—1 或截面 2—2。

应力分别为

$$\sigma_{1-1}=\frac{F_{N1}}{A_1}=\frac{F}{(b-d)t}=\frac{80\times 10^3}{(0.1-0.016)\times 0.012}\times 10^{-6}=79.4\text{MPa}<[\sigma]$$

$$\sigma_{2-2}=\frac{F_{N2}}{A_2}=\frac{\frac{3}{4}F}{(b-2d)t}=\frac{\frac{3}{4}\times 80\times 10^3}{(0.1-2\times 0.016)\times 0.012}\times 10^{-6}=73.5\text{MPa}<[\sigma]$$

这表明板的拉伸强度足够。所以，该接头是安全的。

例 5.2 木质拉杆接头部分如图 5.3 所示。已知接头处的尺寸为 $l=h=b=18\text{cm}$，材料的许用应力 $[\sigma]=5\text{MPa}$，$[\sigma_{bs}]=10\text{MPa}$，$[\tau]=2\text{MPa}$，求许可拉力 $[F]$。

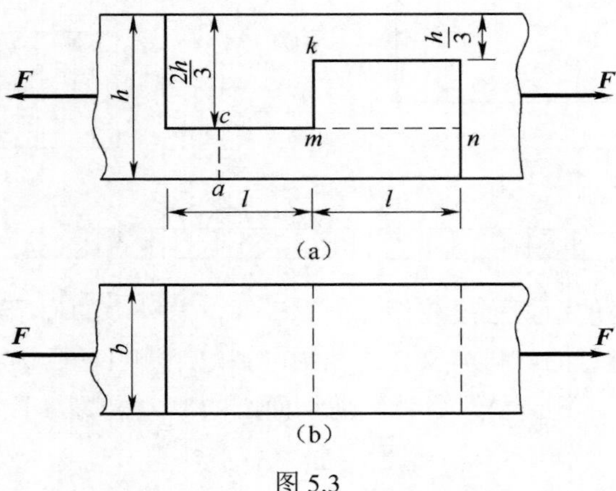

图 5.3

解：（1）按剪切强度确定许可拉力。接头左半部分拉杆的受剪面$m-n$［图5.3（a）］上的剪力$F_s = F$，受剪面面积$A_{bs} = bl$，由剪切强度条件

$$\tau = \frac{F_s}{A_s} = \frac{F}{bl} \leqslant [\tau]$$

得　$F \leqslant bl[\tau] = 0.18 \times 0.18 \times 2 \times 10^6 \times 10^{-3} = 64.8\text{kN}$

（2）按挤压强度确定许可拉力。挤压面 $m-k$［图 5.3（a）］上的挤压力 $F_{bs} = F$，有效挤压面积 $A_{bs} = \frac{1}{3}bh$，由挤压强度条件

$$\sigma_{bs} = \frac{F_{bs}}{A_{bs}} = \frac{3F}{bh} \leqslant [\sigma_{bs}]$$

得　$F \leqslant \frac{1}{3}bh[\sigma_{bs}] = \frac{1}{3} \times 0.18 \times 0.18 \times 10 \times 10^6 \times 10^{-3} = 108\text{kN}$

（3）按拉伸强度确定许可拉力。接头左半部分拉杆的危险截面 $a-c$［图 5.3（a）］上的轴力 $F_N = F$，该截面面积 $A = \frac{1}{3}bh$。由拉伸强度条件

$$\sigma = \frac{F_N}{A} = \frac{3F}{bh} \leqslant [\sigma]$$

得　$F \leqslant \frac{1}{3}bh[\sigma] = \frac{1}{3} \times 0.18 \times 0.18 \times 5 \times 10^6 \times 10^{-3} = 54\text{kN}$

综上考虑，接头的许可拉力$[F] = 54\text{kN}$。

思　考　题

5-1　切应力τ与正应力σ的区别是什么？挤压应力σ_{bs}与正应力σ有何不同？

5-2　压缩和挤压有何区别？为什么挤压的许用应力大于压缩的许用应力？

5-3　如思考题 5-3 图所示铆接结构中，力是怎样传递的？

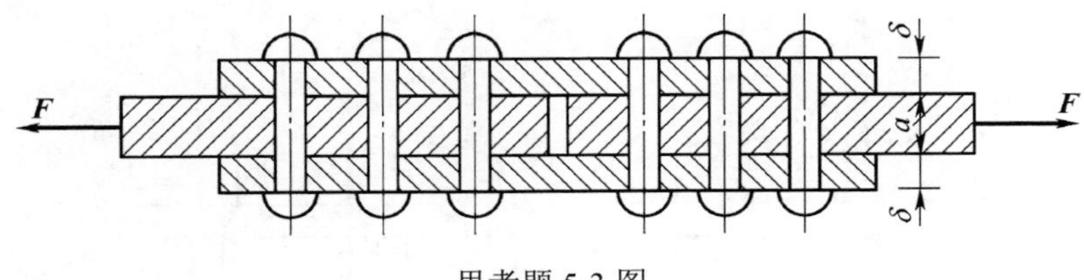

思考题 5-3 图

5-4　列出思考题 5-4 图中剪切面面积和挤压面面积的计算式。

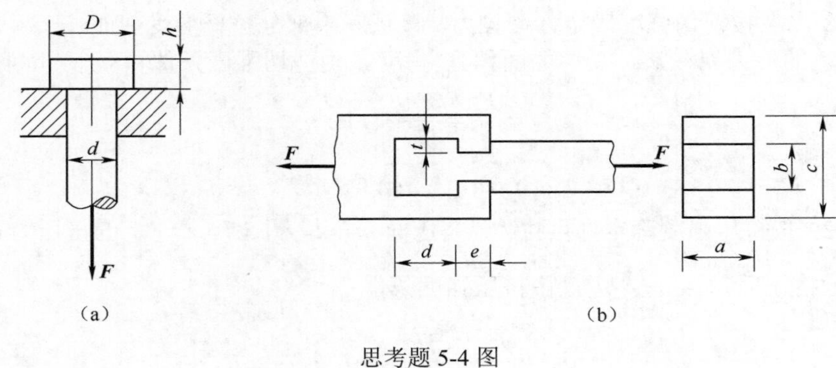

思考题 5-4 图

习　题

5-1　夹剪如习题 5-1 图所示。销钉 B 的直径 $d=8\text{mm}$，当加力 $F=200\text{N}$，剪直径为 5mm 的铜丝时，求铜丝和销钉横截面上的平均切应力。

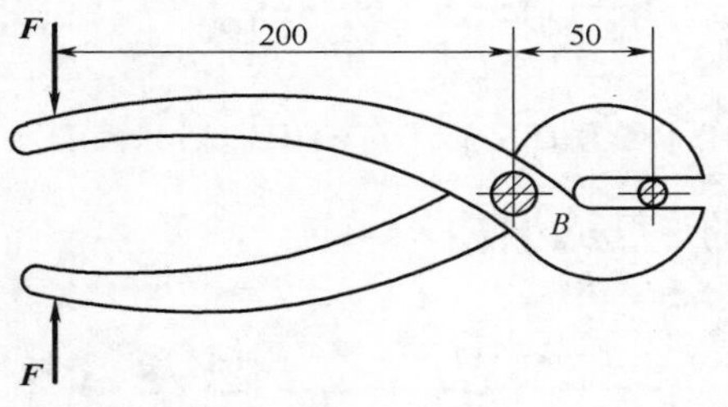

习题 5-1 图

5-2　测定材料剪切强度的剪切器的示意图如习题 5-2 图所示。圆试件的直径 $d=15\text{mm}$，当压力 $F=31.6\text{kN}$ 时，试件被剪断，试求材料的名义极限应力。若剪切的许用应力 $[\tau]=80\text{MPa}$，试求安全因数。

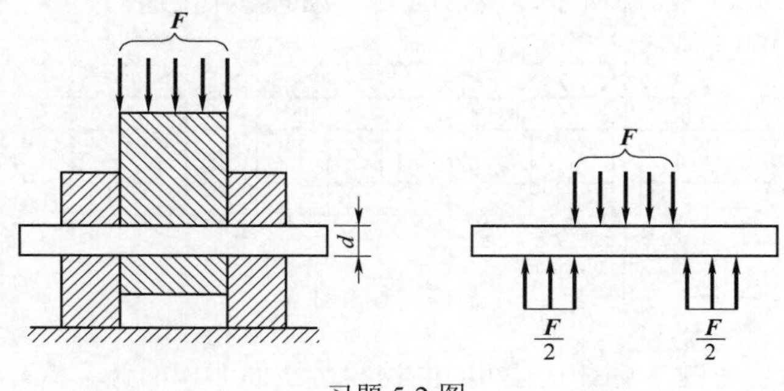

习题 5-2 图

5-3　如习题 5-3 图所示冲床的最大冲击力为 400kN，被冲钢板的厚度 t=12mm，其剪切极限应力 τ_u=300MPa，求在最大冲力作用下所能冲剪的圆孔的最大直径 d。

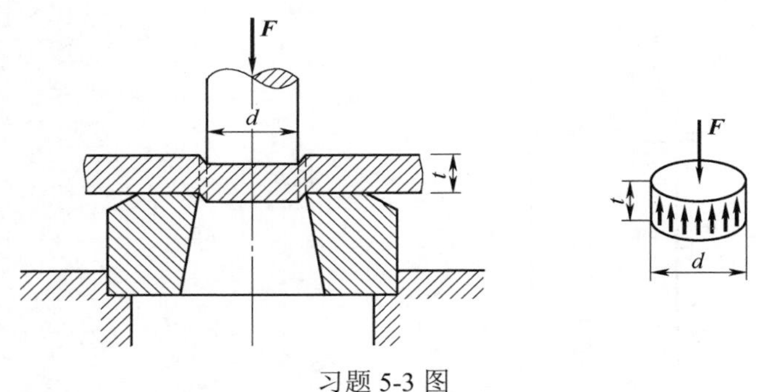

习题 5-3 图

5-4　如习题 5-4 图所示摇臂，所用材料的许用应力 $[\tau]$=100MPa，$[\sigma_{bs}]$=240MPa，轴销 B 的直径 $d=18$mm，试校核轴销 B 的强度。

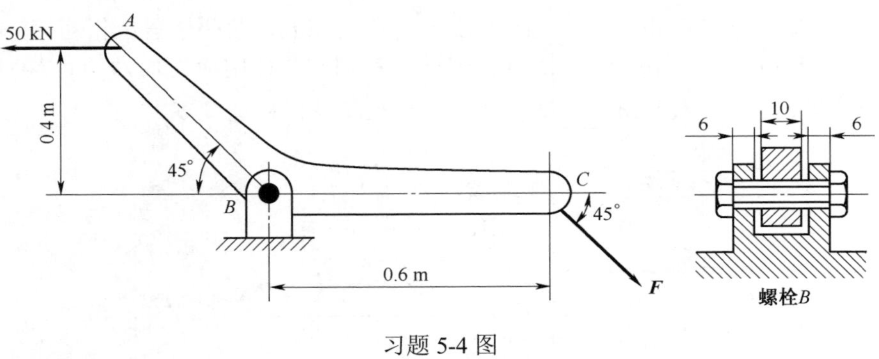

习题 5-4 图

5-5　如习题 5-5 图所示螺栓接头，螺栓的许用切应力 $[\tau]=130$MPa，许用挤压应力 $[\sigma_{bs}]=300$MPa，现施加力 $F=40$kN，试按强度条件设计螺栓的直径。图中尺寸单位为 mm。

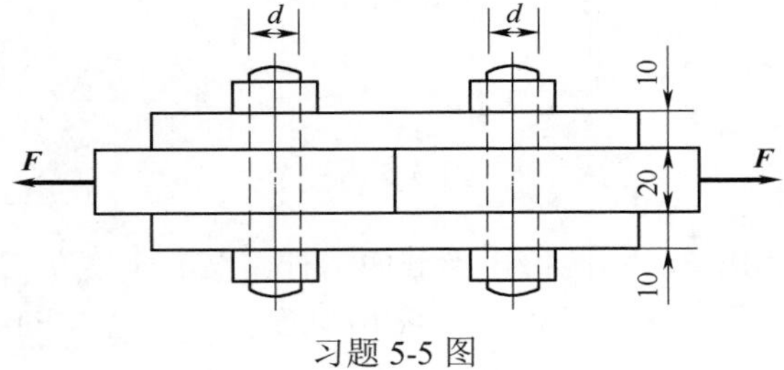

习题 5-5 图

5-6　如习题 5-6 图所示凸缘联轴节传递的力偶 m=200N·m，凸缘之间用四只螺栓连接，螺栓内径 d≈10mm，对称地分布在 D=80mm 的圆周上。如螺栓的剪切许用应力[τ]=60MPa，试校核螺栓的剪切强度。

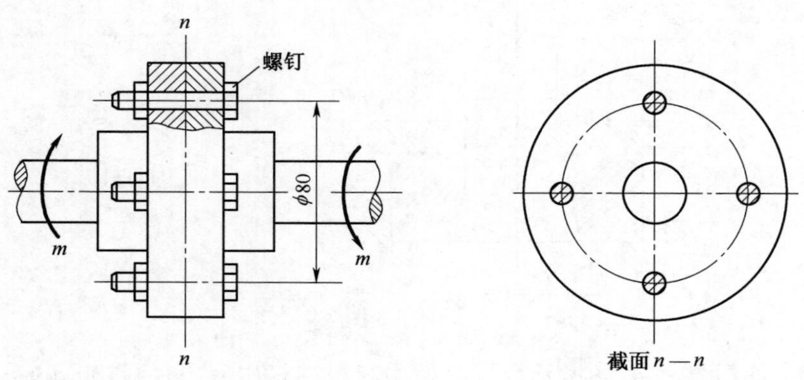

习题 5-6 图

5-7　如习题 5-7 图所示，螺栓将拉杆与厚为 8mm 的两块盖板相连接。拉杆的厚度 t=15mm，拉力 F=120kN，各零件材料相同，许用应力均为[σ]=80MPa，[τ]=60MPa，[σ_{bs}]=160MPa。试设计螺栓直径 d 及拉杆宽度 b。

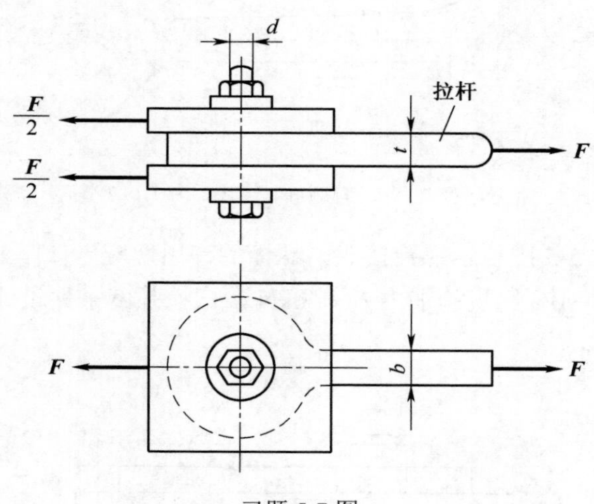

习题 5-7 图

5-8　如习题 5-8 图所示两根矩形截面木杆，截面宽度 b=25cm，沿木材的顺纹方向，许用拉应力 [σ] =6MPa，许用切应力 [τ] =1MPa，许用挤压应力

$[\sigma_{bs}]$=10MPa，现用两块钢板连接在一起，并受轴向载荷 F =45kN 的作用。确定接头的尺寸 h、l 和 δ。

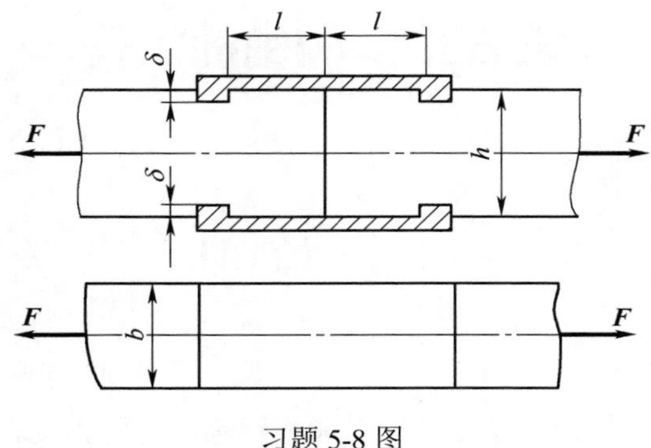

习题 5-8 图

第6章　圆轴的扭转

知识梳理

1．扭转特征

受力的特征：杆件的两端受到一对大小相等、转向相反、作用面垂直于杆轴线的力偶作用。

变形特征：杆件的相邻横截面绕杆轴线发生相对转动，杆表面的纵向线将变成螺旋线。

2．外力偶矩的计算

已知传输功率 P、轴的转速 n，可计算出作用于轴上的外力偶矩 M_e 的值，即

$$M_e = 9549\frac{P}{n}\ \mathrm{N\cdot m}$$

3．扭转的内力——扭矩

扭矩：受扭转杆件横截面上的内力偶矩，用符号 T 表示。

扭矩符号规定：按照右手螺旋法则，若以右手四指表示扭矩的转向，则大拇指的指向离开截面（即与截面的外法线方向一致）时的扭矩为正，反之为负（图6.1）。

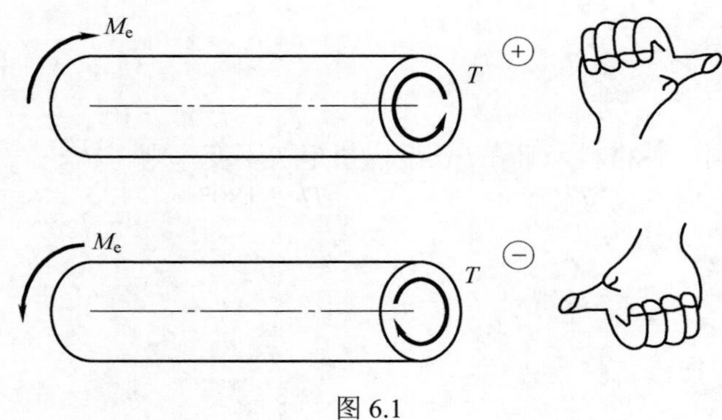

图6.1

4. 切应力互等定理

在相互垂直的截面上，切应力的数值相等，方向与两个相互垂直面的交线垂直，共同指向或共同背离交线。

5. 剪切胡克定律

对于线弹性的材料，当切应力τ不超过材料的剪切比例极限τ_p时，切应力τ与切应变γ成正比。即

$$\tau = G\gamma$$

对于各向同性材料，拉压弹性模量E、剪切弹性模量G和泊松比μ之间存在如下关系：

$$G = \frac{E}{2(1+\mu)}$$

6. 扭转横截面的应力

等直圆轴在扭转时横截面上只有切应力，方向垂直于横截面半径，大小与其到圆心的距离ρ成正比，计算公式为$\tau_p = \dfrac{T\rho}{I_p}$。

截面上最大切应力位于圆截面的外边缘上，其大小是$\tau_{max} = \dfrac{TR}{I_p} = \dfrac{T}{W_t}$。

其中实心圆形截面$I_p = \dfrac{\pi d^4}{32}$，$W_t = \dfrac{\pi R^3}{2} = \dfrac{\pi d^3}{16}$。

空心圆截面$I_p = \dfrac{\pi D^4}{32}(1-\alpha^4)$，$W_t = \dfrac{\pi D^3}{16}(1-\alpha^4)$；$\alpha = \dfrac{r}{R} = \dfrac{d}{D}$。

7. 扭转强度条件

$$\tau_{max} = \frac{T_{max}}{W_t} \leqslant [\tau]$$

8. 扭转变形

圆轴上长为l的两个横截面之间的相对扭转角$\varphi = \int_l \dfrac{T}{GI_p}\mathrm{d}x$。

若圆轴为同一种材料，且在l长度内扭矩T不变，则

$$\varphi = \frac{Tl}{GI_p}\ \text{rad} \quad 或 \quad \varphi = \frac{Tl}{GI_p} \times \frac{180^\circ}{\pi}\ (^\circ)/\text{m}$$

GI_p称为等直圆轴的扭转刚度。

9. 扭转刚度条件

对于扭矩是常量的等直圆轴，单位长度扭转角的最大值一定发生在扭矩最大的截面处，刚度条件为

$$\varphi'_{\max} = \frac{T_{\max}}{GI_{\mathrm{p}}} \times \frac{180}{\pi} \leqslant [\varphi']$$

基 本 要 求

1. 掌握扭转的概念。
2. 熟练掌握扭转杆件的扭矩计算和画扭矩图。
3. 了解切应力互等定理及其应用，剪切胡克定律与剪切弹性模量。
4. 熟练掌握扭转杆件横截面上的切应力计算和扭转强度计算。
5. 熟练掌握扭转杆件变形（扭转角）计算和扭转刚度计算。
6. 了解低碳钢和铸铁的扭转破坏现象并进行分析。

典 型 例 题

例 6.1 一等截面传动轴如图 6.2（a）所示，转速 n=5r/s，主动轮 A 的输入功率 P_1=221kW，从动轮 B、C 的输出功率分别是 P_2=148kW 和 P_3=73kW，分别求出 AB、BC 段扭矩，并作扭矩图。

解：（1）求外力偶矩。根据轴的转速和输入与输出功率计算外力偶矩：

$$M_A = 9549\frac{P_1}{n} = 9549 \times \frac{221}{5 \times 60} = 7030\mathrm{N \cdot m} = 7.03\mathrm{kN \cdot m}$$

$$M_B = 9549\frac{P_2}{n} = 9549 \times \frac{148}{5 \times 60} = 4710\mathrm{N \cdot m} = 4.71\mathrm{kN \cdot m}$$

$$M_C = 9549\frac{P_3}{n} = 9549 \times \frac{73}{5 \times 60} = 2320\mathrm{N \cdot m} = 2.32\mathrm{kN \cdot m}$$

（2）求扭矩。在集中力偶 M_A 与 M_B 之间和 M_B 与 M_C 之间的圆轴内，扭矩是常量，分别假设为正的扭矩 T_1 和 T_2。由平衡方程可以求得

$$T_1 = M_A = 7.03\mathrm{kN \cdot m}$$

$$T_2 = M_C = 2.32\mathrm{kN \cdot m}$$

由结果可知扭矩的符号都为正。

（3）扭矩图如图 6.2（c）所示。

扭矩值最大值发生在 AB 段。

讨论：若将 A 轮与 B 轮相互调换，则轴的左右两段内的扭矩分别是

$$T_1 = M_B = -4.71\mathrm{kN \cdot m}$$

$$T_2 = M_C = 2.32\mathrm{kN \cdot m}$$

此时轴的扭矩图如图 6.2（d）所示，可见轴内的最大扭矩值比原来减小了。

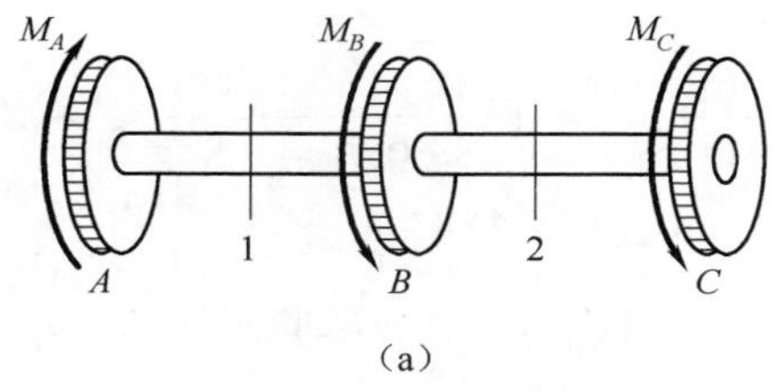

（a）

（b）

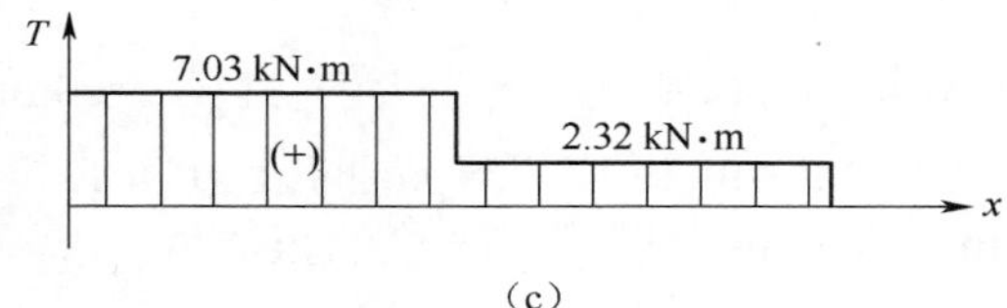

（c）

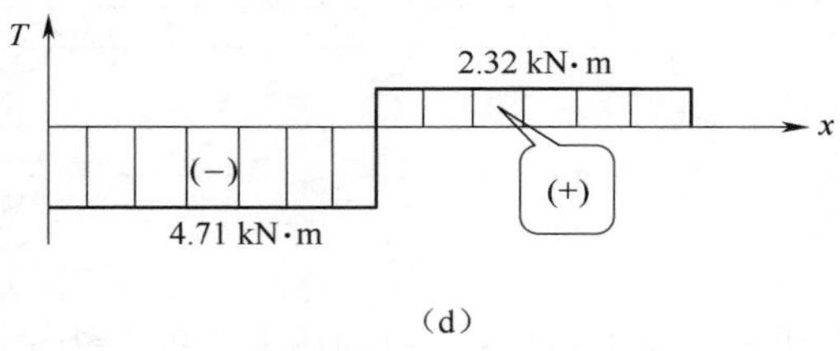

（d）

图 6.2

例 6.2 驾驶盘杆采用圆轴，其承受的最大扭矩 $T = 156\text{N}\cdot\text{m}$，材料的许用切应力$[\tau]$=60MPa。(1) 当轴为实心轴时，设计轴的直径；(2) 采用空心轴，且 α=0.8，设计内外直径；(3) 比较实心轴和空心轴的重量比。

解：(1) 设计实心竖轴的直径。

$$\tau_{\max} = \frac{T}{W_t} = \frac{16T}{\pi D_1^{\ 3}} \leqslant [\tau]$$

所以

$$d_1 \geqslant \sqrt[3]{\frac{16T}{\pi[\tau]}} = \sqrt[3]{\frac{16 \times 156 \times 10^3}{\pi \times 60}} = 23.7\text{mm}$$

(2) 设计空心竖轴的直径。

$$\tau_{\max}=\frac{T}{W_{\mathrm{t}}}=\frac{16T}{\pi D_2{}^3(1-\alpha^4)}\leqslant[\tau]$$

$$D_2\geqslant\sqrt[3]{\frac{16T}{\pi[\tau](1-\alpha^4)}}=\sqrt[3]{\frac{16\times156\times10^3}{\pi\times60\times(1-0.8^4)}}=28.2\text{mm}$$

$$d_2=\alpha D_2=0.8\times28.2=22.6\text{mm}$$

（3）实心轴与空心轴的重量之比等于横截面面积之比。

$$\frac{G_1}{G_2}=\frac{\frac{1}{4}\pi D_1{}^2}{\frac{1}{4}\pi(D_2{}^2-d_2{}^2)}=\frac{D_1{}^2}{D_2{}^2(1-\alpha^2)}=\frac{23.7^2}{28.2^2\times(1-0.8^2)}=1.97$$

由例 6.2 可以看出，在强度相等的条件下，实心轴的重量约是空心轴的 2 倍。所以在工程上，在强度相同的情况下，采用空心圆轴可以收到显著的减轻自重、节约材料的效果。

例 6.3 如图 6.3 所示的钢圆轴，一点固定，直径 d=60mm。该轴在横截面 B、C 处分别受到矩为 $3.80\text{kN}\cdot\text{m}$ 和 $1.27\text{kN}\cdot\text{m}$ 的外力偶的作用，钢的切边模量 G=80GPa，$l_1=0.7\text{m}$，$l_2=1\text{m}$。试求截面 C 的扭转角 φ_C。

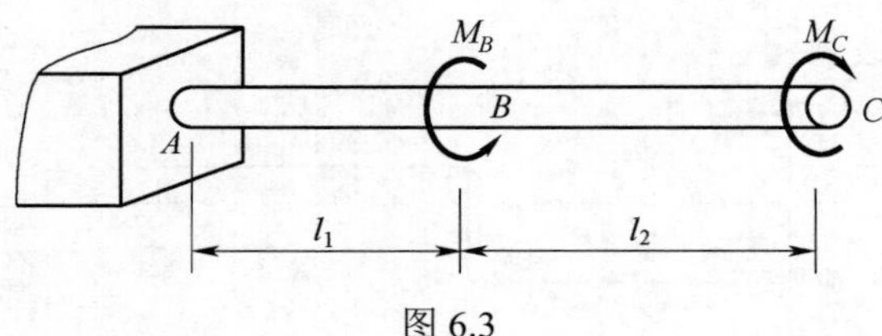

图 6.3

解：利用截面法可求出 AB、BC 两段内横截面上的扭矩分别为 $T_{AB}=2.53\text{kN}\cdot\text{m}$ 和 $T_{BC}=-1.27\text{kN}\cdot\text{m}$。

分段应用相对扭转角计算公式 $\varphi=\dfrac{Tl}{GI_{\mathrm{p}}}$，则

$$\varphi_{BA}=\frac{2.53\times10^3\times0.7}{80\times10^9\times\frac{\pi}{32}\times60^4\times10^{-12}}=0.0174\text{rad}$$

$$\varphi_{CB}=\frac{-1.27\times10^3\times1}{80\times10^9\times\frac{\pi}{32}\times60^4\times10^{-12}}=-0.0125\text{rad}$$

从而 $$\varphi_C=\varphi_{CA}=\varphi_{CB}+\varphi_{BA}=0.0174-0.0125=0.0049\text{rad}$$

例 6.4 某机器的传动轴如图 6.4 所示，传动轴的转速 n=300r/min，主动轮输入功率 P_1=367kW，三个从动轮的输出功率分别是 P_2=P_3=110kW，P_4=147kW。已

知$[\tau]$=40MPa，$[\varphi']=0.3°/\text{m}$，G=80GPa，试设计轴的直径。

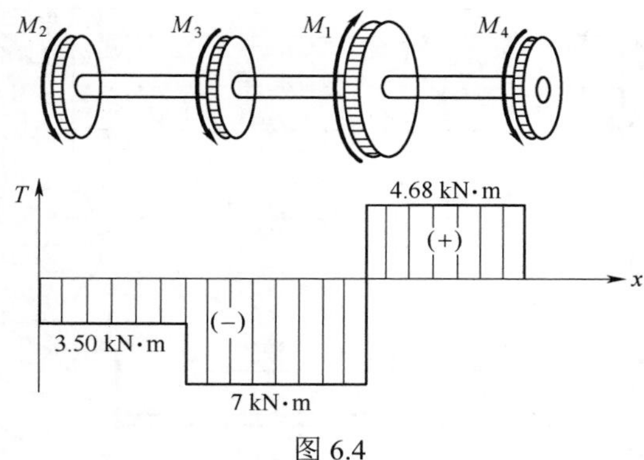

图 6.4

解：（1）外力偶矩的计算。根据轴的转速和输入与输出功率计算外力偶矩：

$$M_1 = 9549\frac{P_1}{n} = 9549 \times \frac{367}{300} = 11.68\text{kN} \cdot \text{m}$$

$$M_2 = M_3 = 9549\frac{P_2}{n} = 9549 \times \frac{110}{300} = 3.50\text{kN} \cdot \text{m}$$

$$M_4 = 9549\frac{P_4}{n} = 9549 \times \frac{147}{300} = 4.68\text{kN} \cdot \text{m}$$

（2）画扭矩图。从扭矩图得到传动轴内的最大的扭矩值是

$$T_{\max} = 7\text{kN} \cdot \text{m}$$

（3）由扭转强度条件来确定轴的直径。

$$\tau_{\max} = \frac{T_{\max}}{W_t} = \frac{16T_{\max}}{\pi d^3} \leqslant [\tau]$$

$$d \geqslant \sqrt[3]{\frac{16T_{\max}}{\pi[\tau]}} = \sqrt[3]{\frac{16 \times 7 \times 10^3}{\pi \times 40 \times 10^6}} = 96\text{mm}$$

（4）由扭转的刚度条件来确定轴的直径。

$$\theta_{\max} = \frac{T_{\max}}{GI_p} \times \frac{180}{\pi} = \frac{32T_{\max}}{G\pi d^4} \times \frac{180}{\pi} \leqslant [\theta]$$

$$d \geqslant \sqrt[4]{\frac{32T_{\max}}{G\pi[\theta]} \times \frac{180}{\pi}} = \sqrt[4]{\frac{32 \times 7 \times 10^3}{80 \times 10^9 \times \pi \times 0.3} \times \frac{180}{\pi}} = 20.31\text{mm}$$

要同时满足强度和刚度条件，应选择上面两者中较大的，即

$$d = 96\text{mm}$$

例 6.5　两端固定的圆截面等直杆 AB，在截面 C 处受到一个矩为 M 的力偶作用，如图 6.5 所示。其扭转刚度为 GI_p，试求杆两端的约束力偶。

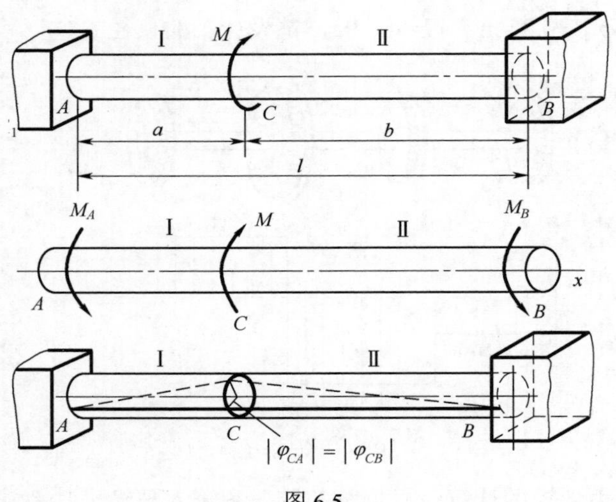

图 6.5

解：解除轴两端的约束，用约束力偶矩 M_A、M_B 代替（图 6.5），两个约束力偶矩都是未知的，而独立的平衡方程只有一个 $\sum M_x=0$，所以，这是一个一次超静定的扭转问题，需要找到变形条件从而建立补充方程求解。即

（1）平衡方程。

$$\sum M_x=0\text{，}\quad M_A+M_B=M \tag{a}$$

（2）变形协调条件。因为轴两端均为固定端，所以截面 B 相对于截面 A 的扭转角 $\varphi_{BA}=0$，即

$$\varphi_{CA}+\varphi_{BC}=\varphi_{BA}=0 \tag{b}$$

（3）物理方程。线弹性范围工作时，

$$\varphi_{CA}=\frac{T_1 a}{GI_{\mathrm{p}}}=\frac{-M_A a}{GI_{\mathrm{p}}} \tag{c}$$

$$\varphi_{BC}=\frac{T_2 b}{GI_{\mathrm{p}}}=\frac{M_B b}{GI_{\mathrm{p}}} \tag{d}$$

（4）补充方程。

$$\frac{-M_A a}{GI_{\mathrm{p}}}+\frac{M_B b}{GI_{\mathrm{p}}}=0 \tag{e}$$

由式（a）、式（e）得 $M_A=\dfrac{b}{a+b}M=\dfrac{b}{l}M$，$M_B=\dfrac{a}{a+b}M=\dfrac{a}{l}M$

结果为正值，即约束力偶矩的转向与图 6.5 所示相同。

思　考　题

6-1　在车削工件（思考题 6-1 图）时，工人师傅在精加工时，用较高的转速，而在粗加工时通常采用较低的转速，为什么？

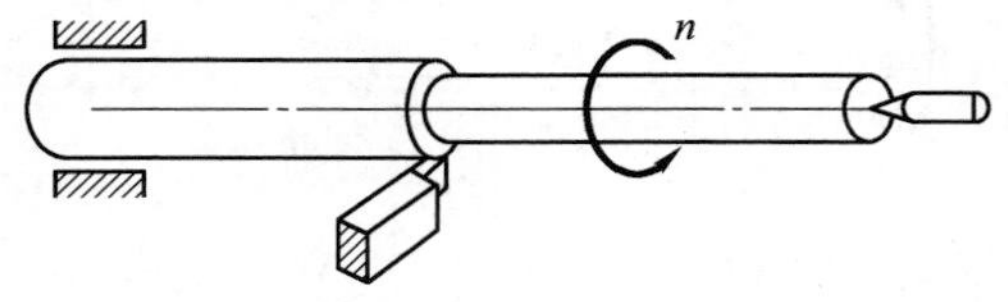

思考题 6-1 图

6-2　变速箱中，为何低速轴的直径比高速轴大？

6-3　长为 l、直径为 D 的两根由不同材料制成的圆轴，在其两端作用相同的扭转力偶矩 M_e 时，两轴的最大切应力 τ_{max} 是否相同？相对扭转角 φ 是否相同？为什么？

6-4　如思考题 6-4 图所示单元体，已知右侧面上有切应力 τ，与 y 方向成 θ 角。根据切应力互等定理，试画出其他面上的切应力。

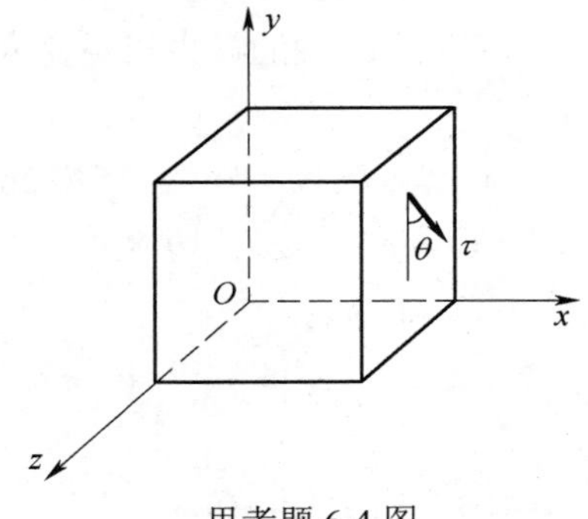

思考题 6-4 图

6-5　一实心圆截面的直径为 D_1，另一空心圆截面的外径为 D_2，$\alpha = 0.8$，现两个轴上横截面的扭矩和最大切应力分别相等，试求 $D_2 : D_1$。

习　　题

6-1　试求如习题 6-1 图所示各轴的扭矩，绘制扭矩图并求最大扭矩值（图中长度单位为 mm）。

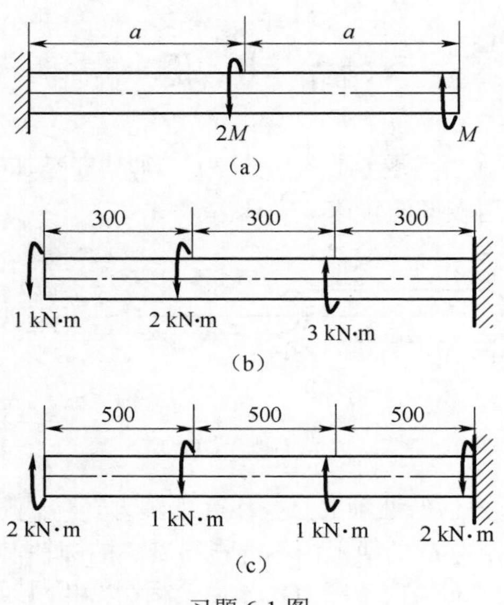

习题 6-1 图

6-2 某传动轴，转速 n=300r/min，轮 1 为主动轮，输入的功率 P_1=50kW，轮 2、轮 3 与轮 4 为从动轮，输出功率分别为 P_2=10kW，P_3=P_4=20kW，如习题 6-2 图所示。

（1）试画轴的扭矩图，并求轴的最大扭矩。

（2）若将轮 1 与轮 3 的位置对调，轴的最大扭矩变为何值？对轴的受力是否有利？

6-3 如习题 6-3 图所示空心圆截面轴，外径 D=40mm，内径 d=20mm，扭矩 T=1kN·m，试计算 A 点处（ρ_A=15mm）的扭转切应力 τ_A，以及横截面上的最大与最小扭转切应力。

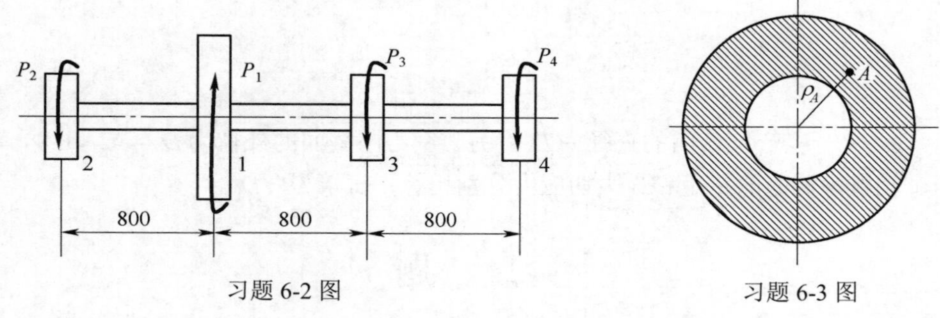

习题 6-2 图　　习题 6-3 图

6-4 由无缝钢管制成的汽车传动轴，外径 D=90mm，壁厚 t=2.5mm，材料的许用切应力[τ]=60MPa，工作时的最大扭矩 T=1.5kN·m。

（1）试校核该轴的强度。

（2）若改用相同材料的实心轴，并要求它和原来的传动轴的强度相同，试计算其直径 D_1。

（3）比较上述空心轴和实心轴的重量。

6-5　如习题 6-5 图所示绞车由两人操作，若每人加在手柄上的力 F=200N，已知 AB 轴的许用切应力[τ]=40MPa，试按照强度条件设计轴的直径，并确定绞车的最大起重量 W。

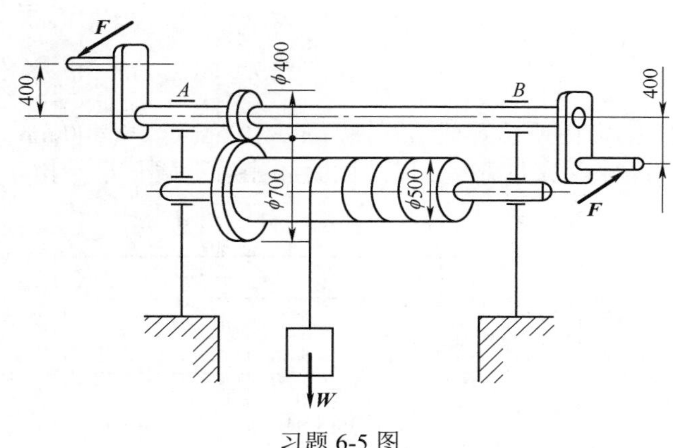

习题 6-5 图

6-6　如习题 6-6 图所示实心轴和空心轴通过牙嵌式离合器连接在一起。已知轴的转速 n=100r/min，传递的功率 P=7.5kW，材料的许用切应力[τ]=40MPa，试选择实心轴的直径 D_1 和内外径比值为 0.5 的空心圆轴外径 D_2。

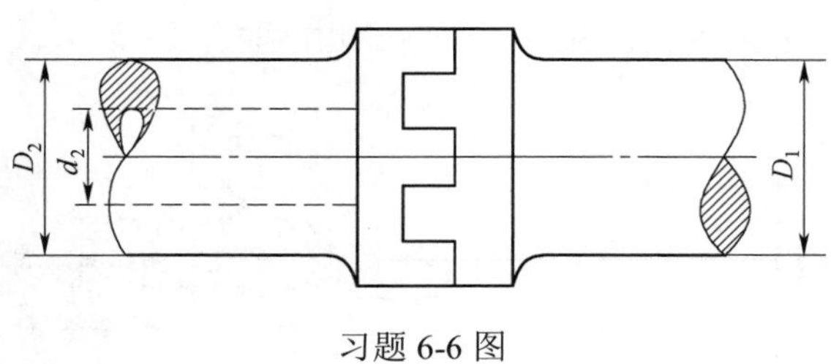

习题 6-6 图

6-7　实心圆轴的直径 $d=10\text{mm}$，长 $l=1\text{m}$，作用在两个端面上的外力偶矩均为 $M_e=14\text{kN}\cdot\text{m}$，转向相反，如习题 6-7 图所示。材料的切变模量 $G=80\text{GPa}$。试求：

（1）横截面上的最大切应力和两端截面间的相对扭转角。

（2）图示横截面上 A、B、C 三点处的切应力大小和方向。

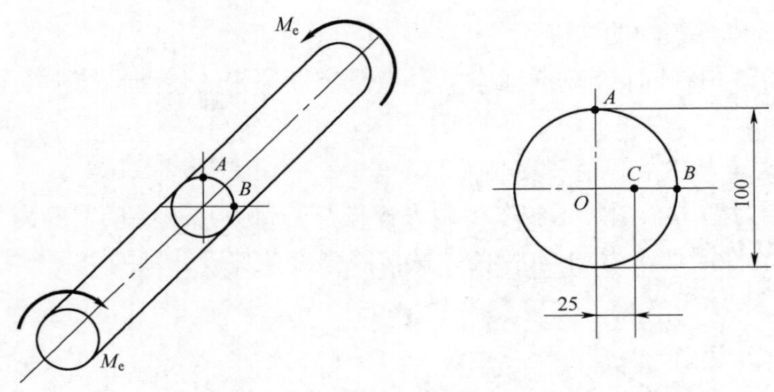

习题 6-7 图

6-8 如习题 6-8 图所示等截面圆轴，$d=40\text{mm}$，$a=400\text{mm}$，$G=80\text{GPa}$，$\varphi_{DB}=1°$。试求：轴内最大切应力以及截面 A 相对于截面 C 的扭转角。

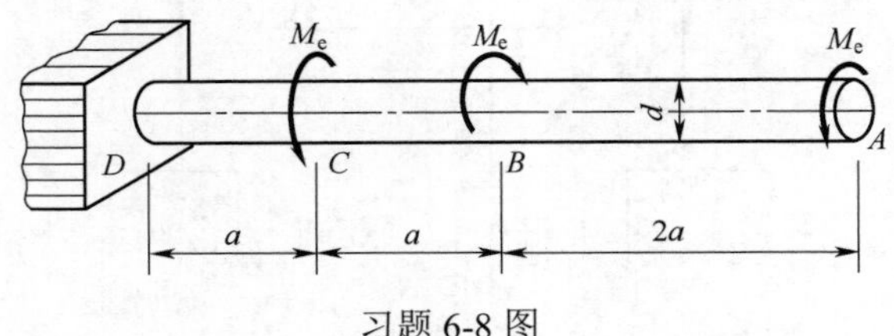

习题 6-8 图

6-9 如有一外径 D=100mm、内径 d=80mm 的空心圆轴（习题 6-9 图），它与一直径 d=80mm 的实心圆轴用键相连接，这根轴在 A 处由电动机带动，输入功率 P_1=150kW；在 B、C 处分别输出功率 P_2=75kW，P_3=75kW，若已知轴的转速 n=300r/min，许用切应力[τ]=40MPa；键的尺寸为 10mm×10mm×30mm，键的许用应力[τ]=100MPa，$\sigma_{bs}=280\text{MPa}$。试校核轴和键的强度。

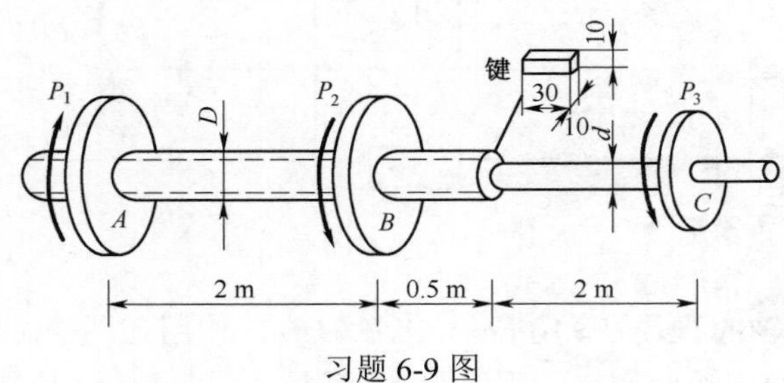

习题 6-9 图

6-10 传动轴（习题 6-10 图）的转速 n=500r/min，轮 A 输入功率 P_1=368kW，轮 B、轮 C 分别输出功率 P_2=147kW，P_3 =221kW，若[τ]=70MPa，G=80GPa，$[\varphi']=1°/\text{m}$。

（1）试确定 AB 段的直径 d_1 和 BC 段的直径 d_2。

（2）若 AB 段和 BC 两段选用同一直径，试确定直径 d。

（3）主动轮和从动轮应如何布置才比较合理？

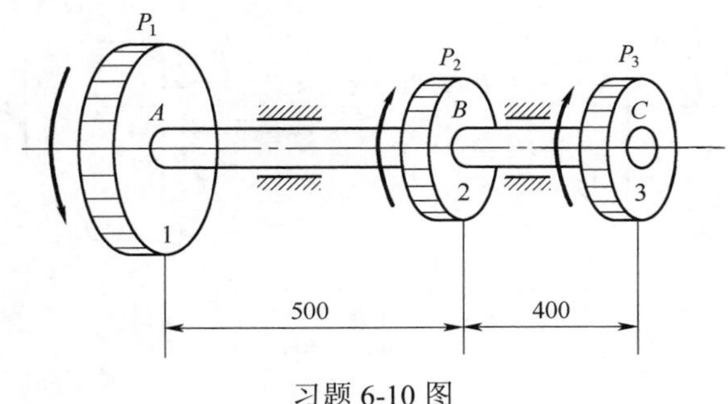

习题 6-10 图

6-11　如习题 6-11 图所示阶梯轴 ABC，其 BC 段为实心轴，直径 d=100mm，AB 段 AE 部分为空心轴，外径 D=141mm，内径 d=100mm，轴上装有三个皮带轮。已知作用在皮带轮上的外力偶的力偶矩 $M_{eA}=18\text{kN}\cdot\text{m}$，$M_{eB}=32\text{kN}\cdot\text{m}$，$M_{eC}=14\text{kN}\cdot\text{m}$，材料的切变模量 G=80GPa，许用切应力[τ]=80MPa，单位长度许用扭转角$[\varphi']=1.2°/\text{m}$，试校核轴的强度和刚度。

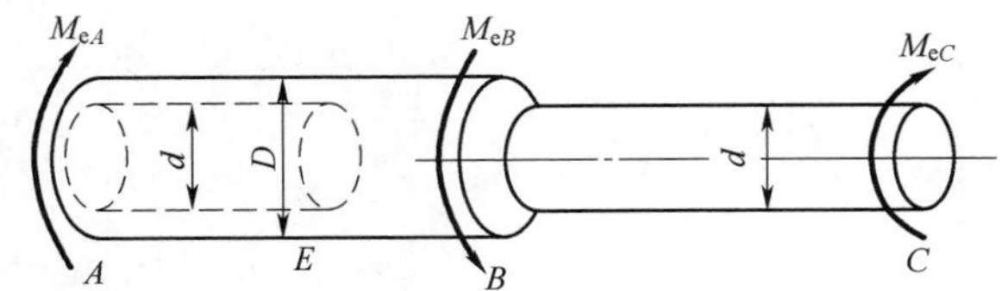

习题 6-11 图

6-12　桥式起重机传动轴如习题 6-12 图所示，若传动轴内扭矩 T=1.08kN·m，材料的许用切应力[τ]=40MPa，G=80GPa，同时规定$[\varphi']=0.5°/\text{m}$，试设计轴的直径。

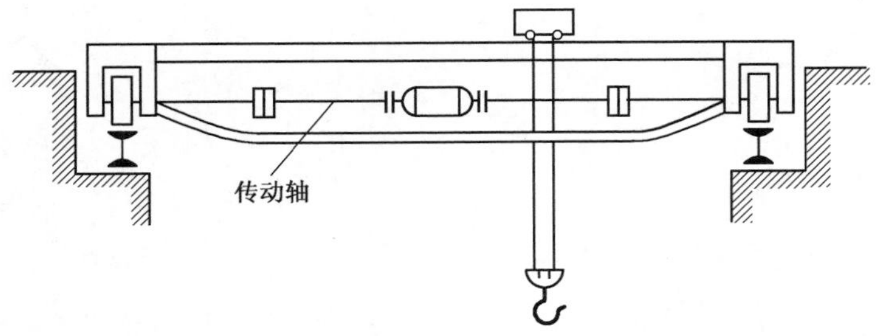

习题 6-12 图

6-13　如习题 6-13 图所示一两端固定的阶梯形圆轴，在截面突变处受到矩为 M_e 的外力偶的作用。假若 $d_1 = 2d_2$，试求固定端处的约束力偶 M_A、M_B。

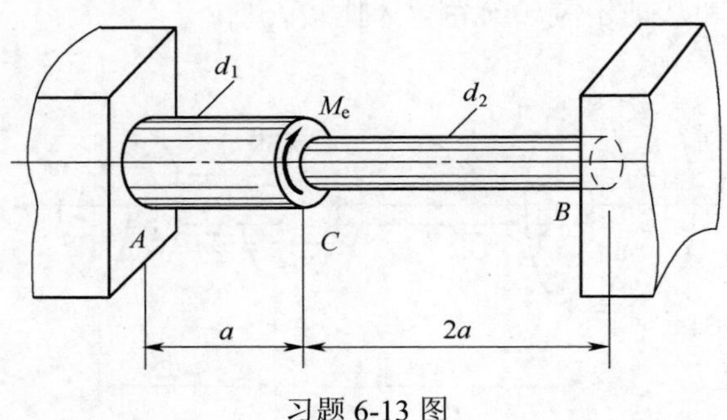

习题 6-13 图

第7章　弯　曲

知识梳理

1. 弯曲的概念

杆件在垂直于其轴线的载荷或位于纵向平面内的力偶作用下，相邻两横截面绕垂直于轴线的轴发生相对转动的变形。如果杆变形之后的轴线所在平面与外力所在平面重合或平行称为平面弯曲。

2. 梁的内力——剪力和弯矩

剪力、弯矩的正负号规定：使梁产生顺时针转动的剪力规定为正，反之为负；使梁的下部产生拉伸而上部产生压缩的弯矩规定为正，反之为负。

3. 剪力方程和弯矩方程、剪力图和弯矩图

一般情况下，梁横截面上的剪力和弯矩随截面位置不同而变化，将剪力和弯矩沿梁轴线的变化情况用图形表示出来，这种图形分别称为剪力图和弯矩图。若以横坐标 x 表示横截面在梁轴线上的位置，则各横截面上的剪力和弯矩可以表示为 x 的函数，即

$$F_s = F_s(x)$$
$$M = M(x)$$

上述函数表达式称为梁的剪力方程和弯矩方程。根据剪力方程和弯矩方程即可画出剪力图和弯矩图。

4. 剪力、弯矩和载荷集度间的关系

$$\frac{d^2M(x)}{dx^2} = \frac{dF_s(x)}{dx} = q(x)$$

以上三式即为梁的剪力、弯矩与载荷集度间的微分关系式。它们分别表示：剪力图中某点处的切线斜率等于梁上对应点处的载荷集度；弯矩图中某点处的切线斜率等于梁上对应截面上的剪力。

5. 纯弯曲时的正应力计算公式

$$\sigma = \frac{My}{I_z}$$

式中，正应力σ的正负号与弯矩M及点的坐标y的正负号有关。实际计算中，可根据截面上弯矩M的方向，直接判断中性轴的哪一侧产生拉应力，哪一侧产生压应力，而不必计及M和y的正负。

6. 横力弯曲时的正应力和正应力强度条件

横力弯曲时，弯矩随截面位置变化。一般情况下，最大正应力发生于弯矩最大的截面上，且离中性轴最远处。于是由公式得$\sigma_{\max}=\dfrac{M_{\max}y_{\max}}{I_z}$，引入记号$W_z=\dfrac{I_z}{y_{\max}}$为抗弯截面系数。正应力强度条件为$\sigma_{\max}=\dfrac{M_{\max}}{W_z}\leqslant[\sigma]$。

7. 梁的挠度与转角

在平面弯曲的情况下，变形后的梁轴线将成为平面内的一条光滑的曲线。该曲线称作梁的挠曲线，其方程可以表示为$w=f(x)$。

8. 梁的挠曲线近似微分方程

$w''=\dfrac{M(x)}{EI}$为梁的挠曲线近似微分方程，由此方程即可求出梁的挠度。

9. 积分法求梁的位移

在等直梁的情况下，EI等于常数，则

$$EIw''=M(x)$$

两端积分，可得梁的转角方程为

$$EIw'=EI\theta=\int M(x)\mathrm{d}x+C$$

再次积分，即可得到梁的挠曲线方程

$$EIw=\int\left[\int M(x)\mathrm{d}x\right]\mathrm{d}x+Cx+D$$

上式中C和D为积分常数，它们可由梁的边界条件和连续性条件确定。

10. 叠加法求梁的位移

在材料服从胡克定律和小变形的情况下，梁上有几种载荷共同作用时的挠度或转角，等于几种载荷分别单独作用时的挠度或转角之代数和。

基本要求

1. 掌握弯曲变形与平面弯曲等基本概念。
2. 熟练掌握用截面法求弯曲内力。
3. 熟练列出剪力方程和弯矩方程并绘制剪力图和弯矩图。
4. 了解利用载荷集度、剪力和弯矩间的微分关系绘制剪力图和弯矩图。

5. 掌握梁纯弯曲时横截面上正应力的计算公式，理解推导中所作的基本假设。

6. 掌握中性层、中性轴和翘曲等基本概念和含义。

7. 掌握各种矩形截面梁横截面上切应力的分布和计算。

8. 熟练掌握弯曲正应力的强度计算。

9. 理解弯曲变形的量度及符号规定。

10. 了解挠曲线近似微分方程及其积分。

11. 了解计算弯曲变形的两种方法。

典 型 例 题

例 7.1　外伸梁受力如图 7.1（a）所示。试列出该梁的剪力方程与弯矩方程，并画出剪力图和弯矩图。

解：（1）求支座反力。以整个梁为研究对象，列平衡方程

由 $\sum M_A = 0$ 可得 $F_{By} = \dfrac{13}{6}qa$

由 $\sum F_y = 0$ 可得 $F_{Ay} = \dfrac{5}{6}qa$

（2）建立剪力方程与弯矩方程。在 AC 段取 x_1 坐标，如图 7.1（a）所示，取左半部分为脱离体，并按正向假定剪力 $F_s(x_1)$ 和弯矩 $M(x_1)$，如图 7.1（b）所示，由该部分平衡条件得

$$F_s(x_1) = F_{Ay} = \frac{5}{6}qa \quad (0 < x_1 \leqslant a)$$

$$M(x_1) = F_{Ay}x_1 = \frac{5}{6}qax_1 \quad (0 \leqslant x_1 < a)$$

在 CB 段取 x_2 坐标，如图 7.1（a）所示，同样取左半部分为脱离体［图 7.1（c)］，由该部分平衡条件可求得

$$F_s(x_2) = \frac{5}{6}qa - qx_2 \quad (0 \leqslant x_2 \leqslant 2a)$$

$$M(x_2) = \frac{1}{6}qa^2 + \frac{5}{6}qax_2 - \frac{1}{2}qx_2^2 \quad (0 < x_2 \leqslant 2a)$$

在 BD 段取 x_3 坐标，如图 7.1（a）所示，取右半部分作为脱离体［图 7.1（d)］，由该部分的平衡条件可求得

$$F_s(x_3) = qx_3 \quad (0 < x_3 \leqslant a)$$

$$M(x_3) = -\frac{1}{2}qx_3^2 \quad (0 \leqslant x_3 \leqslant a)$$

（3）画剪力图和弯矩图。依据剪力方程和弯矩方程，分别画出剪力图和弯矩图，如图7.1（e）、（f）所示。

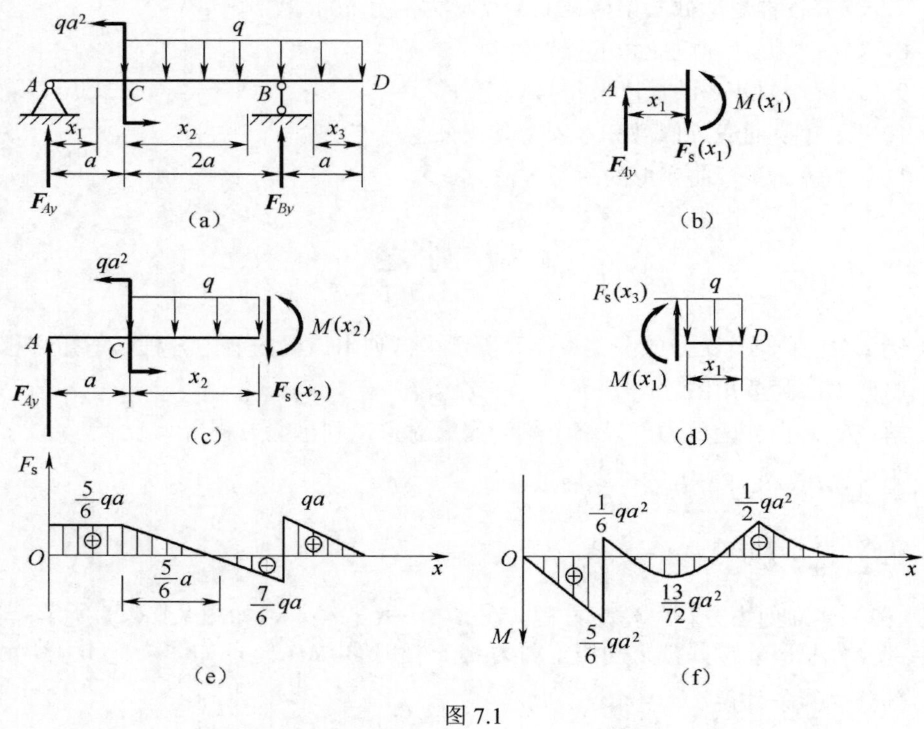

图 7.1

例 7.2 用简易法作如图 7.2（a）所示简支梁的剪力图和弯矩图。

解：（1）求支座反力。利用整体的平衡条件可求得两支座的约束反力，分别为

$$F_{RA}=\frac{1}{2}qa，\ F_{RD}=\frac{1}{2}qa$$

（2）画剪力图。首先利用积分关系式及突变规律计算出各控制截面上的剪力值：

$$F_{sA}=-F_{RA}=-\frac{1}{2}qa$$

$$F_{sB左}=F_{sA}=-\frac{1}{2}qa$$

$$F_{sB右}=F_{sB左}+F=\frac{1}{2}qa$$

$$F_{sC}=F_{sB右}+(-qa)=-\frac{1}{2}qa$$

$$F_{sD}=F_{sC}=-\frac{1}{2}qa$$

由以上各控制截面上的剪力值，并结合由微分关系得出的剪力图图线形状规律，便可画出剪力图，如图 7.2（b）所示（注意应在图中标出 $F_s=0$ 的截面 E 的位置）。

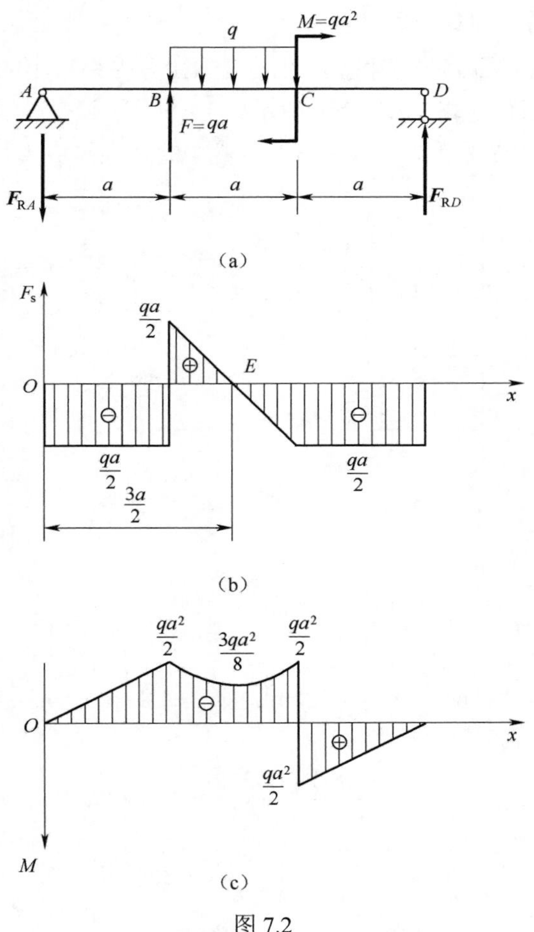

图 7.2

（3）画弯矩图。首先利用积分关系式及突变规律计算出各控制截面上的弯矩值：

$$M_A=0$$

$$M_B=M_A+\left(-\frac{1}{2}qa\right)a=-\frac{1}{2}qa^2$$

$$M_E = M_B + \frac{1}{2}\left(\frac{1}{2}qa\right)\frac{a}{2} = -\frac{3}{8}qa^2$$

$$M_{C左} = M_E + \frac{1}{2}\left(-\frac{1}{2}qa\right)\frac{a}{2} = -\frac{1}{2}qa^2$$

$$M_{C右} = M_{C左} + qa^2 = \frac{1}{2}qa^2$$

$$M_D = 0$$

由以上各控制截面上的弯矩值，并结合由微分关系得出的弯矩图图线形状规律，便可画出弯矩图，如图 7.2（c）所示。

例 7.3 求如图 7.3 所示 No.10 槽钢悬臂梁的最大拉应力、最大压应力。已知：$l = 1\text{m}$，$q = 6\text{kN/m}$。

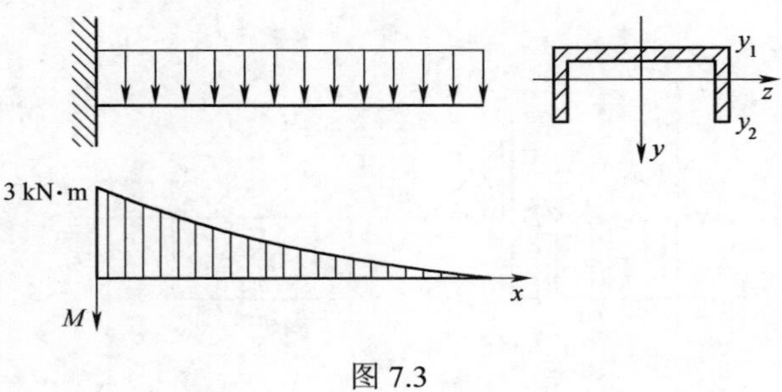

图 7.3

解：（1）画弯矩图：

$$|M|_{\max} = 0.5ql^2 = 3\text{kN}\cdot\text{m}$$

（2）查型钢表：

$$I_z = 25.6\text{cm}^4,\ y_1 = 1.52\text{cm},\quad y_2 = 4.8 - 1.52 = 3.28\text{cm}$$

（3）求应力：

$$\sigma_{\text{t}\max} = \frac{M}{I_z}y_1 = \frac{3000\times1.52\text{N}}{25.6\times10^{-6}\text{m}^2} = 178\text{MPa}$$

$$\sigma_{\text{c}\max} = \frac{M}{I_z}y_2 = \frac{3000\times3.28\text{N}}{25.6\times10^{-6}\text{m}^2} = 384\text{MPa}$$

所以 $\sigma_{\text{t}\max} = 178\text{MPa}$，$\sigma_{\text{c}\max} = 384\text{MPa}$

例 7.4 如图 7.4 所示 T 形截面铸铁外伸梁，其许用拉应力 $[\sigma_\text{t}] = 30\text{MPa}$，许用压应力 $[\sigma_\text{c}] = 60\text{MPa}$。已知截面对中性轴的惯性矩 $I_z = 25.9\times10^{-6}\text{m}^4$，试求梁的许可均布载荷 $[q]$。

解：作梁的剪力图、弯矩图，如图 7.4（b）、（c）所示。最大弯矩发生在 B 截面，为负弯矩；AB 段内 D 截面处的弯矩值虽然小于 B 截面的，但却是正弯矩。

在正弯矩作用下截面的最大拉应力发生在下边缘，距中性轴较远，因此，截面 B 和 D 都有可能是危险截面。

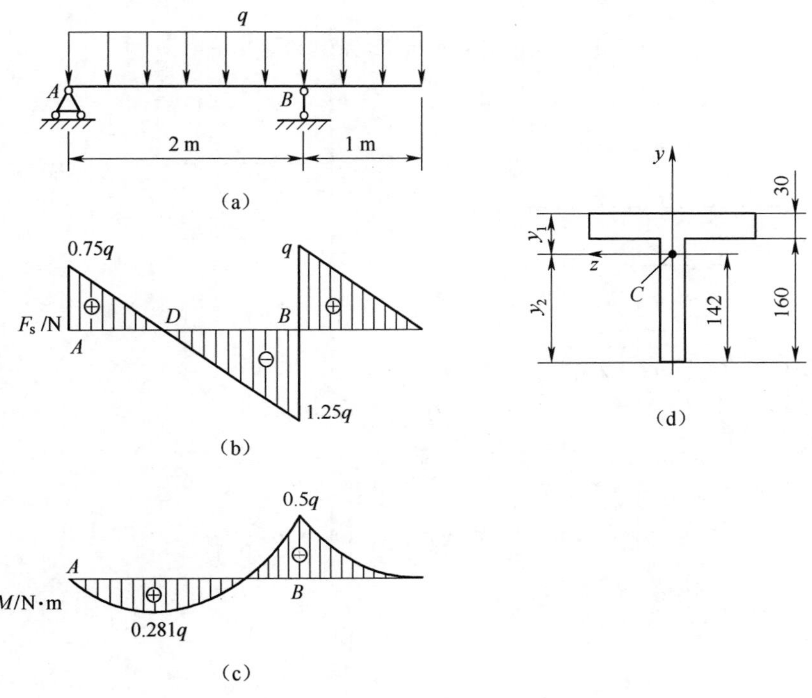

图 7.4

由截面 B 的强度条件

$$\sigma_{\text{t}\max}=\frac{M_B y_1}{I_z}=\frac{0.5qy_1}{I_z}\leqslant[\sigma_\text{t}]，\quad \sigma_{\text{c}\max}=\frac{M_B y_2}{I_z}=\frac{0.5qy_2}{I_z}\leqslant[\sigma_\text{c}]$$

分别解出

$$q\leqslant\frac{30\times10^6\times25.9\times10^{-6}}{0.5\times48\times10^{-3}}=32.4\text{kN/m}$$

$$q\leqslant\frac{60\times10^6\times25.9\times10^{-6}}{0.5\times142\times10^{-3}}=21.9\text{kN/m}$$

由截面 D 的强度条件

$$\sigma_{\text{t}\max}=\frac{M_D y_2}{I_z}=\frac{0.281qy_2}{I_z}\leqslant[\sigma_\text{t}]$$

解得

$$q\leqslant\frac{30\times10^6\times25.9\times10^{-6}}{0.281\times142\times10^{-3}}=19.5\text{kN/m}$$

所以许可载荷$[q]=19.5\text{kN/m}$。

例7.5 如图7.5所示悬臂梁，抗弯刚度为EI，求梁的挠度方程、转角方程以及自由端A处的挠度和转角。

解：（1）建立坐标系，如图7.6所示，列出弯矩方程。

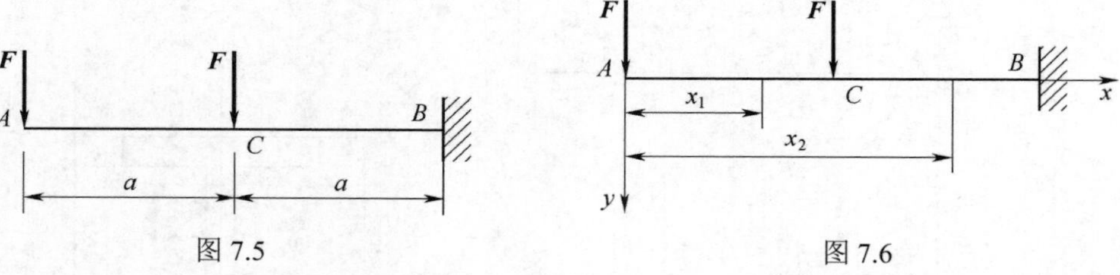

图 7.5　　图 7.6

AC 段：$M_1(x_1)=-Fx_1$ （$0\leqslant x_1\leqslant a$）

CB 段：$M_2(x_2)=-Fx_2-F(x_2-a)$ （$a\leqslant x_2\leqslant 2a$）

（2）建立挠曲线近似微分方程并积分。

AC 段：$EIw_1''=-M_1(x_1)=Fx_1$ （$0\leqslant x_1\leqslant a$）

CB 段：$EIw_2''=-M_2(x_2)=Fx_2+F(x_2-a)$ （$a\leqslant x_2\leqslant 2a$）

积分一次得转角方程

AC 段：$EI\theta_1=\dfrac{F}{2}x_1^2+C_1$ （$0\leqslant x_1\leqslant a$）

CB 段：$EI\theta_2=\dfrac{F}{2}x_2^2+\dfrac{F}{2}(x_2-a)^2+C_2$ （$a\leqslant x_2\leqslant 2a$）

再积分一次得挠度方程

AC 段：$EIw_1=\dfrac{F}{6}x_1^3+C_1x_1+D_1$ （$0\leqslant x_1\leqslant a$）

CB 段：$EIw_2=\dfrac{F}{6}x_2^3+\dfrac{F}{6}(x_2-a)^3+C_2x_2+D_2$ （$a\leqslant x_2\leqslant 2a$）

（3）确定积分常数。

由边界条件$x_2=2a$：$w_2=0$，$\theta_2=0$和连续性条件$x_1=x_2=a$：$w_1=w_2$，$\theta_1=\theta_2$求解得积分常数

$$C_1=C_2=-\frac{5}{2}Fa^2,\ D_1=D_2=\frac{7}{2}Fa^3$$

（4）确定挠度方程和转角方程。

AC 段：$w_1=\dfrac{1}{EI}\left(\dfrac{F}{6}x_1^3-\dfrac{5}{2}Fa^2x_1+\dfrac{7}{2}Fa^3\right)$ （$0\leqslant x_1\leqslant a$）

$$\theta_1 = \frac{1}{EI}\left(\frac{F}{2}x_1^2 - \frac{5}{2}Fa^2\right) \quad (0 \leqslant x_1 \leqslant a)$$

CB 段：

$$w_2 = \frac{1}{EI}\left[\frac{F}{6}x_2^3 + \frac{F}{6}(x_2 - a)^3 - \frac{5}{2}Fa^2 x_2 + \frac{7}{2}Fa^3\right] \quad (a \leqslant x_2 \leqslant 2a)$$

$$\theta_2 = \frac{1}{EI}\left[\frac{F}{2}x_2^2 + \frac{F}{2}(x_2 - a)^2 - \frac{5}{2}Fa^2\right] \quad (a \leqslant x_2 \leqslant 2a)$$

（5）计算自由端 *A* 处的挠度和转角。

将 $x_1=0$ 代入 *AC* 段挠度方程和转角方程中，得自由端的挠度和转角，分别为 $w_A = \dfrac{7Fa^3}{2EI}$，$\theta_A = -\dfrac{5Fa^2}{2EI}$。

思　考　题

7-1　剪力和弯矩的正负如何确定？和坐标系有关系吗？

7-2　在集中力与集中力偶作用处，梁的剪力图与弯矩图各有何特点？

7-3　在无载荷作用与均布载荷作用的梁段，剪力图与弯矩图各有何特点？

7-4　何谓弯曲平面假设？它在建立弯曲正应力公式时起何作用？

7-5　如何考虑几何、物理和静力学三方面以建立弯曲正应力公式？如何计算最大弯曲正应力？

7-6　矩形截面梁弯曲时，横截面上的弯曲切应力是如何分布的？如何计算最大弯曲切应力？

7-7　弯曲正应力与弯曲切应力强度条件是如何建立的？

7-8　指出下列概念的区别：纯弯曲与对称弯曲；中性轴与形心轴；惯性矩与极惯性矩；抗弯刚度与抗弯截面系数。

7-9　何谓挠曲线？挠度和转角之间有何关系？

7-10　挠曲线近似微分方程是如何建立的？适用条件是什么？

7-11　何谓边界条件和连续性条件？如何确定积分常数？

7-12　如何利用叠加法分析梁的变形？

习　　题

7-1　试求如习题 7-1 图所示梁 1—1、2—2、3—3 截面上的剪力和弯矩，这些指定截面无限接近于截面 *B* 或 *C*。

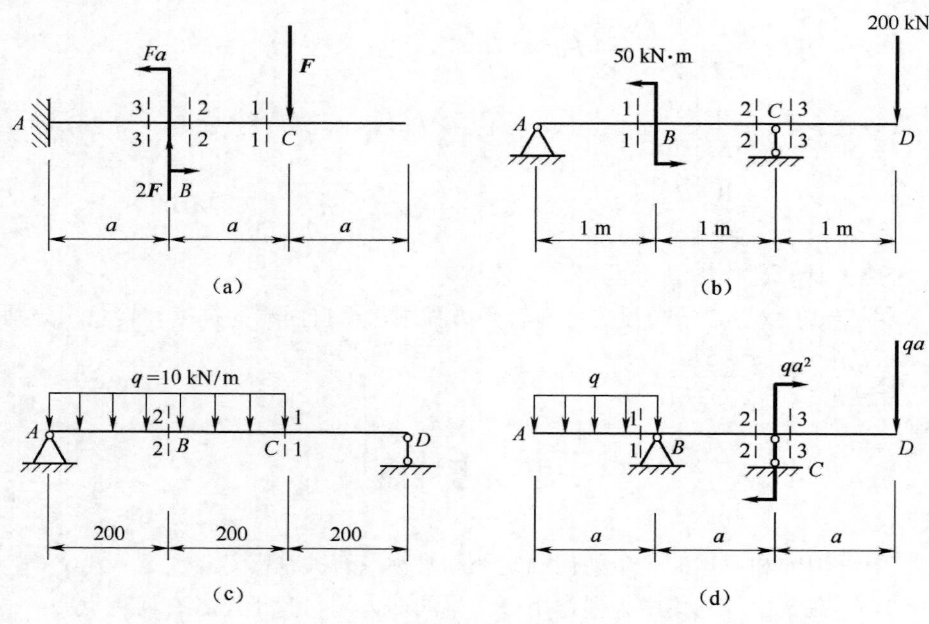

习题 7-1 图

7-2 试列出如习题 7-2 图所示各梁的剪力与弯矩方程，并画出剪力图与弯矩图。

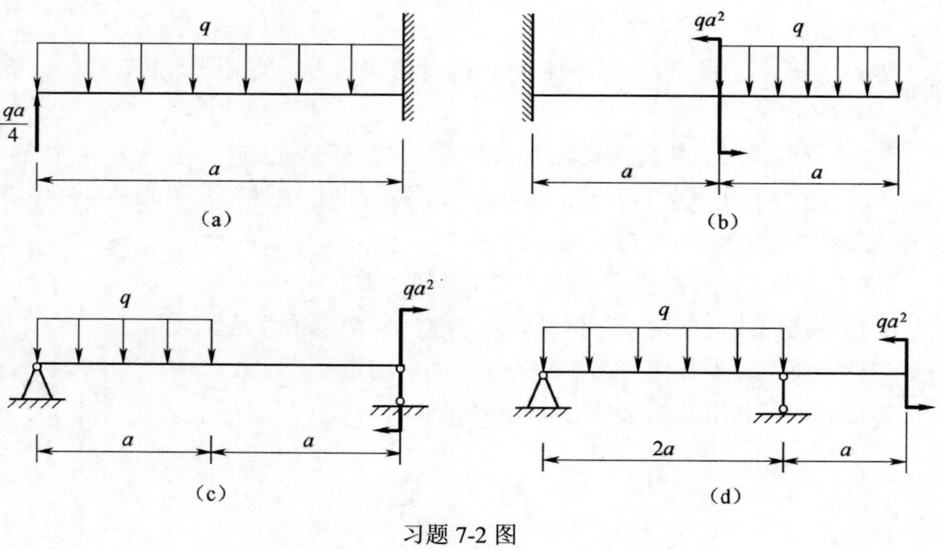

习题 7-2 图

7-3 试利用剪力、弯矩与载荷集度间的关系作出如习题 7-3 图所示梁的剪力图与弯矩图。

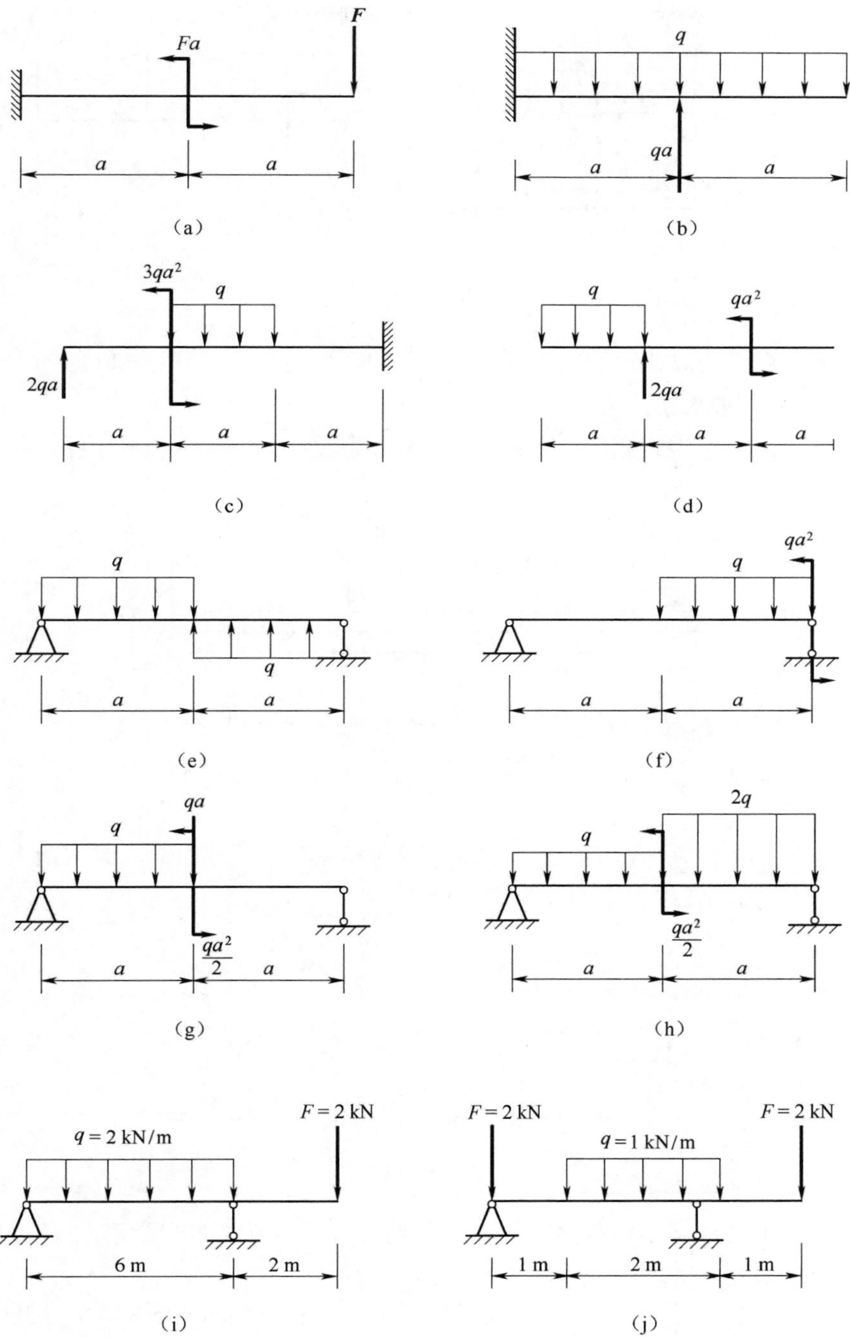
F
Fa
a
a
(a)
q
qa
a
a
(b)
$3qa^2$
q
2qa
a
a
a
(c)
q
qa^2
2qa
a
a
a
(d)
q
q
a
a
(e)
qa^2
q
a
a
(f)
qa
q
$\frac{qa^2}{2}$
a
a
(g)
2q
q
$\frac{qa^2}{2}$
a
a
(h)
F = 2 kN
q = 2 kN/m
6 m
2 m
(i)
F = 2 kN
q = 1 kN/m
F = 2 kN
1 m
2 m
1 m
(j)

习题 7-3 图（一）

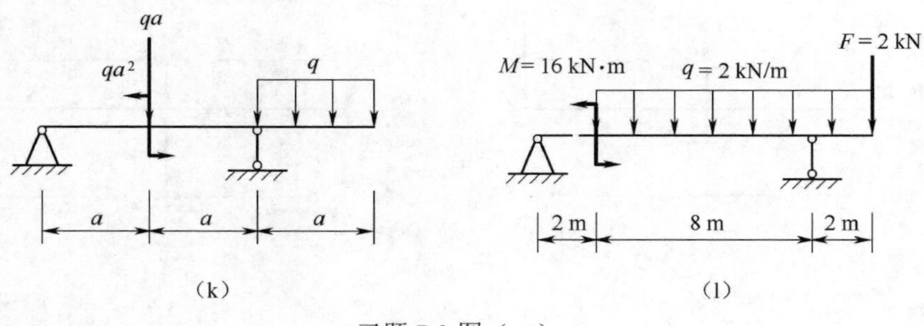

习题 7-3 图（二）

7-4　把直径 d=1m 的钢丝绕在直径为 2m 的卷筒上，设 E=200GPa，试计算钢丝中产生的最大正应力。

7-5　如习题 7-5 图所示圆轴的外伸部分系空心轴。试作轴弯矩图，并求轴内最大正应力。

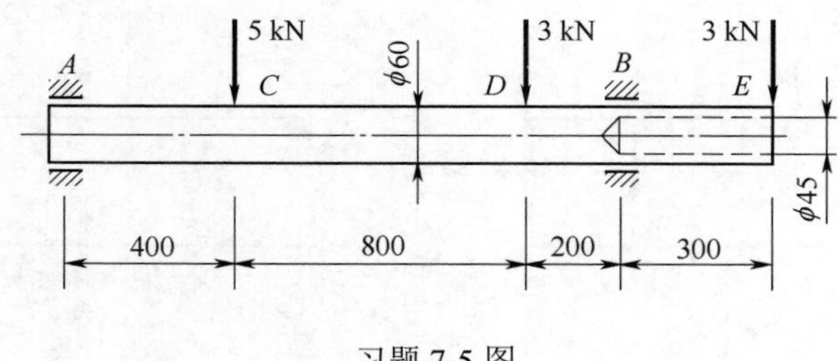

习题 7-5 图

7-6　计算在如习题 7-6 图所示均布载荷作用下，圆截面简支梁内最大正应力和最大切应力，并指出它们发生于何处？

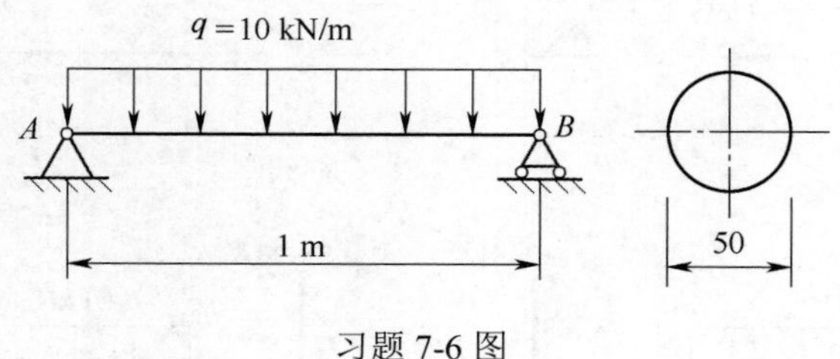

习题 7-6 图

7-7　No.20a 工字钢截面梁的支承和受力情况如习题 7-7 图所示，若许用正应力$[\sigma]$= 160MPa，试求许可载荷。

7-8　压板的尺寸和载荷如习题 7-8 图所示。材料为 No.45 钢，σ_s=380MPa，取安全因数 n=1.5。试校核压板的强度。

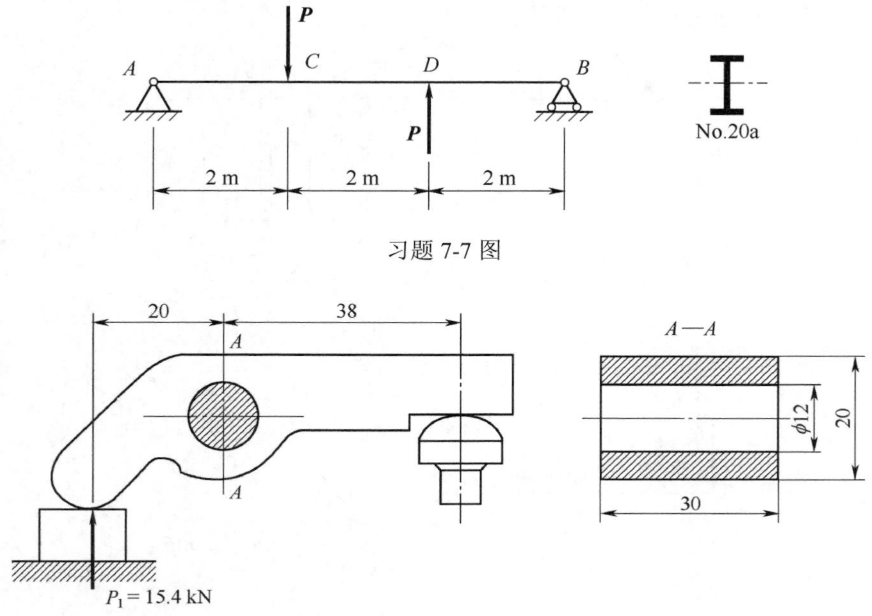

习题 7-7 图

习题 7-8 图

7-9　⊥形截面铸铁梁如习题 7-9 图所示。若铸铁的许用拉应力$[\sigma_t]$=40MPa，许用压应力$[\sigma_c]$=160MPa，截面对形心 z_C 的惯性矩 I_{z_C} =10180cm^4，h_1=96.4mm，试求梁的许用载荷 P。

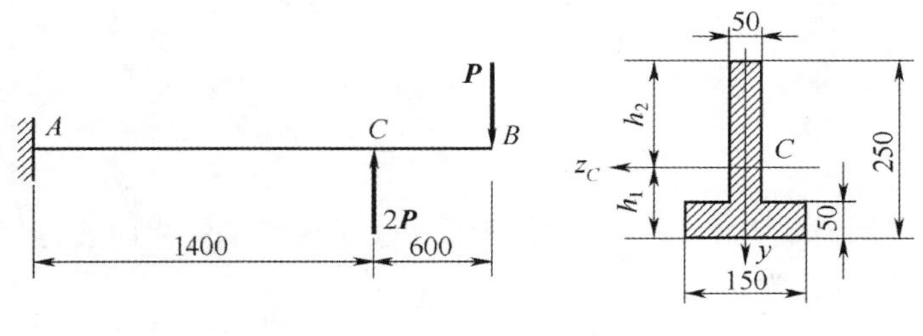

习题 7-9 图

7-10　如习题 7-10 图所示横截面为⊥形的铸铁承受纯弯曲，材料的拉伸和压缩许用应力之比$[\sigma_t]/[\sigma_c]$=1/4。求水平翼缘的合理宽度 b。

7-11　试计算如习题 7-11 图所示工字形截面梁内的最大正应力和最大切应力。

7-12　起重机下的梁由两根工字钢组成，起重机自重 Q=50kN，起重量 P=10kN，如习题 7-12 图所示。许用应力$[\sigma]$=160MPa，$[\tau]$=100MPa。若暂不考虑梁的自重，试按正应力强度条件选定工字钢型号。

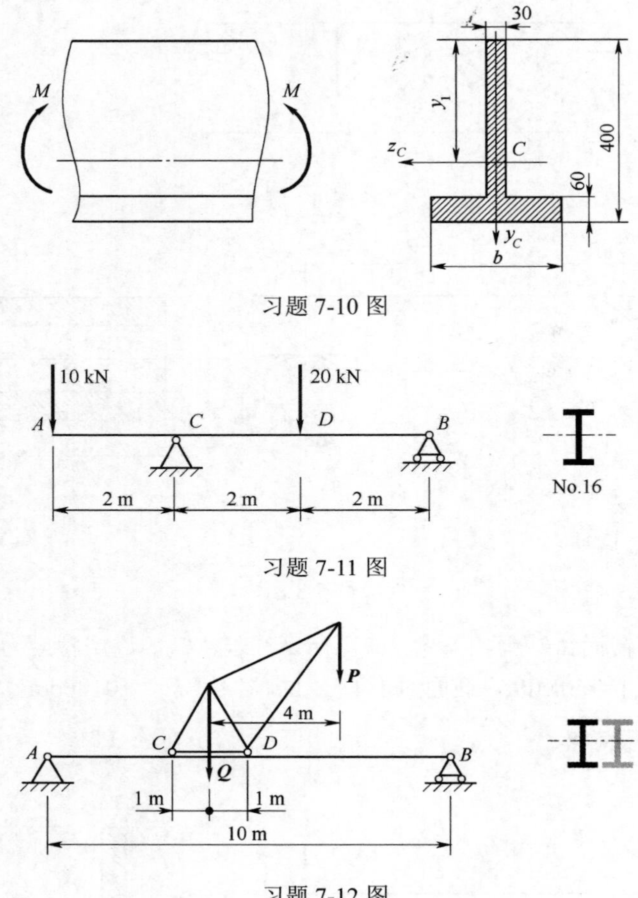

习题 7-10 图

习题 7-11 图

习题 7-12 图

7-13　用积分法求如习题 7-13 图所示等截面悬臂梁的挠曲线方程，自由端的挠度和转角。设 EI=常量。

7-14　用积分法求梁的最大挠度和最大转角（习题 7-14 图）。

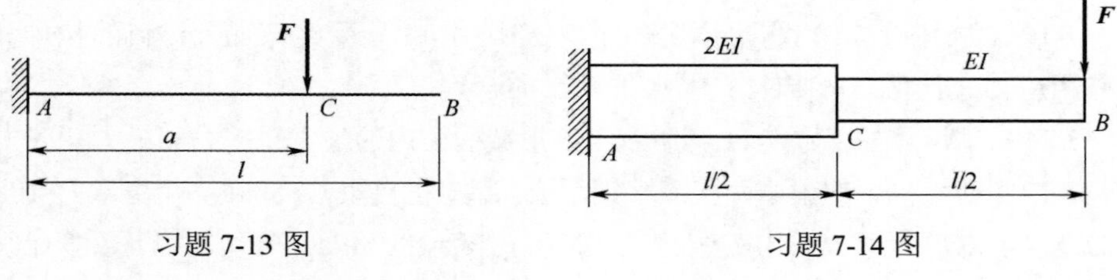

习题 7-13 图　　习题 7-14 图

7-15　用叠加法求如习题 7-15 图所示各梁截面 A 的挠度和截面 B 的转角。EI=常量。

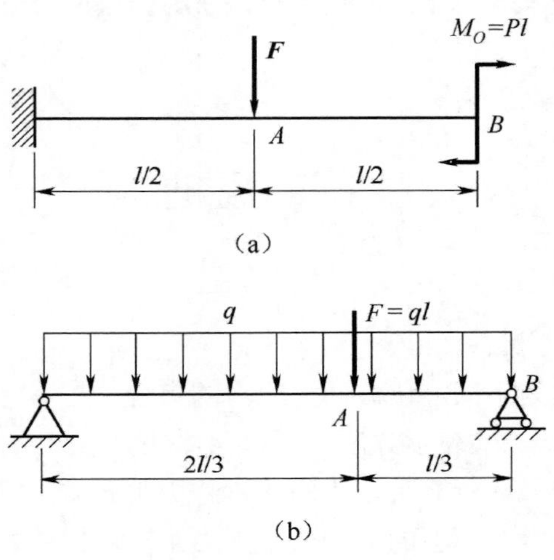

习题 7-15 图

第 8 章　应力状态分析与强度理论

知 识 梳 理

1. 概念

（1）一点的应力状态。

受力构件内一点处不同方位截面上应力的集合。

（2）一点应力状态的表示方法——单元体法。

围绕所研究的点截取一微小正六面体，称为单元体，物体其余部分对该单元体的作用以单元体的六个面上的应力分量来表示，这样的单元体就表示受力构件内一点的应力状态。

（3）主平面、主方向与主应力。

主平面：单元体上切应力等于 0 的平面。

主方向：主平面的法线方向。

主应力：主平面上的正应力。

已经证明：过受力构件内的任意点一定可以找到三个相互垂直的主平面组成的单元体，称为主单元体，其上三个主应力用σ_1、σ_2和σ_3表示，且规定按代数值大小的顺序来排列，即$\sigma_1 \geqslant \sigma_2 \geqslant \sigma_3$。

（4）应力状态的分类。

单向应力状态：三个主应力中只有一个不等于 0 的应力状态。

二向或平面应力状态：三个主应力中有两个不等于 0 的应力状态。

三向或空间应力状态：三个主应力都不等于 0 的应力状态。

单向应力状态也称为简单应力状态，二向和三向应力状态统称为复杂应力状态。

2. 平面应力状态分析

（1）二向应力状态分析的解析法。

1）任意斜截面上的应力。正应力σ以拉应力为正，压应力为负；切应力τ_{xy}（或τ_{yx}）以其对单元体内任一点的矩为顺时针转向为正，逆时针转向为负；α截面从x轴逆时针转到截面的外法线n时为正，反之为负。

$$\sigma_\alpha = \frac{\sigma_x + \sigma_y}{2} + \frac{\sigma_x - \sigma_y}{2}\cos 2\alpha - \tau_{xy}\sin 2\alpha$$

$$\tau_\alpha = \frac{\sigma_x - \sigma_y}{2}\sin 2\alpha + \tau_{xy}\cos 2\alpha$$

2）主应力和主平面。平行于 z 轴的各截面中的最大正应力和最小正应力为

$$\left.\begin{matrix}\sigma_{\max} \\ \sigma_{\min}\end{matrix}\right\} = \frac{\sigma_x + \sigma_y}{2} \pm \sqrt{\left(\frac{\sigma_x - \sigma_y}{2}\right)^2 + \tau_{xy}^2}$$

在平面应力状态中，有一个主应力已知为 0，比较 $\sigma_{\max}$、$\sigma_{\min}$ 和 0 的代数值大小，便可以确定三个主应力 σ_1、σ_2 和 σ_3。

最大正应力所在截面的方位角

$$\tan 2\alpha_0 = \frac{-2\tau_{xy}}{\sigma_x - \sigma_y}$$

3）极限切应力及所在平面。平行于 z 轴的各截面中的最大切应力和最小切应力为

$$\left.\begin{matrix}\tau_{\max} \\ \tau_{\min}\end{matrix}\right\} = \pm\sqrt{\left(\frac{\sigma_x - \sigma_y}{2}\right)^2 + \tau_{xy}^2}$$

极限切应力所在截面的方位角

$$\tan 2\alpha_1 = \frac{\sigma_x - \sigma_y}{2\tau_{xy}}$$

（2）二向应力状态分析的图解法——应力圆。

单元体与应力圆的对应关系见表 8.1。

表 8.1 单元体与应力圆的对应关系

单元体	应力圆
单元体某平面上的应力	应力圆上某定点的坐标
单元体两平面的夹角 α	应力圆两对应点的中心角 2α
单元体的主应力	应力圆与 σ 轴交点的坐标
单元体上的最大切应力值	应力圆的半径

故应力圆上的点与单元体内面的对应关系可概括为：点面对应，基准一致，转向相同，倍角关系。

3. 三向应力状态的概念

（1）任意斜截面上的应力。

与 σ_1、σ_2、σ_3 三个主应力方向均不平行的任意斜截面上的应力，在 $\sigma-\tau$ 平

面内对应的点必位于由上述三个应力圆所构成的阴影区域内，如图 8.1 所示。

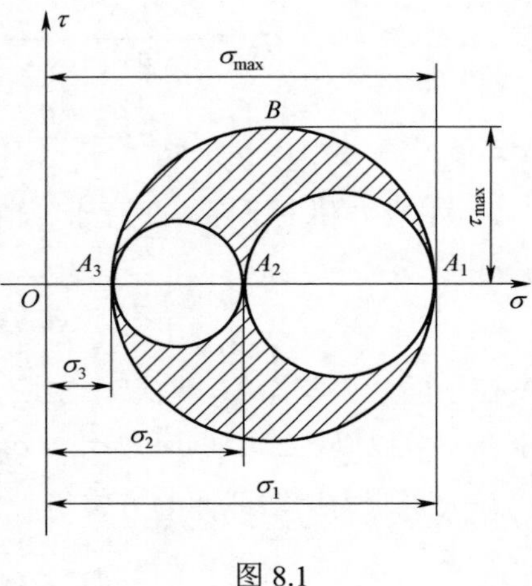

图 8.1

（2）三向应力状态的极值应力。

最大正应力、最小正应力：

$$\sigma_{max}=\sigma_1，\ \sigma_{min}=\sigma_3$$

最大切应力等于最大应力圆的半径

$$\tau_{max}=\frac{\sigma_1-\sigma_3}{2}$$

最大切应力所在的截面与主应力 σ_2 平行，并与主应力 σ_1 和 σ_3 的主平面均成 45°角。

4. 广义胡克定律

一般应力状态下的广义胡克定律

$$\left.\begin{aligned}\varepsilon_x&=\frac{1}{E}[\sigma_x-\mu(\sigma_y+\sigma_z)]\\ \varepsilon_y&=\frac{1}{E}[\sigma_y-\mu(\sigma_x+\sigma_z)]\\ \varepsilon_z&=\frac{1}{E}[\sigma_z-\mu(\sigma_x+\sigma_y)]\\ \gamma_{xy}&=\frac{\tau_{xy}}{G},\ \gamma_{yz}=\frac{\tau_{yz}}{G},\ \gamma_{zx}=\frac{\tau_{zx}}{G}\end{aligned}\right\}$$

用主应力表示的广义胡克定律

$$\left.\begin{aligned}\varepsilon_1&=\frac{1}{E}\left[\sigma_1-\mu\left(\sigma_2+\sigma_3\right)\right]\\ \varepsilon_2&=\frac{1}{E}\left[\sigma_2-\mu\left(\sigma_1+\sigma_3\right)\right]\\ \varepsilon_3&=\frac{1}{E}\left[\sigma_3-\mu\left(\sigma_1+\sigma_2\right)\right]\end{aligned}\right\}$$

5. 强度理论

（1）最大拉应力理论（第一强度理论）。

假设：最大拉应力是引起材料断裂的主要因素。

强度条件：

$$\sigma_1\leqslant[\sigma]$$

验证：主要用于脆性材料受拉情况。

（2）最大伸长线应变理论（第二强度理论）。

假设：最大伸长线应变是引起材料断裂的主要因素。

强度条件：

$$\sigma_1-\mu(\sigma_2+\sigma_3)\geqslant[\sigma]$$

验证：主要适用于脆性材料单向或双向压缩问题。

（3）最大切应力理论（第三强度理论）。

假设：最大切应力是引起材料屈服的主要因素。

强度条件：

$$\sigma_1-\sigma_3\leqslant[\sigma]$$

验证：主要适用于塑性材料单向或双向受力情况。

（4）畸变能密度理论（第四强度理论）。

假设：畸变能密度是引起材料屈服的主要因素。

强度条件：

$$\sqrt{\frac{1}{2}[(\sigma_1-\sigma_2)^2+(\sigma_2-\sigma_3)^2+(\sigma_3-\sigma_1)^2]}\leqslant[\sigma]$$

验证：主要用于塑性材料单向或双向受力情况。

四种强度理论的强度条件，可以写成统一形式：

$$\sigma_r\leqslant[\sigma]$$

式中：σ_r 为相当应力。四种强度理论的相当应力分别为

$$\left.\begin{aligned}&\sigma_{r1}=\sigma_1\\&\sigma_{r2}=\sigma_1-\mu(\sigma_2+\sigma_3)\\&\sigma_{r3}=\sigma_1-\sigma_3\\&\sigma_{r4}=\sqrt{\frac{1}{2}[(\sigma_1-\sigma_2)^2+(\sigma_2-\sigma_3)^2+(\sigma_3-\sigma_1)^2]}\end{aligned}\right\}$$

（5）莫尔强度理论。

莫尔强度理论的强度条件为

$$\sigma_{rM}=\sigma_1-\frac{[\sigma_t]}{[\sigma_c]}\sigma_3\leqslant[\sigma_t]$$

对于抗拉和抗压相等的材料，即 $[\sigma_t]=[\sigma_c]$，莫尔强度理论退化为第三强度理论

$$\sigma_1-\sigma_3\leqslant[\sigma]$$

基本要求

1．理解一点的应力状态及表示方法，主应力、主平面和主方向等基本概念；了解应力状态的分类方法。

2．理解平面应力状态中正应力、切应力及方向角的符号规定；熟练掌握任意截面上的应力计算，主应力和主平面的确定。

3．理解单元体与应力圆的对应关系；掌握利用应力圆法确定主应力、主平面等。

4．了解三向应力状态的最大应力。

5．理解广义胡克定律的适用范围。

6．掌握四种常用强度理论及莫尔强度理论的强度条件。

典型例题

例 8.1 木制构件中的微单元受力如图 8.2（a）所示，图中的角度为木纹方向与铅垂方向之间的夹角，试用解析法求：（1）面内平行于木纹方向的切应力；（2）垂直于木纹方向的正应力。

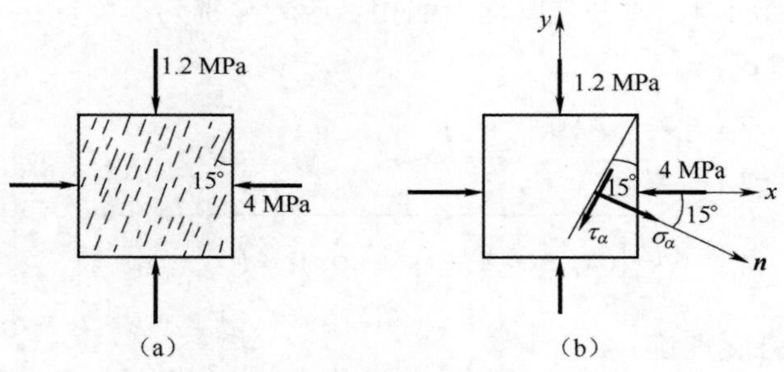

图 8.2

解：如图 8.2（b）所示，$\sigma_x=-4\text{MPa}$，$\sigma_y=-1.2\text{MPa}$，$\tau_{xy}=0$，$\alpha=-15°$

（1）面内平行于木纹方向的切应力

$$\tau_\alpha=\frac{\sigma_x-\sigma_y}{2}\sin 2\alpha+\tau_{xy}\cos 2\alpha=\frac{-4-(-1.2)}{2}\sin(-2\times 15°)=0.7\text{MPa}$$

（2）垂直于木纹方向的正应力

$$\begin{aligned}\sigma_\alpha &= \frac{\sigma_x+\sigma_y}{2}+\frac{\sigma_x-\sigma_y}{2}\cos 2\alpha-\tau_{xy}\sin 2\alpha \\ &= \frac{-4+(-1.2)}{2}+\frac{-4-(-1.2)}{2}\cos(-2\times 15°) \\ &= -3.81\text{MPa}\end{aligned}$$

例 8.2　已知构件内某点处的应力单元体如图 8.3（a）所示（单位：MPa），试用解析法求：（1）斜截面上的应力；（2）主应力大小和主平面的位置，并在单元体上绘出主平面位置及主应力方向；（3）最大切应力。

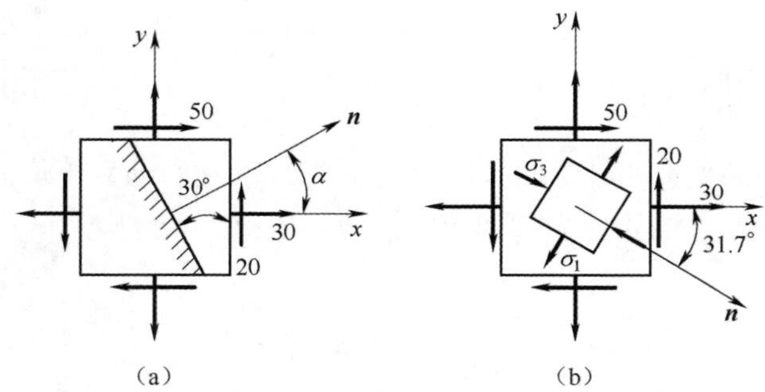

图 8.3

解： 各应力分量分别为 $\sigma_x=30\text{MPa}$，$\sigma_y=50\text{MPa}$，$\tau_{xy}=-20\text{MPa}$，$\alpha=30°$

（1）该斜截面上的正应力和切应力分别为

$$\begin{aligned}\sigma_\alpha &= \frac{\sigma_x+\sigma_y}{2}+\frac{\sigma_x-\sigma_y}{2}\cos 2\alpha-\tau_{xy}\sin 2\alpha \\ &= \frac{30+50}{2}+\frac{30-50}{2}\cos 60°-(-20)\sin 60° \\ &= 52.32\text{MPa}\end{aligned}$$

$$\begin{aligned}\tau_\alpha &= \frac{\sigma_x-\sigma_y}{2}\sin 2\alpha+\tau_{xy}\cos 2\alpha=\frac{30-50}{2}\sin 60°+(-20)\cos 60° \\ &= -18.66\text{MPa}\end{aligned}$$

（2）主应力及主平面。

极值正应力

$$\left.\begin{matrix}\sigma_{\max}\\ \sigma_{\min}\end{matrix}\right\}=\frac{\sigma_x+\sigma_y}{2}\pm\sqrt{\left(\frac{\sigma_x-\sigma_y}{2}\right)^2+\tau_{xy}^2}=\frac{30+50}{2}\pm\sqrt{\left(\frac{30-50}{2}\right)^2+(-20)^2}$$

$$=\begin{cases}62.4\\17.6\end{cases}\text{MPa}$$

则主应力$\sigma_1 = 62.4\text{MPa}$，$\sigma_2 = 17.6\text{ MPa}$，$\sigma_3 = 0$。

再求α_0。

$$\tan 2\alpha_0 = \frac{-2\tau_{xy}}{\sigma_x - \sigma_y} = \frac{-2\times(-20)}{30-50} = -2$$

解得
$$\alpha_0 = -31.7° \quad 或 \quad -121.7°$$

因$\sigma_x < \sigma_y$，则由$\alpha_0 = -121.7°$所确定的主平面上作用主应力σ_1，由$\alpha_0 = -31.7°$所确定的主平面上作用主应力σ_2，如图 8.3（b）所示。

（3）最大切应力

$$\tau_{\max} = \sqrt{\left(\frac{\sigma_x - \sigma_y}{2}\right)^2 + \tau_{xy}^2} = \sqrt{\left(\frac{30-50}{2}\right)^2 + (-20)^2} = 22.4\text{MPa}$$

例 8.3 已知受力构件上某点的应力状态如图 8.4（a）所示，试用图解法计算：（1）指定截面上的正应力和切应力；（2）主应力。

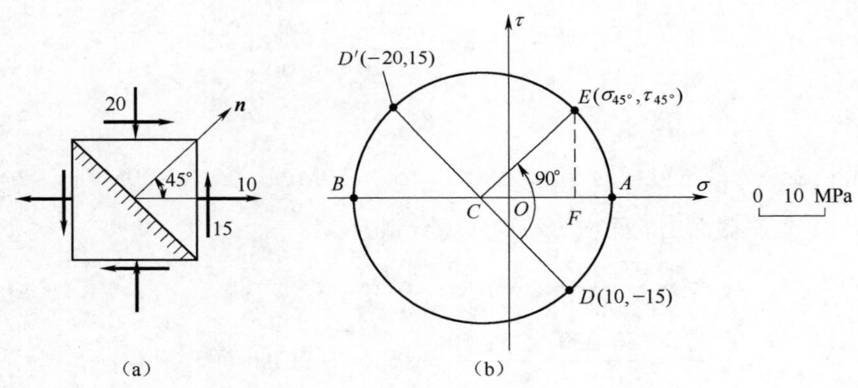

图 8.4

解： 已知$\sigma_x = 10\text{MPa}$，$\sigma_y = -20\text{MPa}$，$\tau_{xy} = -15\text{MPa}$。在$\sigma - \tau$平面内，按图 8.4（b）选定的比例尺，以(10,−15)为坐标，确定D点；以(−20,15)为坐标，确定D'点。连接D点和D'点，与横坐标轴交于C点。以C点为圆心，以CD为半径作应力圆，如图 8.4（b）所示。

将半径CD沿逆时针方向旋转$2\alpha_0 = 90°$至CE处，E点便是$\alpha = 45°$截面的对应点，按选定的比例尺，量得

$$\sigma_{45°} = \overline{OF} = 10\text{MPa}，\quad \tau_{45°} = \overline{FE} = 15\text{MPa}$$

为确定主平面和主应力，在如图 8.4（b）所示的应力圆上，A点和B点的横

坐标对应主应力$\sigma_{\max}$和$\sigma_{\min}$，按选定的比例尺量出

$$\sigma_{\max}=\overline{OA}=16\text{MPa}\text{，}\quad \sigma_{\min}=\overline{OB}=-26\text{MPa}$$

故三个主应力分别为：$\sigma_1=16\text{MPa}$，$\sigma_2=0$，$\sigma_3=-26\text{MPa}$。在应力圆上，由 D 点至 A 点为逆时针方向，且$\angle DCA=2\alpha_0=45°$，所以，在单元体中，从 x 轴以逆时针方向量取$\alpha_0=22.5°$，确定了σ_1所在主平面的外法线。而 D 点至 B 点为顺时针方向，$\angle DCB=135°$，所以，在单元体中从 x 轴以顺时针方向量取$\alpha_0=67.5°$，从而确定了σ_3所在主平面的法线方向。

例 8.4　已知三向应力状态如图 8.5 所示（单位：MPa），试求主应力的大小。

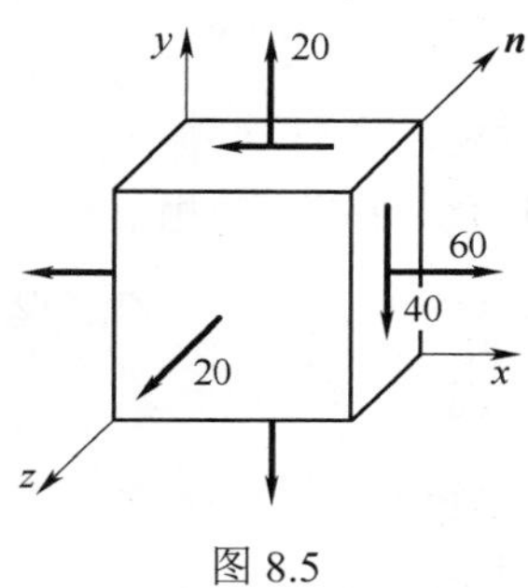

图 8.5

解：因截面 z 上无切应力，所以截面 z 是主平面，作用在其上的应力$\sigma_z=20\text{MPa}$是三个主应力中的一个，其他两个主应力由 xy 面内的$\sigma_x=60\text{MPa}$，$\sigma_y=20\text{MPa}$以及$\tau_{xy}=40\text{MPa}$来确定。由平面应力状态的极值应力公式，有

$$\left.\begin{matrix}\sigma_{\max}\\ \sigma_{\min}\end{matrix}\right\}=\frac{\sigma_x+\sigma_y}{2}\pm\sqrt{\left(\frac{\sigma_x-\sigma_y}{2}\right)^2+\tau_{xy}^2}=\frac{60+20}{2}\pm\sqrt{\left(\frac{60-20}{2}\right)^2+40^2}$$

$$=\begin{cases}84.7\\-4.7\end{cases}\text{MPa}$$

所以，三个主应力分别为

$$\sigma_1=84.7\text{MPa}\text{，}\quad \sigma_2=20\text{MPa}\text{，}\quad \sigma_3=-4.7\text{MPa}$$

例 8.5　钢块上开有深度和宽度均为10mm 的钢槽，钢槽内嵌入边长$a=10\text{mm}$的立方体铝块，铝块的顶面承受$F=6\text{kN}$的压力作用，如图 8.6（a）所示。已知铝的弹性模量$E=70\text{GPa}$，泊松比$\mu=0.33$。若不计钢块的变形，求铝块的三个主应力及主应变。

解：铝块横截面上的压应力为

$$\sigma_y=-\frac{F}{A}=-\frac{6\times10^3\text{N}}{10\times10\text{mm}^2}=-60\text{MPa}$$

显然有$\sigma_z=0$。在压力 F 的作用下，铝块产生膨胀，但又受到钢槽的阻碍，使得铝块沿 x 方向的线应变为 0，则

$$\varepsilon_x=\frac{1}{E}[\sigma_x-\mu(\sigma_y+\sigma_z)]=\frac{1}{70\times10^3}[\sigma_x-0.33\times(-60)]=0$$

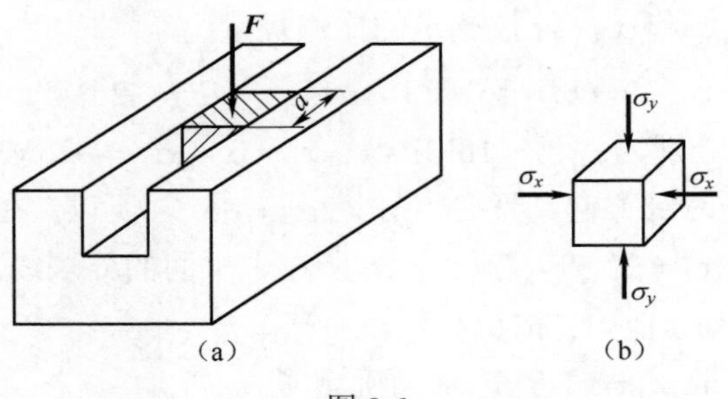

图 8.6

解得
$$\sigma_x = -19.8\text{MPa}$$
因为铝块的三个相互垂直的平面上不存在切应力，故σ_x、σ_y、σ_z为主应力。即
$$\sigma_1 = \sigma_z = 0，\ \sigma_2 = \sigma_x = -19.8\text{MPa}，\ \sigma_3 = \sigma_y = -60\text{MPa}$$

主应变
$$\varepsilon_1 = \frac{1}{E}[\sigma_1 - \mu(\sigma_2 + \sigma_3)] = \frac{1}{70\times10^3}\times[0 - 0.33\times(-19.8 - 60)] = 376\times10^{-6}$$
$$\varepsilon_2 = 0$$
$$\varepsilon_3 = \frac{1}{E}[\sigma_3 - \mu(\sigma_1 + \sigma_2)] = \frac{1}{70\times10^3}\times[-60 - 0.33\times(0 - 19.8)] = -764\times10^{-6}$$

例 8.6 已知某钢制构件，其危险点的应力状态如图 8.7 所示（单位：MPa）。已知材料的许用应力$[\sigma] = 120\text{MPa}$，试按第三强度理论校核该构件的强度。

解：钢制构件（塑性材料），且危险点处于二向应力状态，首先由解析法求主应力。

由$\sigma_x = 40\text{MPa}$，$\sigma_y = -30\text{MPa}$，$\tau_{xy} = -40\text{MPa}$得
$$\left.\begin{matrix}\sigma_{\max}\\ \sigma_{\min}\end{matrix}\right\} = \frac{\sigma_x + \sigma_y}{2} \pm \sqrt{\left(\frac{\sigma_x - \sigma_y}{2}\right)^2 + \tau_{xy}^2}$$
$$= \frac{40 + (-30)}{2} \pm \sqrt{\left[\frac{40 - (-30)}{2}\right]^2 + (-40)^2}$$
$$= \begin{cases}58.2\\ -48.2\end{cases}\text{MPa}$$

图 8.7

所以，三个主应力分别为$\sigma_1 = 58.2\,\text{MPa}$，$\sigma_2 = 0$，$\sigma_3 = -48.2\,\text{MPa}$。

按照第三强度理论
$$\sigma_{r3} = \sigma_1 - \sigma_3 = 58.2 - (-48.2) = 106.4\text{MPa} < [\sigma]$$
故该构件满足强度要求。

思　考　题

8-1　何为单向应力状态和二向应力状态？圆轴受扭时，轴表面上的各点处于何种应力状态？受横力弯曲的实心圆形截面梁，梁顶和梁低点处于何种应力状态？其他点呢？

8-2　层合板构件中的微元受力如思考题 8-2 图所示，各层板之间用胶粘接，接缝方向与铅垂方向成 30°。若已知胶层切应力不得超过 1.1MPa。该层合板是否满足这一要求？

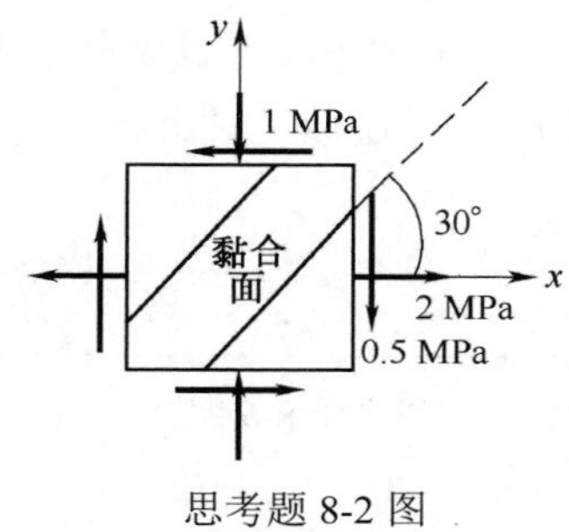

思考题 8-2 图

8-3　构件受力如思考题 8-3 图所示：（1）确定危险点的位置；（2）用单元体表示危险点的应力状态；（3）说明单元体是何种应力状态。

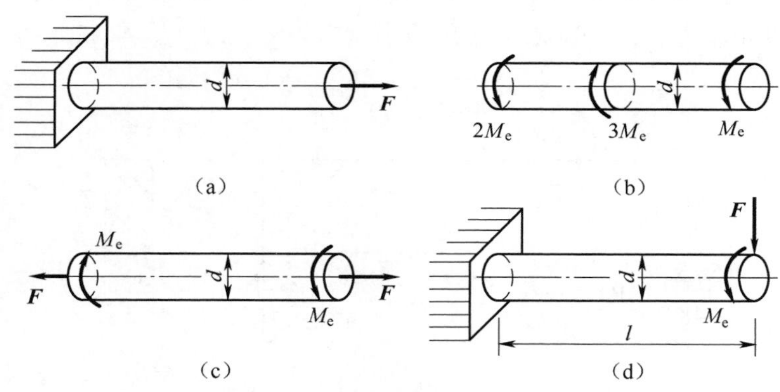

思考题 8-3 图

8-4　已知构件内某点处的应力单元体如思考题 8-4 图所示，试根据不为 0 主应力的数目判断是何种应力状态。

8-5 受力构件内某点的应力状态如思考题 8-5 图所示，若可测出 x、y 方向上的正应变 ε_x、ε_y，是否可以确定材料的弹性常数 E、ν 和 G？

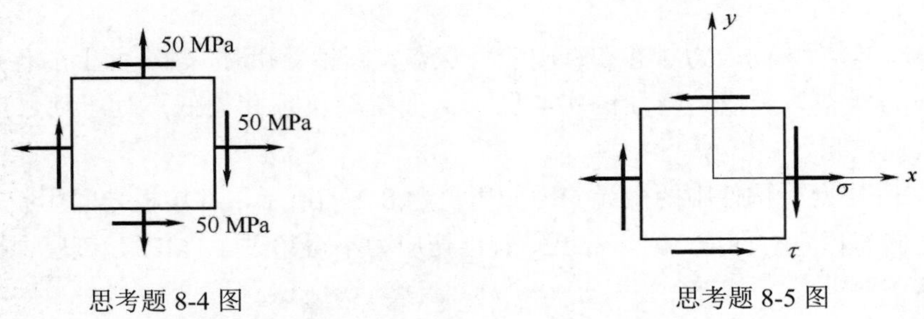

思考题 8-4 图　　　　思考题 8-5 图

8-6 圆轴扭转试验的破坏现象如下：铸铁试件从表面开始沿与轴线成 45° 倾角的螺旋曲面破坏，如思考题 8-6 图所示。试分析并解释破坏原因。

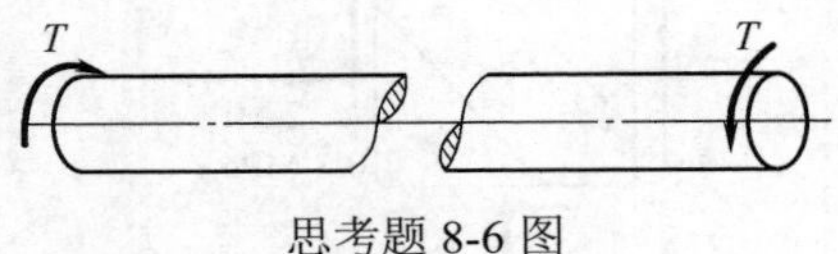

思考题 8-6 图

习　题

8-1 平面弯曲矩形截面梁，力 $\boldsymbol{F}$ 作用于跨中处，尺寸及载荷如习题 8-1 图所示。试用单元体表示 A、B、C 各点的应力状态。

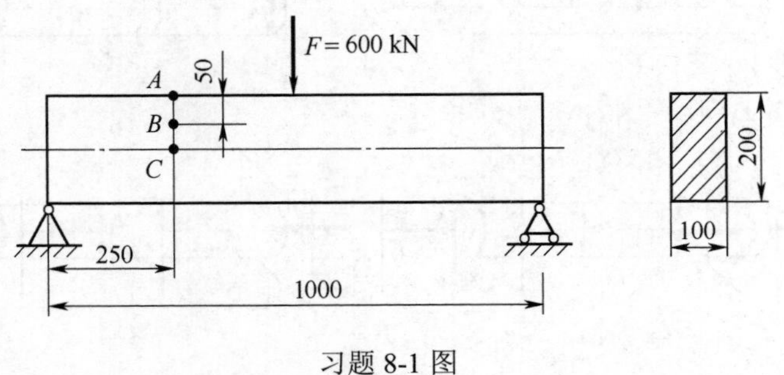

习题 8-1 图

8-2 构件上某点的应力状态如习题 8-2 图所示（单位：MPa），试用解析法和图解法求指定截面上的应力。

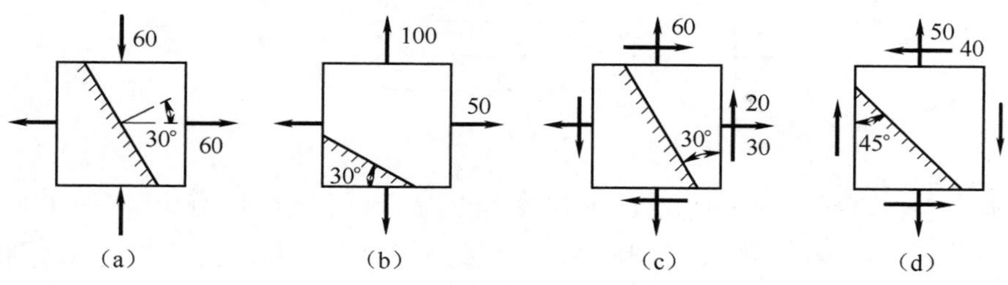

习题 8-2 图

8-3　已知一点的应力状态如习题 8-3 图所示（单位：MPa），试用解析法和图解法求：（1）主应力的数值；（2）在单元体中绘出主平面的位置及主应力的方位；（3）最大切应力。

8-4　如习题 8-4 图所示的单元体为平面应力状态。已知：$\sigma_x = 60\text{MPa}$，$\sigma_y = 40\text{MPa}$，α 斜截面上的正应力 $\sigma_\alpha = 50\text{MPa}$，试求主应力。

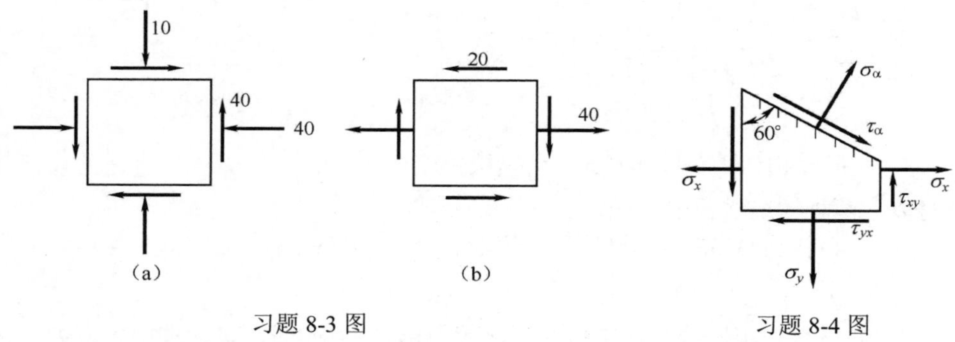

习题 8-3 图　　习题 8-4 图

8-5　空间应力状态如习题8-5图所示（单位：MPa），试求主应力及最大切应力。

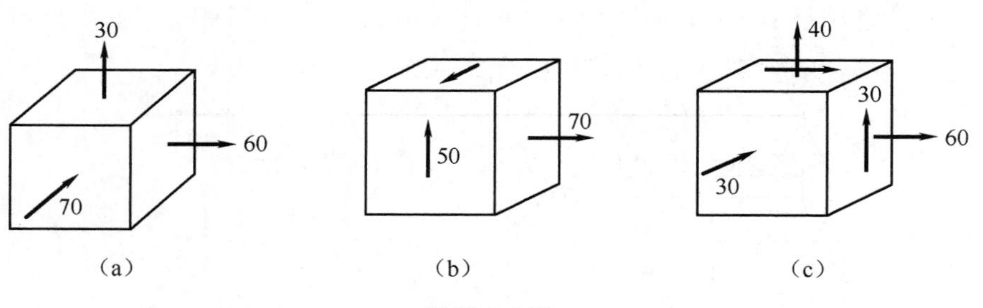

习题 8-5 图

8-6　拉伸试样如习题 8-6 图所示，已知横截面上的正应力为 σ，材料的弹性模量和泊松比分别为 E 和 μ。试求与轴线成 45°和 135°方向上的应变 ε_{45° 和 ε_{135°。

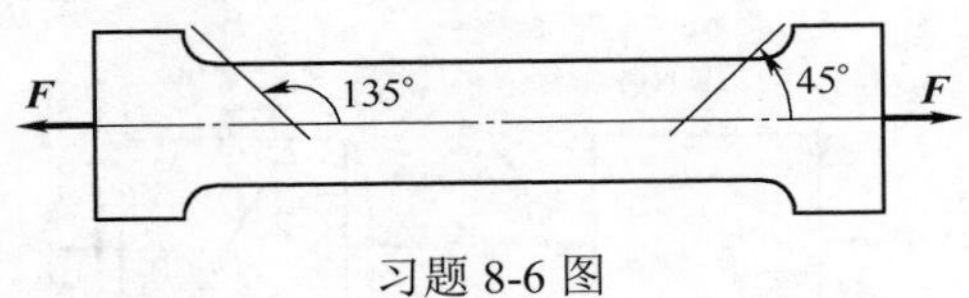

习题 8-6 图

8-7 列车通过钢桥时，在钢桥横梁的 K 点用变形仪测得 $\varepsilon_x = 0.0005$，$\varepsilon_y = -0.00012$，如习题 8-7 图所示。若材料的弹性模量 $E = 200\text{GPa}$，泊松比 $\mu = 0.3$。试求 K 点沿 x、y 方向的正应力。

8-8 应力状态如习题 8-8 图所示（单位：MPa），已知材料的弹性模量 $E = 70\text{GPa}$，泊松比 $\mu = 0.33$，试求 $45°$ 方位的正应变。

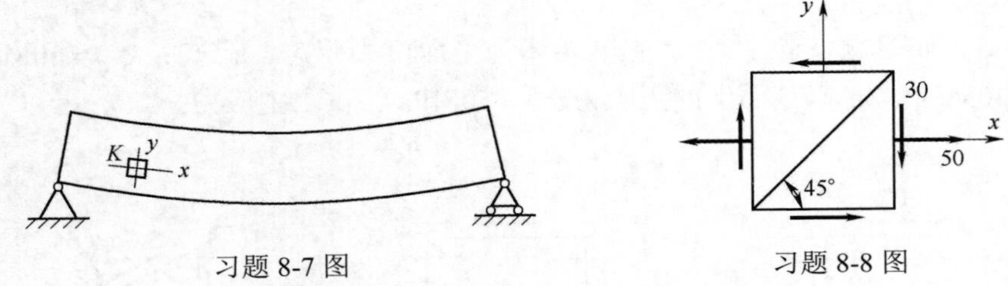

习题 8-7 图　　习题 8-8 图

8-9 已知构件中危险点的应力状态如习题 8-9 图所示，试选择合适的设计准则对以下两种情况进行强度校核。

（1）材料为Q235 钢，材料的许用应力 $[\sigma] = 160\text{MPa}$，单元体中各应力分别为 $\sigma_x = 50\text{MPa}$，$\sigma_y = 150\text{MPa}$，$\sigma_z = 0$，$\tau_{xy} = 0$。

（2）材料为灰口铸铁，材料的许用应力 $[\sigma] = 30\text{MPa}$，单元体中各应力分别为 $\sigma_x = 30\text{MPa}$，$\sigma_y = -20\text{MPa}$，$\sigma_z = 50$，$\tau_{xy} = 10$。

8-10 某铸铁构件，其危险点的应力状态如习题 8-10 图所示（单位：MPa）。已知材料的许用拉应力 $[\sigma_t] = 30\text{MPa}$，许用压应力 $[\sigma_c] = 120\text{MPa}$，试用莫尔强度理论校核此构件的强度。

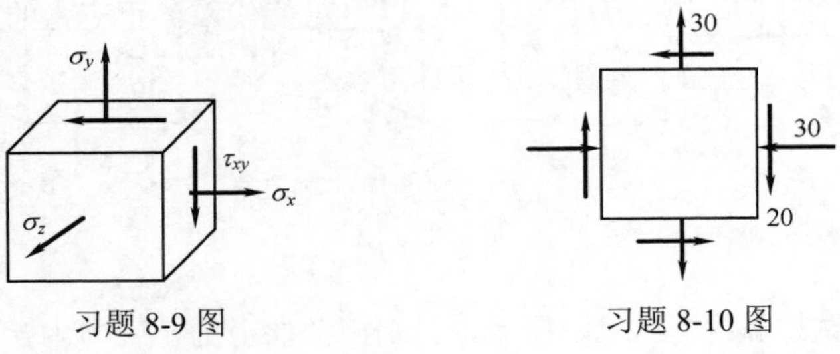

习题 8-9 图　　习题 8-10 图

第9章 组合变形

知识梳理

1. 概念

（1）组合变形。

构件同时发生两种或两种以上的基本变形。

（2）组合变形的强度计算步骤。

1）外力分析。把不满足产生基本变形的外力，通过分解或平移，使其成为满足基本变形条件的外力(外力偶)，然后将产生同一基本变形的力和力偶分为一组，结果分为几组外力，每组外力对应产生一种基本变形，明确组合变形的种类。

2）内力分析。对每种基本变形逐一分析内力，作出内力图，综合判断危险截面。

3）应力分析。对危险截面上的应力分布进行分析，综合判断构件危险点的位置。

4）强度计算。对危险点的应力状态进行分析，并将同类应力进行叠加，利用相应的强度理论进行强度计算。

2. 轴向拉伸（压缩）与弯曲的组合

（1）应力计算。

离中性轴为y处的各点的正应力计算公式

$$\sigma=\frac{F_{\mathrm{N}}}{A}\pm\frac{My}{I_z}$$

式中：F_{N}以拉伸为正，压缩为负；M、y以绝对值代入。正应力的正负号直接由杆件弯曲变形判断：拉应力为正，压应力为负。

（2）强度条件。

危险点为单向应力状态，其强度条件为

$$\begin{matrix}\sigma_{\max}\\ \sigma_{\min}\end{matrix}=\frac{F_{\mathrm{N}}}{A}\pm\frac{M_{\max}}{W_z}\leqslant[\sigma]$$

如果材料的许用拉应力、许用压应力不同，而且横截面上部分区域受拉，部

分区域受压，则其强度条件为

$$\begin{matrix}\sigma_{\text{tmax}} \\ \sigma_{\text{cmax}}\end{matrix} = \frac{F_{\text{N}}}{A} \pm \frac{M_{\max}}{W_z} \leqslant \begin{cases}[\sigma_{\text{t}}] \\ [\sigma_{\text{c}}]\end{cases}$$

3. 弯曲与扭转的组合

（1）危险点的应力。

圆形截面构件，危险点的正应力和切应力分别为

$$\sigma = \frac{M}{W_z}$$

$$\tau = \frac{T}{W_{\text{t}}} = \frac{T}{2W_z}$$

（2）强度条件。

第三强度理论

$$\sigma_{\text{r3}} = \sqrt{\sigma^2 + 4\tau^2} \leqslant [\sigma]$$

第四强度理论

$$\sigma_{\text{r4}} = \sqrt{\sigma^2 + 3\tau^2} \leqslant [\sigma]$$

对于圆截面杆，弯扭组合变形的强度条件为

$$\sigma_{\text{r3}} = \frac{\sqrt{M^2 + T^2}}{W_z} \leqslant [\sigma]$$

$$\sigma_{\text{r4}} = \frac{\sqrt{M^2 + 0.75T^2}}{W_z} \leqslant [\sigma]$$

若为拉弯扭组合变形，则需将弯曲正应力改为弯曲正应力 σ_{M} 和轴向正应力 σ_{N} 之和，强度条件为

$$\sigma_{\text{r3}} = \sqrt{(\sigma_{\text{M}} + \sigma_{\text{N}})^2 + 4\tau^2} \leqslant [\sigma]$$

$$\sigma_{\text{r4}} = \sqrt{(\sigma_{\text{M}} + \sigma_{\text{N}})^2 + 3\tau^2} \leqslant [\sigma]$$

基 本 要 求

1. 理解组合变形的概念，能准确地利用叠加法分析构件的应力。
2. 理解拉伸（压缩）与弯曲组合变形时，横截面上正应力的分布规律。
3. 掌握拉伸（压缩）与弯曲组合变形时的强度条件。
4. 掌握圆轴处于弯曲与扭转组合变形时，横截面上的应力分布。能准确寻找危险点的位置及危险点的应力状态，并依据相应的强度理论建立强度条件。

5．了解圆轴处于拉伸（压缩）、弯曲与扭转的组合变形时的强度条件。

典 型 例 题

例 9.1　如图 9.1（a）所示的圆截面杆，直径为 d，杆长为 l，在自由端承受轴向力 F 与横向力 $2F$ 的共同作用，杆用塑性材料制成，许用应力为$[\sigma]$，试：（1）画出危险点的应力状态；（2）建立杆的强度条件。

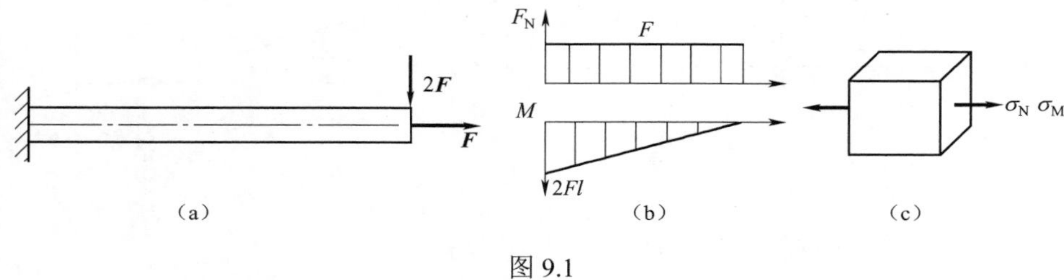

图 9.1

解：（1）外力分析。只在轴向力 F 作用下，杆发生拉伸变形；只在横向力 $2F$ 的作用下，杆发生弯曲变形。故在轴向力和横向力的共同作用下，该构件发生拉伸与弯曲的组合变形。

（2）内力分析。其轴力图和弯矩图如图 9.1（b）所示。综合考虑，危险截面为固定端面，该截面上的轴力和弯矩分别为

$$F_N = F,\ M = 2Fl$$

（3）应力分析。危险点为固定端面铅垂直径上的上、下两点，围绕上边的点取单元体，其应力状态如图 9.1（c）所示，为单向应力状态。危险点处的应力分量为

$$\sigma_N = \frac{F_N}{A} = \frac{4F}{\pi d^2},\quad \sigma_M = \frac{M}{W} = \frac{32M}{\pi d^3} = \frac{64Fl}{\pi d^3}$$

（4）强度计算。由强度条件可知，满足

$$\sigma = \sigma_N + \sigma_M = \frac{4F}{\pi d^2} + \frac{64Fl}{\pi d^3} \leqslant [\sigma]$$

例 9.2　如图 9.2（a）所示，电动机的功率为 10kW，转速为 800 r/min，带轮直径 $D = 250\text{mm}$，主轴直径 $d = 40\text{mm}$，若材料的许用应力 $[\sigma] = 80\text{MPa}$，试用第三强度理论确定主轴外伸部分的许可长度 l。

解：（1）外力分析。带轮上的紧边和松边张力分别为 $2F$ 和 F，将带轮上的力向轴上简化，得到作用在圆轴横截面上的横向力 F' 和力偶 M_{e1}，其简化图如

图 9.2（b）所示。横向力 F' 使轴产生弯曲变形，力偶 M_{e1} 和联轴器的主动力偶 M_{e2} 使轴产生扭转变形，故该构件发生弯曲和扭转的组合变形。

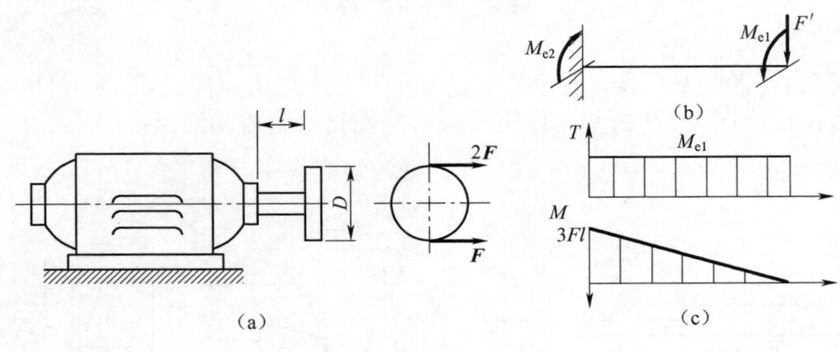

图 9.2

轴受到左边的联轴器传来的主动力偶矩为

$$M_{e2}=9549\frac{P}{n}=9549\times\frac{10}{800}=119.4\text{N}\cdot\text{m}$$

由平衡可知

$$M_{e2}=M_{e1}=\frac{(2F-F)D}{2}=\frac{FD}{2}$$

解得

$$F=954.9\text{N}$$

横向力

$$F'=F+2F=2864.7\text{N}$$

（2）内力分析。扭矩图和弯矩图如图 9.2（c）所示。综合内力图可以判断，主轴根部为危险截面，该截面上的弯矩和扭矩分别为

$$T=119.4\text{N}\cdot\text{m}$$

$$M=2864.7l\,\text{N}\cdot\text{m}$$

（3）强度计算。按第三强度理论可知

$$\sigma_{r3}=\frac{1}{W}\sqrt{M^2+T^2}=\frac{32}{\pi d^3}\sqrt{M^2+T^2}\leqslant[\sigma]$$

$$l\leqslant\frac{1}{2864.7}\sqrt{\left(\frac{\pi d^3}{32}[\sigma]\right)^2-T^2}=\frac{1}{2864.7}\sqrt{\left(\frac{\pi\times 40^3}{32}\times 80\times 10^{-3}\right)^2-119.4^2}\,\text{m}$$

$$=170\,\text{mm}$$

主轴外伸部分的许可长度 $l=170$ mm 。

例 9.3 手摇绞车如图 9.3（a）所示，轴的直径 $d=40\text{mm}$ ，若材料的许用应

力$[\sigma]=80\text{MPa}$。试按第四强度理论求该绞车的最大起吊重量。

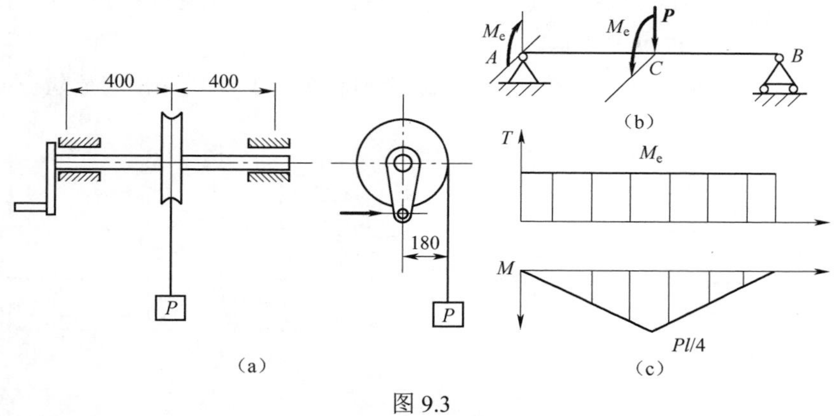

图 9.3

解：（1）外力分析。将手摇绞车图简化成如图 9.3（b）所示。其中，外力偶矩

$$M_e = 180P\ \text{N}\cdot\text{mm}$$

只在载荷 P 的作用下，构件发生弯曲变形，只在外力偶 M_e 的作用下，构件发生扭转变形。因此，在外力偶 M_e 和载荷 P 的共同作用下，该构件为弯扭组合变形。

（2）内力分析。扭矩图和弯矩图如图 9.3（c）所示。可知，危险截面为 C 截面，C 截面上的弯矩和扭矩分别为

$$T = M_e = 180P\ \text{N}\cdot\text{mm}$$

$$M = \frac{1}{4}Pl = 200P\ \text{N}\cdot\text{mm}$$

（3）强度计算。按照第四强度理论，满足

$$\sigma_{r4} = \frac{1}{W}\sqrt{M^2+0.75T^2} = \frac{32}{\pi d^3}\sqrt{M^2+0.75T^2} \leqslant [\sigma]$$

$$P \leqslant 80\times\frac{\pi\times 40^3}{32}/\sqrt{200^2+0.75\times 180^2} = 1982\text{N}$$

该绞车的最大起吊重量 $P=1982\text{N}$。

思　考　题

9-1　构件发生拉伸（压缩）与弯曲的组合变形时，在什么条件下可以按照叠加原理计算横截面上的最大正应力？

9-2　当圆轴处于弯扭组合变形时，横截面上存在哪些内力？应力如何分布？

9-3　当圆轴处于拉弯扭组合变形时，横截面上存在哪些内力？应力如何分布？危险点处于何种应力状态？

9-4　下列各构件（思考题 9-4 图）属于何种组合变形，并指明危险截面和危险点的位置。

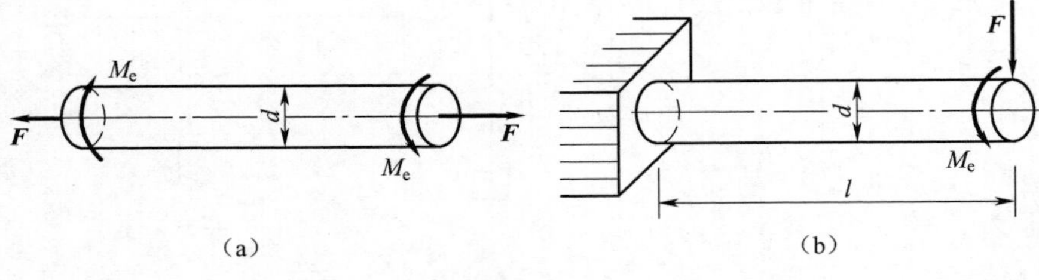

思考题 9-4 图

习　题

9-1　如习题 9-1 图所示起重机的最大起吊重量（包括行走小车等）为 $F=40\text{kN}$，横梁 AC 由两根 No.18 槽钢组成，材料为 Q235 钢，许用应力 $[\sigma]=120\text{MPa}$。试校核该横梁的强度。

9-2　如习题 9-2 图所示钻床的立柱由铸铁制成，受到的力 $F=15\,\text{kN}$，其许用拉应力 $[\sigma_t]=35\,\text{MPa}$。试确定立柱所需的直径 d。

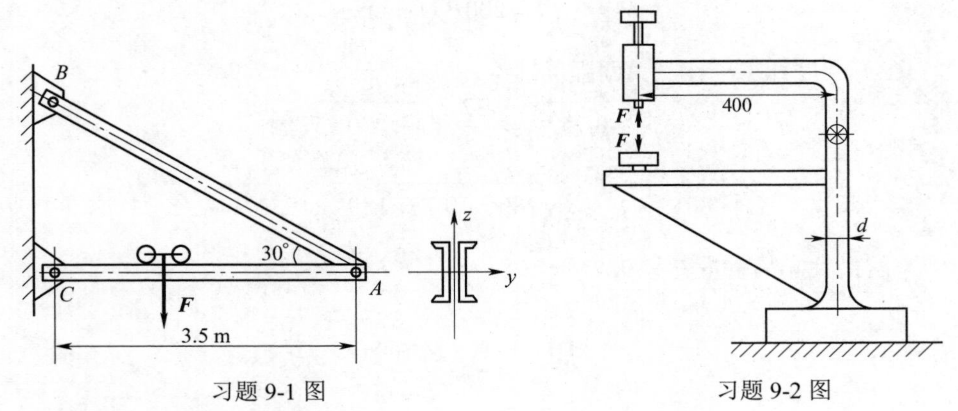

习题 9-1 图　　　　习题 9-2 图

9-3　如习题 9-3 图所示钢制拐轴，承受铅垂载荷 P 作用，已知 $P=2\text{kN}$，许用应力 $[\sigma]=160\text{MPa}$，试按第三强度理论确定轴 AB 的直径。

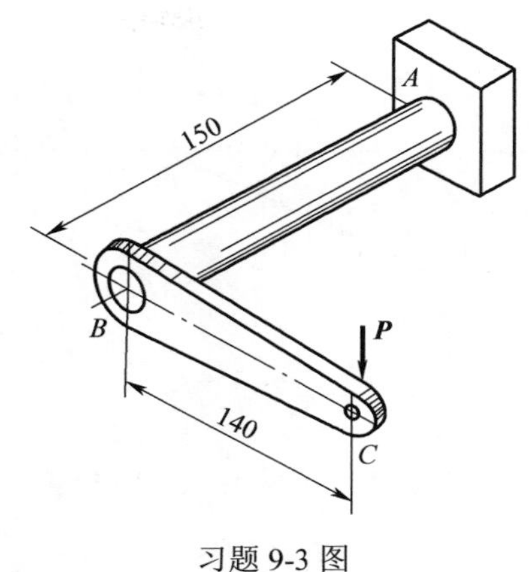

习题 9-3 图

9-4　如习题 9-4 图所示的传动轴，轴的转速 $n=120\text{r/min}$，传递功率 $P=12\text{kW}$，皮带的紧边张力为其松边张力的三倍。若许用应力 $[\sigma]=70\text{MPa}$，试按第三强度理论确定该传动轴外伸段的许可长度。

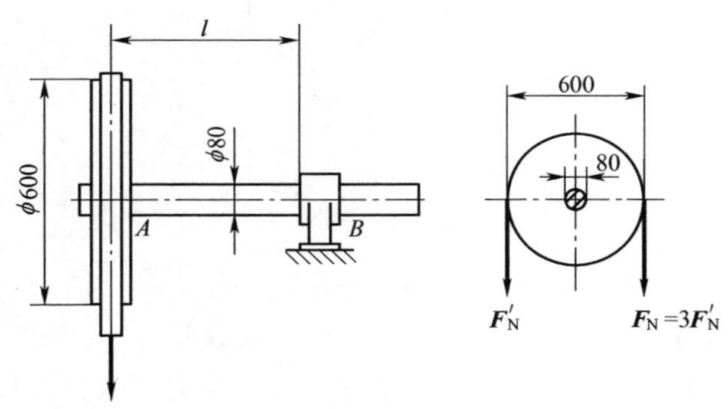

习题 9-4 图

9-5　如习题 9-5 图所示圆截面杆，直径为 d，承受轴向力 F 与外力偶矩 M 作用，杆用塑性材料制成，许用应力为 $[\sigma]$，试按第四强度理论建立杆的强度条件。

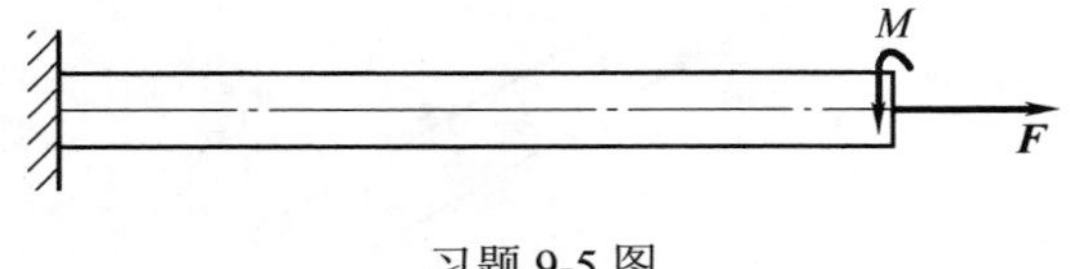

习题 9-5 图

9-6　构件尺寸及载荷情况如习题 9-6 图所示。横梁 AB 为25a 工字钢，若已知材料的许用应力 $[\sigma]=160\text{MPa}$，试校核横梁的强度。

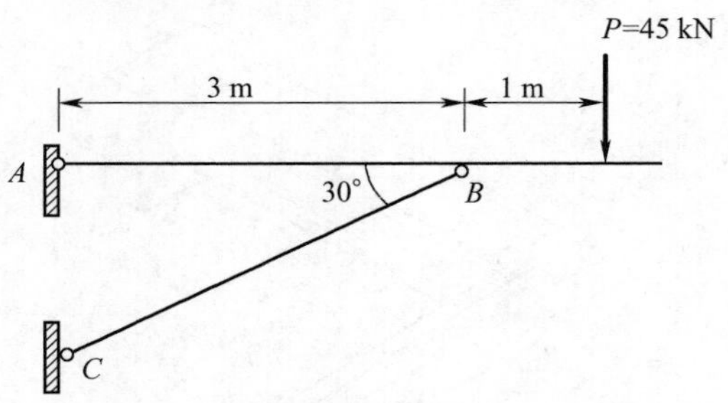

习题 9-6 图

9-7　如习题 9-7 图所示铁道路标圆信号板，信号板的直径 $d_1 = 0.5\text{m}$，它装在内径为 d，外径 $D = 60\text{mm}$ 的空心圆柱上，所受的最大风载 $p = 1.8\text{kN/m}^2$，材料的许用应力 $[\sigma] = 60\text{MPa}$。试按第三强度理论选定空心柱的厚度 δ（忽略风载对空心柱的分布压力）。

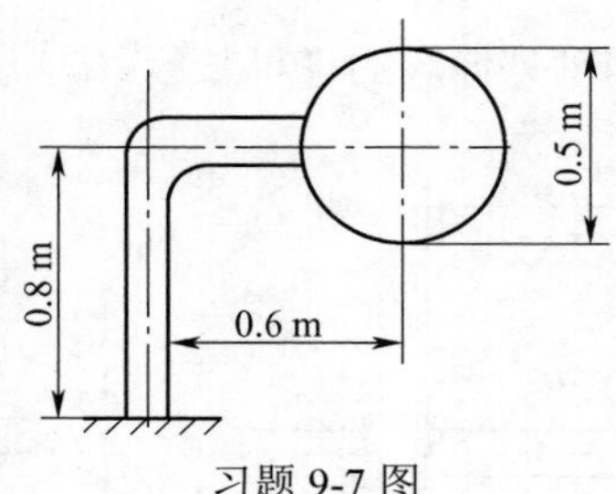

习题 9-7 图

9-8　如习题 9-8 图所示圆截面钢杆，轴径 $d = 50\text{mm}$，杆长 $l = 900\text{mm}$，在自由端承受载荷 P_1、P_2 与扭转力偶矩 M_O 作用，已知载荷 $P_1 = 500\text{N}$，$P_2 = 15000\text{N}$，扭转力偶矩 $M_O = 1.2\,\text{kN}\cdot\text{m}$，许用应力 $[\sigma] = 160\text{MPa}$。试按第三强度理论校核该杆的强度。

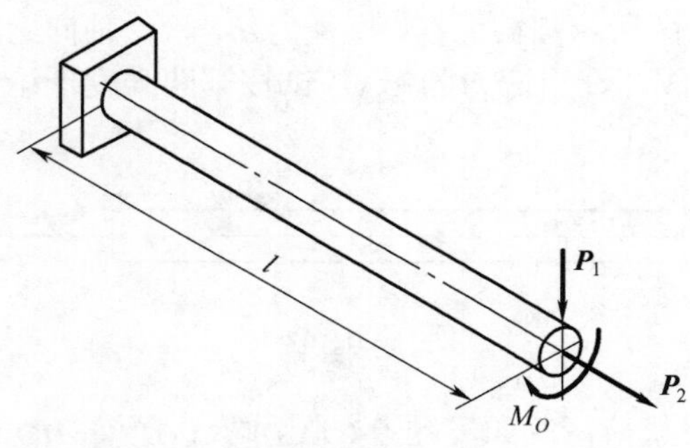

习题 9-8 图

第10章 压杆稳定

知识梳理

1. 临界压力的概念

将由稳定平衡过渡到不稳定平衡的特定状态称为临界状态，临界状态下的压力称为临界压力，或简称临界力，用 F_{cr} 表示，它是压杆保持直线平衡时能承受的最大压力。

当 $F < F_{cr}$ 时，平衡是稳定的；当 $F > F_{cr}$ 时，平衡是不稳定的。

2. 各种支承约束条件下等截面细长压杆的长度因数（表 10.1）

表 10.1 各种支承约束条件下等截面细长压杆的长度因数

压杆的约束条件	长度因数
两端铰支	$\mu = 1$
一端固定，另一端自由	$\mu = 2$
两端固定	$\mu = 0.5$
一端固定，另一端铰支	$\mu \approx 0.7$

3. 柔度的概念及欧拉公式的适用范围

（1）柔度

$$\lambda = \frac{\mu l}{i}$$

λ 称为柔度或长细比，是一个量纲为 1 的量，它集中反映了压杆的长度、约束条件、横截面尺寸和形状等因素对临界应力 σ_{cr} 的影响。λ 越大，杆越细长，它的临界应力 σ_{cr} 越小，压杆就越容易失稳；反之，λ 越小，杆越短粗，它的临界应力 σ_{cr} 就越大，压杆能承受较大的压力。柔度是压杆稳定计算中一个很重要的参数。

（2）欧拉公式的适用范围

$$\sigma_{cr} = \frac{\pi^2 E}{\lambda^2} \leqslant \sigma_p$$

或写作

$$\lambda \geqslant \pi \sqrt{\frac{E}{\sigma_p}}$$

令
$$\lambda_p = \pi\sqrt{\frac{E}{\sigma_p}}$$

于是欧拉公式的适用范围可用柔度表示为
$$\lambda \leqslant \lambda_p$$

满足这一条件的压杆称为大柔度压杆，或细长压杆。

4. 不同柔度压杆临界应力和临界力的计算（表 10.2）

表 10.2 不同柔度压杆临界应力和临界力的计算

压杆类型	适用范围	临界应力	临界力	说明
大柔度压杆（细长压杆）	$\lambda \geqslant \lambda_p$ 其中：$\lambda = \frac{\mu l}{i}$；$\lambda_p = \pi\sqrt{\frac{E}{\sigma_p}}$	$\sigma_{cr} = \frac{\pi^2 E}{\lambda^2}$	$F_{cr} = \frac{\pi^2 EI}{(\mu l)^2}$	当两个方向的约束条件相同时，式中的惯性矩 I 应取压杆横截面的最小惯性矩。
中柔度压杆（中长压杆）	$\lambda_0 \leqslant \lambda < \lambda_p$ $\lambda_0 = \frac{a-\sigma_s}{b}$	$\sigma_{cr} = a - b\lambda$	$F_{cr} = A(a - b\lambda)$	a 和 b 是与材料性能有关的常数，单位为 MPa。
小柔度压杆（短粗压杆）	$\lambda < \lambda_0$	$\sigma_{cr} = \sigma_s$	$F_{cr} = A\sigma_s$	对于脆性材料，只需把 σ_s 改为 σ_b 即可。

5. 压杆的稳定计算（表 10.3）

表 10.3 压杆的稳定计算

方法	计算公式	说明
安全因数法	稳定条件 $n = \frac{F_{cr}}{F} \geqslant n_{st}$ 或 $n = \frac{\sigma_{cr}}{\sigma} \geqslant n_{st}$ 式中：n 为压杆的工作安全因数；n_{st} 为稳定安全因数；F 为工作压力；F_{cr} 为压杆的临界力。	压杆的稳定性取决于整根杆件的抗弯刚度，因此，在稳定计算中，无论是由欧拉公式还是由经验公式所确定的临界应力，都是以杆件的整体变形为基础的。局部削弱（如螺钉孔或油孔等）对整体变形影响很小，所以计算临界应力时，可采用未经削弱的横截面面积 A 和惯性矩 I。当进行强度计算时，应该使用削弱后的横截面面积。
折减系数法	稳定条件 $\sigma = \frac{F}{A} \leqslant \varphi[\sigma]$ 式中：σ 为工作应力；φ 为折减系数，小于 1，可查表；$[\sigma]$ 为许用应力。	

基 本 要 求

1．了解压杆稳定性的概念。

2．掌握不同约束条件下细长压杆的临界力的计算。

3．掌握各种类型压杆临界应力和临界力的计算。

4．能用安全因数法对压杆进行稳定性计算。

典 型 例 题

例 10.1　两端铰支的细长压杆，其弹性模量 E=200GPa，杆长度 l=2m，矩形截面 b=20mm，h=45mm。（1）试计算此压杆的临界压力；（2）若将截面尺寸改为 b=h =30mm，长度不变，此压杆的临界压力又为多少？

解：（1）对矩形截面，惯性矩为

$$I_{\min}=\frac{hb^3}{12}=\frac{45\text{mm}\times(20\text{mm})^3}{12}=3\times10^4\,\text{mm}^4=3\times10^{-8}\,\text{m}^4$$

因为是细长压杆，所以代入欧拉公式，得

$$F_{\text{cr}}=\frac{\pi^2EI}{(\mu l)^2}=\frac{\pi^2\times200\times10^9\,\text{Pa}\times3\times10^{-8}\,\text{m}^4}{(1\times2\text{m})^2}=14804.4\text{N}$$

（2）当截面尺寸为 b=h=30mm 时，惯性矩为

$$I_{\min}=\frac{hb^3}{12}=\frac{(30\text{mm})^4}{12}=6.75\times10^4\,\text{mm}^4=6.75\times10^{-8}\,\text{m}^4$$

由欧拉公式，得

$$F_{\text{cr}}=\frac{\pi^2EI}{(\mu l)^2}=\frac{\pi^2\times200\times10^9\,\text{Pa}\times6.75\times10^{-8}\,\text{m}^4}{(1\times2\text{m})^2}=33309.9\text{N}$$

可见在材料用量相同的条件下，正方形截面的临界压力大，承载能力更强。

例 10.2　一端固定，另一端自由的圆截面压杆，由 Q235 钢制成。杆长 l=300mm，直径 d=30mm。已知 E=206GPa，σ_s=235MPa，σ_p=200MPa。试计算该压杆的临界压力 F_{cr}。

解：

$$\lambda_{\text{p}}=\pi\sqrt{\frac{E}{\sigma_{\text{p}}}}=\pi\sqrt{\frac{206\times10^9\,\text{Pa}}{200\times10^6\,\text{Pa}}}\approx100$$

一端固定，另一端自由，$\mu=2$。

截面为圆形

$$i=\sqrt{\frac{I}{A}}=\sqrt{\frac{\pi d^4/64}{\pi d^2/4}}=\frac{d}{4}=\frac{30\text{mm}}{4}=7.5\text{mm}$$

其柔度为

$$\lambda=\frac{\mu l}{i}=\frac{2\times300\text{mm}}{7.5\text{mm}}=80$$

$$\lambda<\lambda_{\text{p}}$$

所以不能用欧拉公式计算其临界力。查得 Q235 钢的材料常数 a 和 b 分别为：a=304MPa，b=1.12MPa。由式（10.8）

$$\lambda_0=\frac{a-\sigma_{\text{s}}}{b}=\frac{(304-235)\text{MPa}}{1.12\text{MPa}}=61.61$$

由于 $\lambda_0<\lambda<\lambda_{\text{p}}$，因此该压杆为中柔度压杆，其临界应力为

$$\sigma_{\text{cr}}=a-b\lambda=(304\text{MPa})-(1.12\text{MPa})\times80=214.4\text{MPa}$$

临界压力为

$$F_{\text{cr}}=\sigma_{\text{cr}}A=(214.4\times10^6\,\text{Pa})\times\frac{\pi}{4}(30\times10^{-3}\,\text{m})^2=151.6\text{kN}$$

例 10.3 如图 10.1 所示结构，空心圆截面立柱 CD 高 h=3.5m，外径 D=100mm，内径 d=80mm，材料为 Q235 钢，其比例极限 $\sigma_{\text{p}}=200\text{MPa}$，弹性模量 $E=200\text{GPa}$，稳定安全因数 $n_{\text{st}}=3$。试求梁上的许可载荷 F。

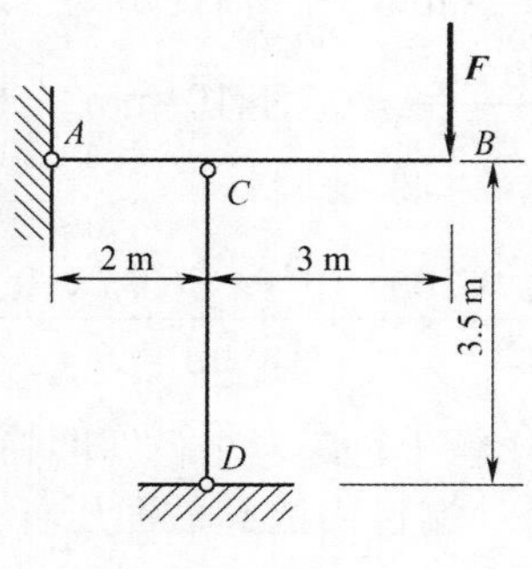

图 10.1

解：横截面的面积和惯性矩分别为

$$A=\frac{\pi}{4}(D^2-d^2)=\frac{\pi}{4}\times(100^2-80^2)\times10^{-6}\,\text{m}^2=2830\times10^{-6}\,\text{m}^2$$

$$I=\frac{\pi}{64}(D^4-d^4)=\frac{\pi}{64}\times(100^4-80^4)\times10^{-12}\,\text{m}^4=2.9\times10^{-6}\,\text{m}^4$$

惯性半径为

$$i=\sqrt{\frac{I}{A}}=\sqrt{\frac{2.9\times10^{-6}\text{m}^4}{2830\times10^{-6}\text{m}^2}}=0.032\text{m}$$

空心圆截面立柱 CD 两端为铰支座，$\mu=1$。于是，CD 杆的柔度为

$$\lambda=\frac{\mu l}{i}=\frac{1\times3.5\text{m}}{0.032\text{m}}=109$$

$$\lambda_{\text{p}}=\pi\sqrt{\frac{E}{\sigma_{\text{p}}}}=\pi\sqrt{\frac{200\times10^9\,\text{Pa}}{200\times10^6\,\text{Pa}}}=99$$

由于 $\lambda>\lambda_{\text{p}}$，$CD$ 为大柔度压杆，可由欧拉公式计算其临界力

$$F_{\text{cr}}=\frac{\pi^2EI}{(\mu l)^2}=\frac{\pi^2\times2\times10^{11}\,\text{Pa}\times2.9\times10^{-6}\,\text{m}^4}{(1\times3.5)^2\text{m}^2}=467\times10^3\,\text{N}$$

CD 杆能承受的许可载荷为

$$[F_{\text{CD}}]=\frac{F_{\text{CD}}}{n_{\text{st}}}=\frac{467\times10^3\,\text{N}}{3}=156\times10^3\,\text{N}$$

由静力学平衡条件，可求得空心圆截面立柱 CD 内力与载荷 F 的关系为

$$F=\frac{F_{CD}}{2.5}$$

将 CD 杆的许可载荷代入上式，可得梁上的许可载荷为

$$[F]=\frac{[F_{CD}]}{2.5}=\frac{156\times10^3\,\text{N}}{2.5}=62.4\times10^3\,\text{N}$$

例 10.4　如图 10.2 所示的立柱，下端固定，上端承受轴向压力 F=200kN。立柱用工字钢制成，柱长 l=2m，材料为 Q235 钢，许用应力 $[\sigma]=160\,\text{MPa}$。在立柱中间横截面 C 处，因构造需要开一直径 d=70mm 的圆孔。试选择工字钢型号。

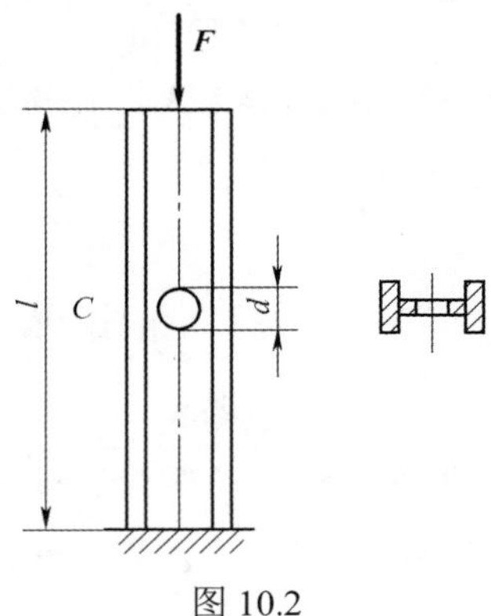

图 10.2

解：（1）按稳定条件选择工字钢型号。由稳定性条件公式可知，立柱的横截面面积应为

$$A \geqslant \frac{F}{\varphi[\sigma]} \tag{a}$$

由于$\lambda = \mu l / i$中的i未知，λ值无法算出，相应的折减系数φ也就无法确定。所以，在设计截面时，宜采用逐次逼近法或迭代法。

第一次试算

设$\varphi_1 = 0.5$，由式（a）得

$$A \geqslant \frac{F}{\varphi[\sigma]} = \frac{200 \times 10^3\,\text{N}}{0.5 \times (160 \times 10^6\,\text{Pa})} = 2.5 \times 10^{-3}\,\text{m}^2$$

由型钢表查得，16 号工字钢的横截面面积$A = 2.61 \times 10^{-3}\,\text{m}^2$，最小惯性半径$i_{\min} = 18.9\text{mm}$，其柔度为

$$\lambda = \frac{\mu l}{i_{\min}} = \frac{2 \times 2\text{m}}{0.0189\text{m}} = 211$$

由λ-φ图查出，Q235 钢对应柔度$\lambda = 211$的折减系数$\varphi_1' = 0.163$。$\varphi_1' < \varphi_1$，且两者相差太大，所以初选截面太小，不满足稳定条件，应重新假设φ。

第二次试算

设$\varphi_2 = \dfrac{\varphi_1 + \varphi_1'}{2} = \dfrac{0.5 + 0.163}{2} = 0.332$，由式（a）得

$$A \geqslant \frac{F}{\varphi[\sigma]} = \frac{200 \times 10^3\,\text{N}}{0.332 \times (160 \times 10^6\,\text{Pa})} = 3.77 \times 10^{-3}\,\text{m}^2$$

由型钢表查得，22a 号工字钢的横截面面积$A = 4.20 \times 10^{-3}\,\text{m}^2$，最小惯性半径$i_{\min} = 23.1\text{mm}$，其柔度为

$$\lambda = \frac{\mu l}{i_{\min}} = \frac{2 \times 2\text{m}}{0.0231\text{m}} = 173$$

由λ-φ图查出，Q235 钢对应柔度$\lambda = 173$的折减系数$\varphi_2' = 0.235$。$\varphi_2' < \varphi_2$，两者仍相差较大，再试算。

第三次试算

设$\varphi_3 = \dfrac{\varphi_2 + \varphi_2'}{2} = \dfrac{0.332 + 0.235}{2} = 0.284$，由式（a）得

$$A \geqslant \frac{F}{\varphi[\sigma]} = \frac{200 \times 10^3\,\text{N}}{0.284 \times (160 \times 10^6\,\text{Pa})} = 4.40 \times 10^{-3}\,\text{m}^2$$

由型钢表查得，25a 号工字钢的横截面面积$A = 4.85 \times 10^{-3}\,\text{m}^2$，最小惯性半径$i_{\min}$ =24.03mm，其柔度为

$$\lambda = \frac{\mu l}{i_{\min}} = \frac{2 \times 2\text{m}}{0.02403\text{m}} = 166$$

由 λ-φ 图查出，Q235 钢对应柔度 $\lambda = 166$ 的折减系数 $\varphi_3' = 0.254$。φ_3 和 φ_3' 接近，对压杆进行稳定计算

$$\sigma = \frac{F}{A} = \frac{200 \times 10^3 \text{N}}{4.85 \times 10^{-3} \text{m}^2} = 41.2 \times 10^6 \text{Pa} = 41.2\text{MPa} > \varphi[\sigma]$$

$$= 0.254 \times 160 \times 10^6 \text{Pa} = 40.64\text{MPa}$$

虽然工作应力超过压杆的稳定许用应力，但仅超过

$$\frac{41.2\text{MPa} - 40.6\text{MPa}}{40.6\text{MPa}} = 1.48\%$$

因此，选 25a 号工字钢做立柱符合其稳定性要求。

（2）按强度条件校核截面。由型钢表查得，25a 号工字钢的腹板厚度 $\delta = 8\text{mm}$，所以截面 C 的净面积为

$$A_{\text{j}} = A - \delta d = 4.85 \times 10^{-3} \text{m}^2 - 0.008\text{m} \times 0.070\text{m} = 4.29 \times 10^{-3} \text{m}^2$$

该截面的工作应力为

$$\sigma = \frac{F}{A_{\text{j}}} = \frac{200 \times 10^3 \text{N}}{4.29 \times 10^{-3} \text{m}^2} = 46.62 \times 10^6 \text{Pa} = 46.62\text{MPa} < [\sigma]$$

所以，选 25a 号工字钢做立柱，既符合稳定性要求，也符合强度要求。

思　考　题

10-1　压杆的压力一旦达到临界压力值，压杆是否就丧失了承受载荷的能力？

10-2　判断下列说法是否正确。

（1）由于失稳或由于强度不足而使构件不能正常工作，两者之间的本质区别在于：前者构件的平衡是不稳定的，而后者构件的平衡是稳定的。

（2）压杆失稳的主要原因是临界压力或临界应力，而不是外界干扰力。

10-3　细长压杆承受轴向压力的作用，其临界压力与压杆承受的轴向压力有关么？为什么？

10-4　在材料相同的条件下，细长压杆和中长压杆的临界应力随柔度的增大是如何变化的？

10-5　在杆件长度、材料、约束条件和横截面面积等条件均相同的情况下，圆形截面、矩形截面、正方形截面和箱形截面，哪一个稳定性最好？哪一个稳定性最差？

10-6　压杆的柔度集中反映了哪些因素对临界应力的影响？

习　题

10-1　试由压杆挠曲线的近似微分方程，导出两端固定细长压杆的欧拉公式。

10-2　两端铰支的细长压杆，已知$l = 1.2\text{m}$，$E = 200\text{GPa}$，$\sigma_p = 200\text{MPa}$，$\sigma_s = 240\text{MPa}$。已知截面面积A=900mm^2。若截面分别为正方形、圆形和d/D=0.7的空心圆截面，试分别计算三种截面杆的临界压力。

10-3　三根直径均为d=16mm的圆杆，其长度及支承情况如习题10-3图所示。圆杆的材料为Q235钢，$E = 200\text{GPa}$，$\sigma_p = 200\text{MPa}$。试求：（1）最容易失稳的压杆；（2）三杆中最大的临界压力值。

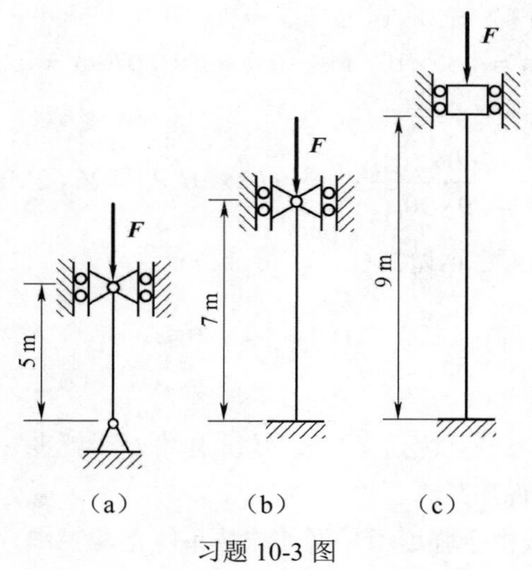

习题10-3图

10-4　两端球形铰支的压杆，它是一根22a号工字钢，已知压杆的材料为Q235钢，$E = 200\text{GPa}$，$\sigma_s = 240\text{MPa}$。杆的自重不计。试分别求出当其长度$l_1 = 5\text{m}$和$l_2 = 2\text{m}$时的临界压力F_{cr1}和F_{cr2}。

10-5　蒸汽机的活塞杆，两端均可视为铰支座，长度l=1.8m，横截面为圆形，其直径d=75mm，钢材的E=210GPa，$\sigma_p = 240\text{MPa}$。活塞杆所受的最大压力F=120kN。规定的稳定安全因数$n_{st} = 8$。试校核活塞杆的稳定性。

10-6　简易起重架由两圆钢杆组成，如习题10-6图所示。杆AB的直径$d_1 = 30\text{mm}$，杆AC的直径$d_2 = 20\text{mm}$，两材料均为Q235钢，$E = 200\text{GPa}$，

$\sigma_p = 200\text{MPa}$，$\sigma_s = 240\text{MPa}$。强度安全因数 $n = 2$，稳定安全因数 $n_{st} = 3$。试确定起重机的最大起吊重量 F。

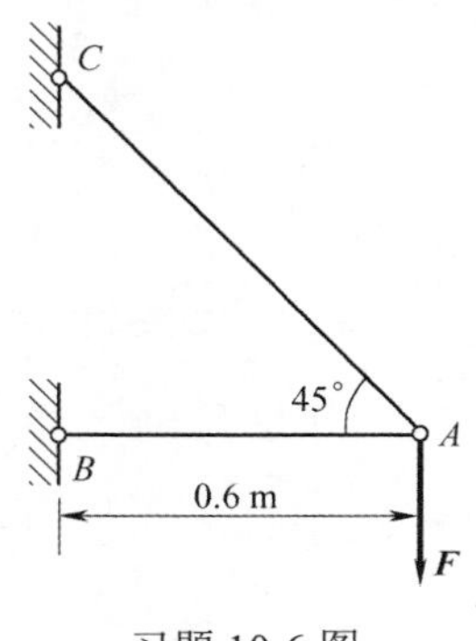

习题 10-6 图

10-7　柴油机的挺杆，两端均可视为铰支座，长度 l=257mm，横截面为圆形，其直径 d=8mm，钢材的 E=210GPa，$\sigma_p = 240\text{MPa}$。挺杆所受的最大压力 F=1.76kN。规定的稳定安全因数 $n_{st} = 2$～3.5。试校核挺杆的稳定性。

10-8　如习题 10-8 图所示压杆，实际工作压力 F=180kN，横截面为矩形，b=40mm，h=65mm，压杆长度 l=2m。若在纸面内失稳，两端可视为铰支，若在垂直于纸面的平面内失稳，可视为两端固定。已知 $E = 200\text{GPa}$，$\sigma_s = 235\text{MPa}$，$\sigma_p = 200\text{MPa}$，稳定安全因数 $n_{st} = 2$。试校核压杆的稳定性。

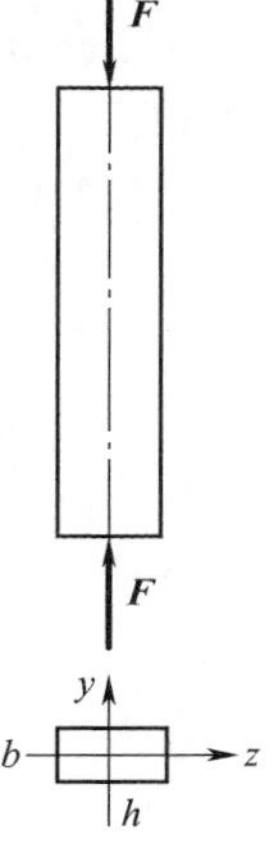

习题 10-8 图

10-9　某自制的简易起重机如习题 10-9 图所示，其压杆 BD 为 20 号槽钢，材料为 Q235 钢。起重机的最大起重量 P=40kN。若规定的稳定安全因数 $n_{st} = 5$，试校核 BD 杆的稳定性。

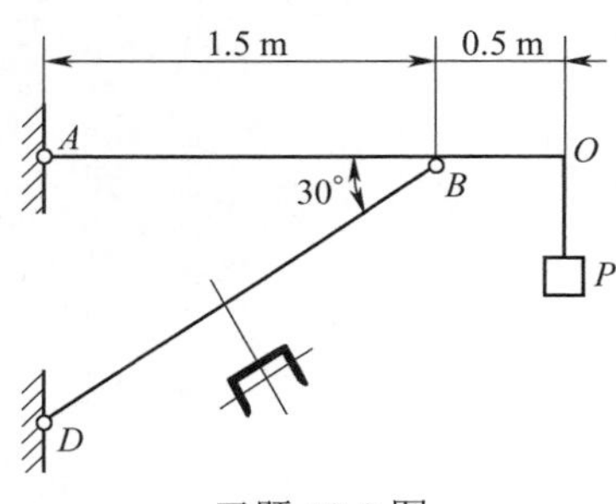

习题 10-9 图

10-10 无缝钢管厂的穿孔顶杆如习题 10-10 图所示，杆端承受压力。杆长 L=4.5m，横截面直径 d =16cm，材料为低合金钢，E =210GPa。两端可简化为铰支座，规定的稳定安全因数 $n_{\mathrm{st}}=3.3$。试求顶杆的许可载荷。

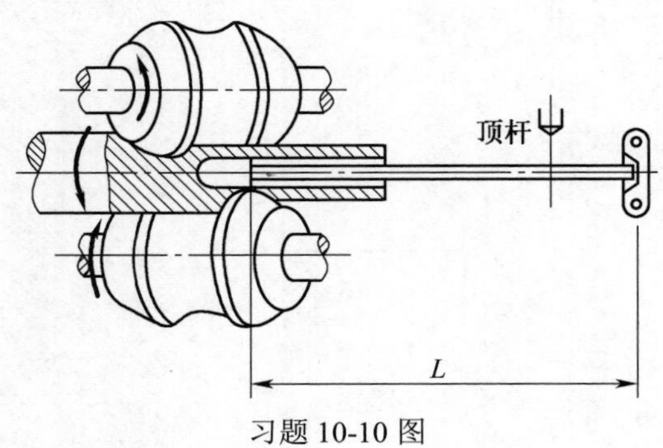

习题 10-10 图

10-11 如习题 10-11 图所示结构中杆 AC 与 CD 均由 Q235 钢制成，$E=200\mathrm{GPa}$，$\sigma_{\mathrm{b}}=400\mathrm{MPa}$，$\sigma_{\mathrm{s}}=240\mathrm{MPa}$。已知 d=20mm，b=100mm，h=180mm，强度安全因数 n=2，稳定安全因数 $n_{\mathrm{st}}=3$。试确定该结构的许可载荷 F。

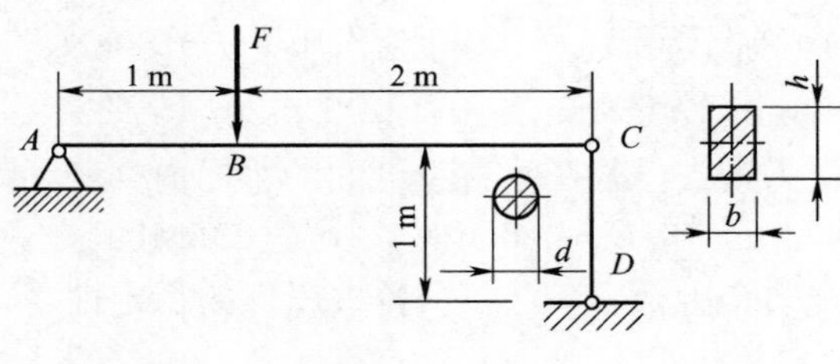

习题 10-11 图

第 11 章　点的运动分析

知 识 梳 理

1．*点的运动分析*

（1）矢量法。

矢量形式表示的点的运动方程为

$$\boldsymbol{r}=\boldsymbol{r}(t)$$

点的速度与加速度的计算公式为

$$\boldsymbol{v}=\frac{\mathrm{d}\boldsymbol{r}}{\mathrm{d}t},\quad \boldsymbol{a}=\frac{\mathrm{d}\boldsymbol{v}}{\mathrm{d}t}=\frac{\mathrm{d}^2\boldsymbol{r}}{\mathrm{d}t^2}$$

此方法主要用于理论推导。

（2）直角坐标法。

直角坐标形式表示的点的运动方程为

$$x=x(t),\quad y=y(t),\quad z=z(t)$$

速度在各坐标轴上的投影为

$$v_x=\frac{\mathrm{d}x}{\mathrm{d}t},\quad v_y=\frac{\mathrm{d}y}{\mathrm{d}t},\quad v_z=\frac{\mathrm{d}z}{\mathrm{d}t}$$

速度的大小和方向余弦为

$$\left.\begin{array}{c} v=\sqrt{v_x^2+v_y^2+v_z^2} \\ \cos(\boldsymbol{v},\boldsymbol{i})=\dfrac{v_x}{v},\ \cos(\boldsymbol{v},\boldsymbol{j})=\dfrac{v_y}{v},\ \cos(\boldsymbol{v},\boldsymbol{k})=\dfrac{v_z}{v} \end{array}\right\}$$

加速度在各坐标轴上的投影为

$$a_x=\frac{\mathrm{d}v_x}{\mathrm{d}t}=\frac{\mathrm{d}^2x}{\mathrm{d}t^2},\quad a_y=\frac{\mathrm{d}v_y}{\mathrm{d}t}=\frac{\mathrm{d}^2y}{\mathrm{d}t^2},\quad a_z=\frac{\mathrm{d}v_z}{\mathrm{d}t}=\frac{\mathrm{d}^2z}{\mathrm{d}t^2}$$

加速度的大小和方向余弦分别为

$$\left.\begin{array}{c} a=\sqrt{a_x^2+a_y^2+a_z^2} \\ \cos(\boldsymbol{a},\boldsymbol{i})=\dfrac{a_x}{a},\ \cos(\boldsymbol{a},\boldsymbol{j})=\dfrac{a_y}{a},\ \cos(\boldsymbol{a},\boldsymbol{k})=\dfrac{a_z}{a} \end{array}\right\}$$

此方法主要用于实际计算，特别是点的运动轨迹未知的情况。

（3）自然法。

自然坐标表示的点的运动方程为

$$s = s(t)$$

点的速度计算公式为

$$\boldsymbol{v} = \frac{\mathrm{d}s}{\mathrm{d}t}\boldsymbol{\tau}$$

点的加速度计算公式为

$$\boldsymbol{a} = \boldsymbol{a}_\tau + \boldsymbol{a}_n$$

式中：$\boldsymbol{a}_\tau = \frac{\mathrm{d}v}{\mathrm{d}t}\boldsymbol{\tau} = \frac{\mathrm{d}^2 s}{\mathrm{d}t^2}\boldsymbol{\tau}$，为切向加速度；$\boldsymbol{a}_n = \frac{v^2}{\rho}\boldsymbol{n}$，为法向加速度。$\boldsymbol{\tau}$ 为切线单位矢量，指向弧坐标增加的方向；$\boldsymbol{n}$ 表示主法线正向的单位矢量，指向曲率中心（即指向曲线凹的一方）。

全加速度 $\boldsymbol{a}$ 的大小和它与法线间夹角的正切分别为

$$a = \sqrt{a_\tau^2 + a_n^2}\text{，}\quad \tan(\boldsymbol{a},\boldsymbol{n}) = \frac{|a_\tau|}{a_n}$$

此方法主要用于实际计算，但先决条件是点的运动轨迹已知。

2. 简单运动的刚体内各点的运动分析

刚体的简单运动包括两种简单运动，即刚体的平行移动（简称“平动”）和刚体绕定轴的转动。主要讨论的内容有：刚体平移的特点和刚体定轴转动的转动方程、角速度、角加速度的概念与计算，刚体平行移动和绕定轴转动时刚体内各点运动与刚体整体运动之间的关系。

（1）平行移动刚体内各点的运动分析。

在刚体内任意取一直线段，在运动过程中这条直线段始终与它的最初位置平行，这种运动称为刚体的平行移动，简称平移。

刚体平移时，其上各点轨迹的形状相同，每一瞬时，各点的速度、加速度也相同。由此可知，平行移动刚体内各点保持同步运动，只要知道刚体内一点的运动情况，则刚体内各点的运动情况也已知。因此，刚体的平行移动可以等同于其内任一点的运动。

（2）定轴转动刚体内各点的运动分析。

刚体在运动时，其上或者其扩展部分有两点保持不动，这种运动称为刚体的定轴转动。通过这两个固定点的线段或者其有限的扩展部分刚体的转轴或轴线，简称为轴。

刚体定轴转动的运动方程为

$$\varphi=\varphi(t)$$

刚体绕定轴转动的角速度和角加速度为

$$\omega=\frac{\mathrm{d}\varphi}{\mathrm{d}t},\quad \alpha=\frac{\mathrm{d}\omega}{\mathrm{d}t}=\frac{\mathrm{d}^2\varphi}{\mathrm{d}t^2}$$

刚体绕定轴转动时，其内任一点（除转轴上的点，转轴上的点在刚体定轴转动时始终保持不动）在过该点与转轴垂直的平面内做圆周运动，圆心为平面与转轴的交点，半径为该点到转轴的距离，圆周运动的角速度和角加速度分别等于定轴转动刚体的角速度和角加速度。

转动刚体上各点的速度和加速度：距转轴距离为 R 的点的速度 $v=R\omega$，切向加速度 $a_\tau=R\alpha$。法向加速度：$a_n=\dfrac{v^2}{R}=R\omega^2$。全加速度 $\boldsymbol{a}$ 的大小：$a=R\sqrt{\alpha^2+\omega^4}$。加速度 $\boldsymbol{a}$ 的方向：$\tan\beta=\dfrac{|a_\tau|}{a_n}=\dfrac{|R\alpha|}{R\omega^2}=\dfrac{|\alpha|}{\omega^2}$。

3．点的合成运动

（1）概念。

动点：一个处于运动状态的无大小、质量的几何意义上的点，可以是由一个物体抽象成的点，也可以是某运动刚体上的一个点，或者是联系两个物体运动的抽象意义的点。

静参考系：一般以固结于地球表面的坐标系作为静系。

动参考系：建立在相对于静系运动的参考体上的坐标系。

相对运动：动点相对于动参考系的运动称为相对运动，其本质是点的运动。相应的轨迹、速度、加速度分别称为相对运动轨迹、相对速度和相对加速度。

绝对运动：动点相对于静参考系的运动称为绝对运动，其本质也是点的运动。相应的轨迹、速度、加速度分别称为绝对运动轨迹、绝对速度和绝对加速度。

牵连运动：动系相对于静参考系的运动称为绝对运动，其本质是刚体的运动。在某瞬时，动系上与动点重合的点，称为牵连点。由于有相对运动，故不同时刻，牵连点通常情况下是动系上不同的点。牵连点的速度、加速度分别称为牵连速度和牵连加速度。

（2）点的速度合成定理。

点的速度合成定理建立了绝对速度、相对速度和牵连速度三种速度之间的关系，表述为：点的绝对速度等于相对速度与牵连速度的矢量和，即

$$\boldsymbol{v}_a=\boldsymbol{v}_r+\boldsymbol{v}_e$$

（3）点的加速度合成定理。

点的加速度合成定理建立了绝对加速度、牵连加速度、相对加速度三种加速度之间的关系。根据动系的运动状态的不同，可分为动系平移时的加速度合成定理与动系转动时的加速度合成定理。

当动系平移时，动点的绝对加速度等于它的牵连加速度与相对加速度的矢量和，即

$$\boldsymbol{a}_a=\boldsymbol{a}_r+\boldsymbol{a}_e$$

当动系转动时，动点的绝对加速度等于它的牵连加速度、相对加速度与科氏加速度的矢量和，即

$$\boldsymbol{a}_a=\boldsymbol{a}_r+\boldsymbol{a}_e+\boldsymbol{a}_C$$

式中：$\boldsymbol{a}_C=2\boldsymbol{\omega}_e\times\boldsymbol{v}_r$，称为科氏加速度。

4. 解题要领

做点的合成运动的题目，关键在于动点、动系的选择，以及三种运动的分析，一般情况下，具体的求解有以下几个步骤：

（1）选取动点与动系：注意动点和动系要分别选择在不同刚体上，且一般情况下动点应该选择相对运动比较容易确定的关键点，通常取恒定接触的接触点。

（2）分析动点的绝对运动、相对运动和牵连运动：通常动点动系的选择是否恰当，取决于这三种运动是否简单。

（3）利用速度合成定理或者加速度合成定理建立矢量方程。

（4）选择恰当的投影方程求解：理想的情况是，一个投影方程只出现一个未知量。

基 本 要 求

1．掌握描述点的运动规律的基本概念：运动方程、运动轨迹、速度和加速度。

2．理解以动点矢径的变化来研究点的运动。对速度、加速度的正确定义及表达式。

3．掌握直角坐标法求解点的运动规律，包括轨迹、速度及加速度的求解。

4．掌握自然坐标法求解点的运动规律，掌握切向加速度及向心加速度的概念及计算方法。

5．熟练掌握刚体平动的定义及其运动的特征，能判别出刚体的平动。

6．掌握刚体绕定轴转动的转动方程，角速度和角加速度的概念及它们之间的关系。

7．熟练掌握刚体绕定轴转动时体内任一点的速度和加速度的计算。

8．熟练地掌握动点、动系选取原则能正确地分析其三种运动的特点，正确地分清三种运动的定义。

9．理解三种运动、三种速度和三种加速度以及运动相对性的概念。掌握刚体绕定轴转动的转动方程，角速度和角加速度的概念及它们之间的关系。

10．深刻理解牵连点的概念能正确地分析牵连速度和牵连加速度。

11．能熟练地应用速度合成定理和加速度合成定理求出所需的速度和加速度。

典 型 例 题

例 11.1　如图 11.1 所示，椭圆规的曲柄 OC 可绕定轴 O 转动，其端点 C 与规尺 AB 的中点以铰链相连接，在规尺 AB 的两端 A、B 分别装有滑块，在相互垂直的滑道中运动。试求规尺上 M 点的运动方程、轨迹以及它的速度及加速度。已知，$MC=a$，$\varphi=\omega t$，$OC=AC=BC=l$。

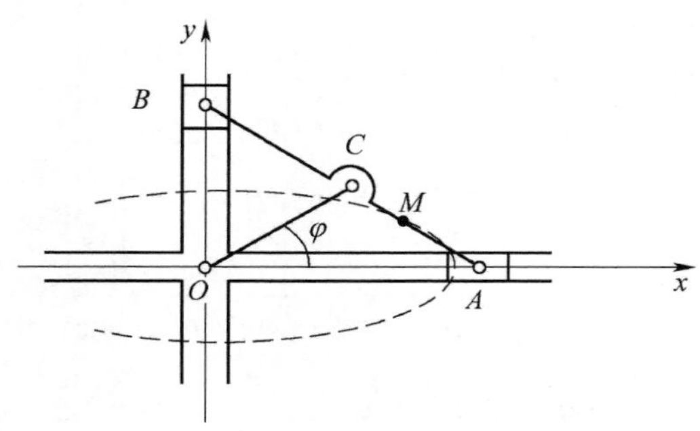

图 11.1

解：（1）求 M 点的运动方程和轨迹：取直角坐标系 Oxy（图 11.1），则点 M 的运动方程为

$$x=(OC+CM)\cos\varphi=(l+a)\cos\omega t$$
$$y=AM\sin\varphi=(l-a)\sin\omega t$$

从运动方程中消去时间 t，得轨迹方程：

$$\frac{x^2}{(l+a)^2}+\frac{y^2}{(l-a)^2}=1$$

显然，动点 M 的轨迹是一个椭圆，其长半轴等于 $l+a$，与 x 轴重合；短半轴等于 $l-a$，与 y 轴重合，当 M 点在 BC 段上时，椭圆的长轴将与 y 轴重合，读者可自己考虑原因。

（2）求 M 点的速度：将动点 M 的坐标对时间求导数得

$$v_x=\dot{x}=-\omega(l+a)\sin\omega t$$

$$v_y=\dot{y}=\omega(l-a)\cos\omega t$$

故速度的大小为

$$\begin{aligned}v&=\sqrt{v_x^2+v_y^2}\\&=\sqrt{\omega^2(l+a)^2\sin^2\omega t+\omega^2(l-a)^2\cos^2\omega t}\\&=\omega\sqrt{l^2+a^2-2al\cos2\omega t}\end{aligned}$$

方向余弦为

$$\cos(\bar{v},\bar{i})=\frac{v_x}{v}=-\frac{(l+a)\sin\omega t}{\sqrt{l^2+a^2-2al\cos2\omega t}}$$

$$\cos(\bar{v},\bar{j})=\frac{v_y}{v}=\frac{(l-a)\cos\omega t}{\sqrt{l^2+a^2-2al\cos2\omega t}}$$

（3）求 M 点的加速度。

将点的坐标对时间求二阶导数可得

$$a_x=\ddot{x}=\dot{v}_x=-\omega^2(l+a)\cos\omega t$$

$$a_y=\ddot{y}=\dot{v}_y=-\omega^2(l-a)\sin\omega t$$

故加速度大小为

$$\begin{aligned}a&=\sqrt{a_x^2+a_y^2}=\sqrt{\omega^4(l+a)^2\cos^2\omega t+\omega^4(l-a)^2\sin^2\omega}\\&=\omega^2\sqrt{l^2+a^2+2al\cos2\omega t}\end{aligned}$$

它的方向余弦为

$$\cos(\boldsymbol{a},\boldsymbol{i})=\frac{a_x}{a}=-\frac{(l+a)\cos\omega t}{\sqrt{l^2+a^2-2al\cos2\omega t}}$$

$$\cos(\boldsymbol{a},\boldsymbol{j})=\frac{a_y}{a}=-\frac{(l-a)\sin\omega t}{\sqrt{l^2+a^2-2al\cos2\omega t}}$$

例 11.2 如图 11.2 所示为液压减震器简图，当液压减震器工作时，其活塞 M 在套筒内做直线往复运动，设活塞 M 的加速度 $a=-kv$，v 为活塞 M 的速度，k 为常数，初速度为 v，试求活塞 M 的速度和运动方程。

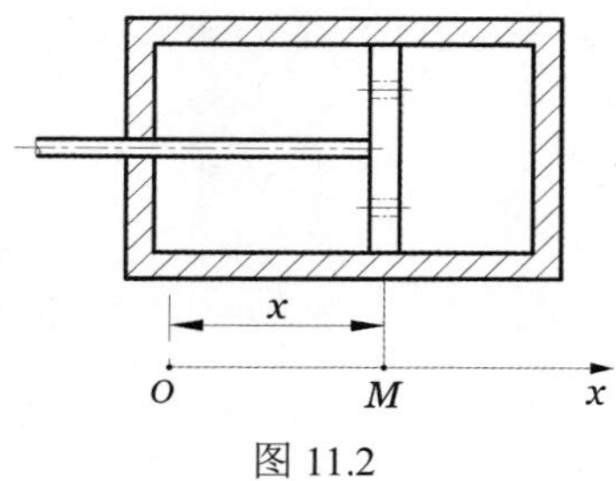

图 11.2

解：因活塞 M 做直线往复运动，因此建立 x 轴表示活塞 M 的运动规律，如图 11.2 所示。活塞 M 的速度、加速度与 x 坐标的关系为

$$a = \dot{v} = \ddot{x}(t)$$

代入已知条件，则有

$$-kv = \frac{\mathrm{d}v}{\mathrm{d}t} \tag{a}$$

将式（a）进行变量分离，并积分

$$-k\int_0^t \mathrm{d}t = \int_{v_o}^{v} \frac{\mathrm{d}v}{v}$$

得

$$-kt = \ln\frac{v}{v_o}$$

活塞 M 的速度为

$$v = v_o \mathrm{e}^{-kt} \tag{b}$$

再对式（b）进行变量分离

$$\mathrm{d}x = v_o \mathrm{e}^{-kt}\mathrm{d}t$$

积分

$$\int_{x_o}^{x} \mathrm{d}x = v_o\int_0^t \mathrm{e}^{-kt}\mathrm{d}t$$

得活塞 M 的运动方程为

$$x = x_o + \frac{v_o}{k}(1 - \mathrm{e}^{-kt})$$

例 11.3　飞轮边缘上的点按 s=4sin(0.25πt)的规律运动，飞轮的半径 r=20cm。试求 t=10s 时该点的速度和加速度。

解：飞轮转动时，边缘的点做圆周运动，轨迹为已知，所以，此题适合用自

然法求解。当 t=10s 时，飞轮边缘上点的速度为

$$v=\frac{\mathrm{d}s}{\mathrm{d}t}=\pi\cos 0.25\pi t=3.11\mathrm{cm/s}$$

方向沿轨迹曲线的切线。

飞轮边缘上点的切向加速度为

$$a_\tau=\frac{\mathrm{d}v}{\mathrm{d}t}=-\frac{\pi^2}{4}\sin\frac{\pi}{4}t=-0.38\mathrm{cm/s^2}$$

法向加速度为

$$a_n=\frac{v^2}{\rho}=\frac{3.11^2}{0.2}=48.36\mathrm{cm/s^2}$$

飞轮边缘上点的全加速度大小和方向为

$$a=\sqrt{a_\tau^2+a_n^2}=48.4\mathrm{cm/s^2}$$

$$\tan\alpha=\frac{|a_\tau|}{a_n}=0.0078$$

全加速度与法线间的夹角 $\alpha=0.45°$ 。

例 11.4 已知动点的运动方程为

$$x=20t,\quad y=5t^2-10$$

式中，x、y 以 m 计，t 以 s 计，试求 t=0 时动点的曲率半径 ρ。

解： 题目给出的是直角坐标形式的点的运动方程，则动点的速度和加速度在直角坐标 x、y、z 上的投影分别为

$$v_x=\dot{x}=20\mathrm{m/s}$$

$$v_y=\dot{y}=10t\mathrm{m/s}$$

$$a_x=\dot{v}_x=0$$

$$a_y=\dot{v}_y=10\mathrm{m/s^2}$$

动点的速度和全加速度的大小为

$$v=\sqrt{v_x^2+v_y^2}=\sqrt{400+100t^2}=10\sqrt{4+t^2}$$

$$a=\sqrt{a_x^2+a_y^2}=10\mathrm{m/s^2}$$

在 t=0 时，动点的切向加速度为

$$a_\tau=\dot{v}=\frac{10t}{\sqrt{4+t^2}}=0$$

法向加速度为

$$a_n = \frac{v^2}{\rho} = \frac{400}{\rho}$$

全加速度的大小为

$$a = \sqrt{a_x^2 + a_y^2} = \sqrt{a_\tau^2 + a_n^2} = a_n$$

得 t=0 时动点的曲率半径为

$$\rho = \frac{400}{a} = \frac{400}{10} = 40\text{m}$$

例 11.5　荡木用两根等长的绳索平行吊起，如图 11.3 所示。已知 $O_1O_2 = AB$，绳索长 $O_1A = O_2B = l$，摆动规律为 $\varphi = \varphi_0 \sin(\pi t / 4)$。试求当 $t = 0$ 和 $t = 2\text{s}$ 时，荡木中点 M 的速度和加速度。

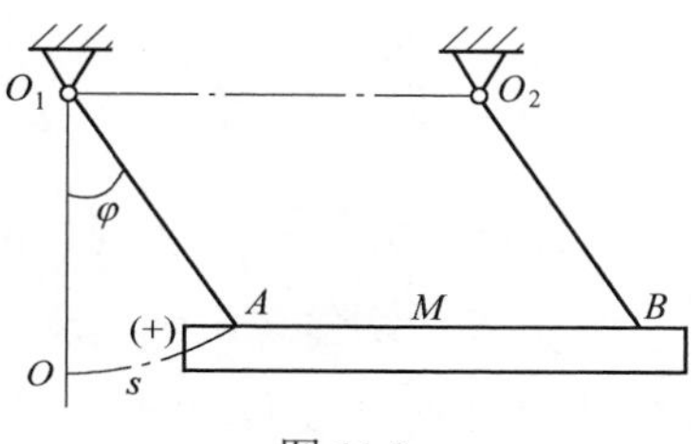

图 11.3

解： 由题意知，O_1ABO_2 为一平行四边形，运动中荡木 AB 始终平行于固定不动的连线 O_1O_2，可以判断荡木做平行移动。由平移刚体的性质可知：同一瞬时荡木上各点的速度、加速度相等，即 $\boldsymbol{v}_M = \boldsymbol{v}_A$，$\boldsymbol{a}_M = \boldsymbol{a}_A$，因此求 M 点的速度、加速度，只需求出 A 点的速度、加速度即可。

A 点不仅是荡木上的一点，也是单摆 O_1A 上的端点。A 点沿圆心为 O_1，半径为 l 的圆弧运动。规定弧坐标 s 向右为正，则 A 点的运动方程为

$$s = l\varphi = l\varphi_0 \sin\frac{\pi}{4}t$$

则任一瞬时 t，A 点的速度、加速度分别为

$$v = \frac{\mathrm{d}s}{\mathrm{d}t} = \frac{\pi l\varphi_0}{4}\cos\frac{\pi}{4}t$$

$$a_\tau = \frac{\mathrm{d}v}{\mathrm{d}t} = -\frac{\pi^2 l\varphi_0}{16}\sin\frac{\pi}{4}t$$

$$a_n = \frac{v^2}{\rho} = \frac{v^2}{l} = \frac{\pi^2 l\varphi_0^2}{16}\cos^2\frac{\pi}{4}t$$

当 $t = 0$ 时，$\varphi = 0$，单摆 O_1A 位于铅垂位置，此时

$$v_M = v_A = \frac{\pi l\varphi_0}{4}$$

$$a_\tau = 0$$

$$a_n = \frac{v^2}{\rho} = \frac{v^2}{l} = \frac{\pi^2 l\varphi_0^2}{16}$$

$$a_M = a_A = \sqrt{a_\tau^2 + a_n^2} = \frac{\pi^2 l \varphi_0^2}{16}$$

加速度的方向与a_n相同，即铅垂向上。

当$t = 2\text{s}$时，$\varphi = \varphi_0$，此时

$$v_M = 0$$

$$a_\tau = -\frac{\pi^2 l \varphi_0}{16}$$

$$a_n = 0$$

$$a_M = \sqrt{a_\tau^2 + a_n^2} = \frac{\pi^2 l \varphi_0}{16}$$

加速度的方向与a_τ相同，即沿轨迹的切线方向，指向弧坐标的负向。

例 11.6 刚体绕定轴转动，其转动方程为$\varphi = 16t - 27t^3$（t以 s 计，φ以 rad 计），则刚体何时改变转向？分别求出当$t = 0$、$t = 0.1\text{s}$及$t = 1\text{s}$时的角速度和角加速度，且判断在各瞬时刚体做加速转动还是做减速转动。

解：先求出任意瞬时的角速度ω和角加速度α：

$$\omega = \frac{\mathrm{d}\varphi}{\mathrm{d}t} = (16 - 81t^2)\ \text{rad/s}$$

$$\alpha = -162t\ \text{rad/s}^2$$

令$\omega = 0$，即$16 - 81t^2 = 0$，得$t = \frac{4}{9}\ \text{s}$。

这表明当$t = \frac{4}{9}\ \text{s}$时，$\omega = 0$，刚体改变转向。容易算得：在此之前$\omega > 0$，刚体逆时针转动；在此之后$\omega < 0$，刚体顺时针转动。

当$t = 0$时，$\omega_0 = 16\ \text{rad/s}$，$\alpha_0 = 0$，此瞬时刚体做匀速转动。

当$t = 0.1\ \text{s}$时，$\omega_1 = 16 - 81 \times 0.1^2 = 15.19\ \text{rad/s}$，$\alpha_1 = -162 \times 0.1 = -16.2\ \text{rad/s}^2$。

α_1与ω_1异号，刚体做减速转动。

当$t = 1\ \text{s}$时，$\omega_2 = 16 - 81 \times 1^2 = -65\ \text{rad/s}$，$\alpha_2 = -162 \times 1 = -162\ \text{rad/s}^2$。

α_1与ω_1同号，刚体做加速转动。

例 11.7 如图 11.4 所示，车厢以速度$\boldsymbol{v}_1$沿水平直线轨道行驶，雨点铅直落下，其速度为$\boldsymbol{v}_2$。试求雨滴相对于车厢的速度。

解：（1）确定动点和动系：本题是求雨点相对于车厢的速度，故选取雨滴为动点，动系$O'x'y'$固连于车厢上，定系$O'xy$固连于地面。

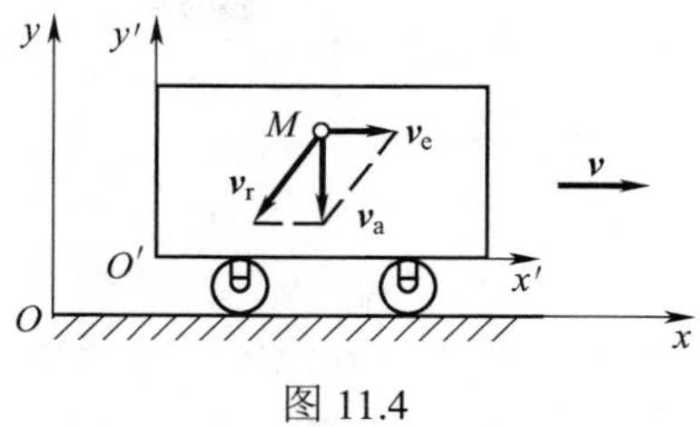

图 11.4

（2）分析三种运动。

绝对运动：雨点沿铅直直线运动。

相对运动：雨点相对车厢为一斜直线。

牵连运动：车厢沿水平直线轨道的平动。

（3）速度分析及计算：根据速度合成定理有

$$\boldsymbol{v}_a = \boldsymbol{v}_e + \boldsymbol{v}_r$$

式中：绝对速度 $\boldsymbol{v}_a$ 的大小为 v_2，方向铅直向下；牵连速度 $\boldsymbol{v}_e$ 的大小为 v_1，方向水平向右；相对速度 $\boldsymbol{v}_r$ 的大小和方向均待求。

现已知 $\boldsymbol{v}_a$ 和 $\boldsymbol{v}_e$ 的大小和方向，可作出速度平行四边形（图 11.4）。由直角三角形可求得相对速度的大小和方向：

$$v_r = \sqrt{v_a^2 + v_e^2} = \sqrt{v_1^2 + v_2^2}$$

$$\tan\alpha = \frac{v_e}{v_a} = \frac{v_1}{v_2}$$

本题说明，对于前进中的车厢里的乘客来说，铅直落下的雨点总是向后倾斜的。

例 11.8　如图 11.5 所示汽阀中的凸轮机构，顶杆 *AB* 沿铅垂导向套筒 *D* 运动，其端点 *A* 由弹簧压在凸轮表面上，当凸轮绕 *O* 轴转动时，推动顶杆上下运动，已知凸轮的角速度为 ω，$OA = b$，该瞬时凸轮轮廓曲线在 *A* 点的法线 *AN* 同 *AO* 的夹角为 θ，求此瞬时顶杆的速度。

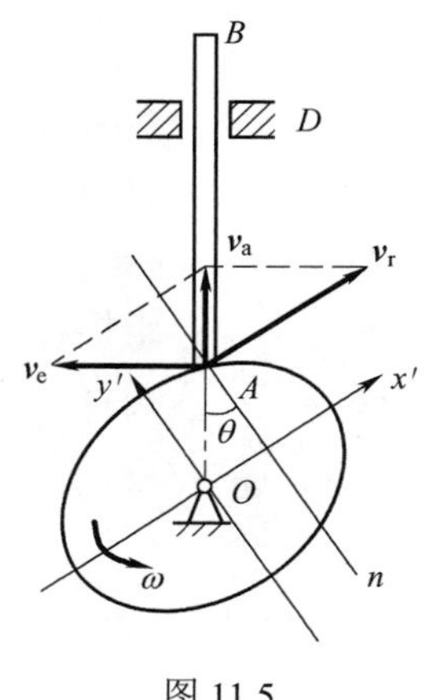

图 11.5

解：（1）确定动点和动系：传动是通过顶杆端点 *A* 来实现的，故取顶杆上的 *A* 点为动点。动系固连在凸轮上，定系固连在机架上。

（2）分析三种运动。

绝对运动：动点 *A* 做上下直线运动。

相对运动：动点 A 沿凸轮轮廓线的滑动。

牵连运动：凸轮绕 O 轴的转动。

（3）速度分析计算：根据速度合成定理有

$$\boldsymbol{v}_a = \boldsymbol{v}_e + \boldsymbol{v}_r$$

式中：绝对速度 $\boldsymbol{v}_a = \boldsymbol{v}_A$，大小未知，方向沿铅垂线 AB；相对速度 $\boldsymbol{v}_r$，大小未知，方向沿凸轮轮廓线在 A 点的切线；牵连速度 $\boldsymbol{v}_e$ 是凸轮上该瞬时与 A 相重合的点（即牵连点）的速度，大小为 $b\omega$，方向垂直于 OA。

作出速度平行四边形（图 11.5）。由直角三角形可得

$$v_a = v_e \cdot \tan\theta = b\omega\tan\theta$$

$$v_r = \frac{v_e}{\cos\theta} = \frac{b\omega}{\cos\theta}$$

因为顶杆平动，所以端点 A 的运动速度即为顶杆的运动速度。

例 11.9 牛头刨床的急回机构如图 11.6 所示。曲柄 OA 的一端与滑块 A 用铰链连接，当曲柄 OA 以匀角速度 ω 绕固定轴 O 转动时，滑块 A 在摇杆 O_1B 的滑道中滑动，并带动摇杆 O_1B 绕 O_1 轴摆动。设曲柄长 $OA = r$，两定轴间的距离 $OO_1 = l$。试求当曲柄 OA 在水平位置时摆杆 O_1B 的角速度 ω_1。

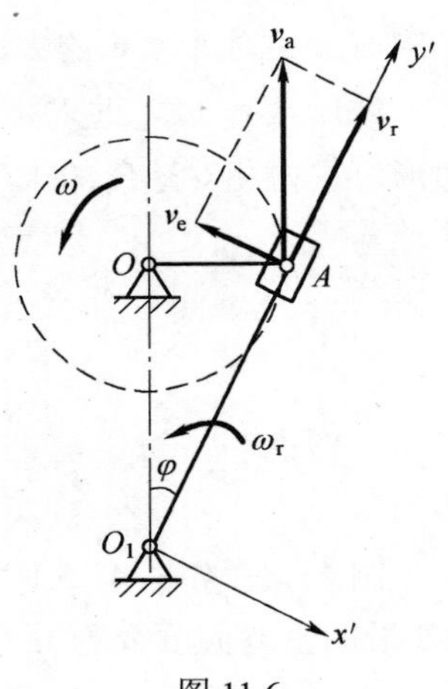

图 11.6

解：（1）确定动点和动系：当 OA 绕 O 轴转动时，通过滑块 A 带动摇杆 O_1B 绕 O_1 轴摆动。选滑块 A 为动点，动系 $O_1x'y'$ 固连在摇杆 O_1B 上，定系固连在地面上。

（2）分析三种运动：

绝对运动：是以 O 为圆心，$OA=r$ 为半径的圆周运动。

相对运动：沿摇杆 O_1B 的滑道做直线运动。

牵连运动：摇杆 O_1B 绕定轴 O_1 的转动。

（3）速度分析及计算：根据速度合成定理有

$$\boldsymbol{v}_a = \boldsymbol{v}_e + \boldsymbol{v}_r$$

式中：绝对速度 $\boldsymbol{v}_a$，大小为 $v_a = r\omega$，方向垂直于 OA，指向如图 11.6 所示；相对速度 $\boldsymbol{v}_r$，大小未知，方向沿 O_1B，指向待定；牵连速度 $\boldsymbol{v}_e$ 是摇杆 O_1B 上该瞬时与滑块 A 相重合一点 A_0 点的速度，大小未知，方位垂直于 O_1B，指向待定。

根据已知条件作出速度平行四边形，并定出 $\boldsymbol{v}_e$ 与 $\boldsymbol{v}_r$ 的指向（图 11.6）。

令 $\angle OO_1A=\varphi$，则

$$v_e = v_a \sin\varphi = r\omega\sin\varphi$$

$$\sin\varphi = \frac{OA}{O_1A} = -\frac{r}{\sqrt{r^2+l^2}}$$

$$v_e = \frac{r^2\omega^2}{\sqrt{l^2+r^2}} \text{（方向如图 11.6 所示）}$$

$$v_e = O_1A\times\omega_1 = \sqrt{l^2+r^2}\cdot\omega_1$$

所以

$$\frac{r^2\omega^2}{\sqrt{l^2+r^2}} = \sqrt{l^2+r^2}\cdot\omega_1$$

$$\omega_1 = \frac{r^2\omega^2}{l^2+r^2}$$

ω_1 的转向由牵连速度 $\boldsymbol{v}_e$ 的指向确定，为逆时针方向（图 11.6）。

例 11.10　如图 11.7 所示，半径为 R 的半圆形凸轮，当 $O'A$ 与铅垂线成 φ 角时，凸轮以速度 $\boldsymbol{v}_0$、加速度 $\boldsymbol{a}_0$ 向右运动，并推动从动杆 AB 沿铅垂方向上升，求此瞬时 AB 杆的速度和加速度。

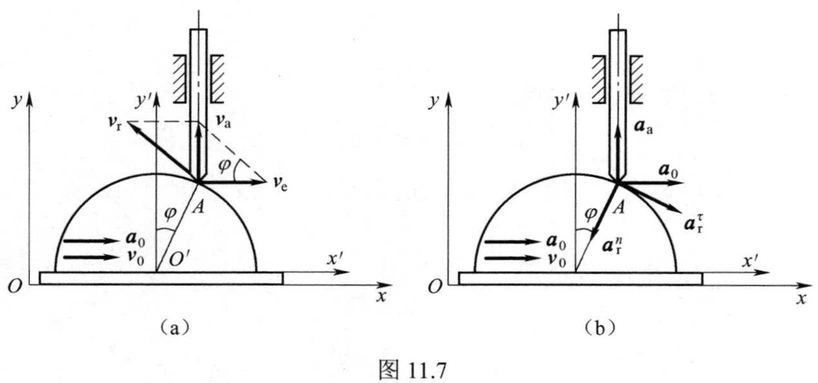

图 11.7

解：（1）确定动点和动系：

因为从动杆的端点 A 和凸轮 D 做相对运动，所以取杆的端点 A 为动点，动系 $O'x'y'$ 固连在凸轮上。

（2）分析三种运动：

绝对运动：沿铅垂方向的直线运动。

相对运动：沿凸轮表面的曲线运动。

牵连运动：凸轮 D 的平动。

（3）速度分析及计算：

根据速度合成定理有

$$\boldsymbol{v}_a=\boldsymbol{v}_e+\boldsymbol{v}_r$$

式中：$\boldsymbol{v}_a$ 的大小未知，方向沿铅垂直线向上；$\boldsymbol{v}_r$ 的大小未知，方向沿凸轮圆周上 A 点的切线，指向待定；$\boldsymbol{v}_e$ 大小为 v_0，方向沿水平直线向右。

作出速度平行四边形。由图 11.7（a）中几何关系求得

$$v_A=v_a=v_e\cdot\tan\varphi=v_0\cdot\tan\varphi$$

$$v_r=\frac{v_e}{\cos\varphi}=\frac{v_0}{\cos\varphi}$$

（4）加速度分析及计算：根据牵连运动为平移的加速度合成定理有

$$\boldsymbol{a}_a=\boldsymbol{a}_e+\boldsymbol{a}_r$$

式中：绝对加速度 $\boldsymbol{a}_a=\boldsymbol{a}_A$ 大小未知，方位铅直，指向假设向上；相对加速度 $\boldsymbol{a}_r$，由于相对运动轨迹为圆弧，故相对加速度分为两项，即 $\boldsymbol{a}_r^\tau$、$\boldsymbol{a}_r^n$，其中 $\boldsymbol{a}_r^\tau$ 大小未知，方向切于凸轮在 A 点的圆弧，指向如图 11.7（b）所示，$\boldsymbol{a}_r^n$ 的大小为 $a_r^n=\frac{v_r^2}{R}=\frac{v_0^2}{R\cos^2\varphi}$，方向过 A 点指向凸轮半圆中心 O'；牵连加速度 $\boldsymbol{a}_e$ 的大小为 a_0，方向水平直线向右。

故动点 A 的绝对加速度又可写为

$$\boldsymbol{a}_a=\boldsymbol{a}_e+\boldsymbol{a}_r^\tau+\boldsymbol{a}_r^n$$

如图 11.7（b）所示，作出各加速度的矢量，取 $O'A$ 为投影轴，将上式向 $O'A$ 轴上投影得

$$a_a\cos\varphi=a_0\sin\varphi-a_r^n$$

$$a_a=\frac{a_0\sin\varphi-a_r^n}{\cos\varphi}=a_0\tan\varphi-\frac{\dfrac{v_0^2}{R\cos^2\varphi}}{\cos\varphi}=a_0\tan\varphi-\frac{v_0^2}{R\cos^3\varphi}$$

$$=-\left(\frac{v_0^2}{R\cos^3\varphi}-a_0\tan\varphi\right)$$

负号表示 $\boldsymbol{a}_a$ 的指向与假设相反，应铅直向下。因为从动杆 AB 平移，$\boldsymbol{v}_a$ 和 $\boldsymbol{a}_a$ 即为该瞬时 AB 杆的速度和加速度。

思　考　题

11-1　$\dfrac{\mathrm{d}\boldsymbol{v}}{\mathrm{d}t}$ 和 $\dfrac{\mathrm{d}v}{\mathrm{d}t}$，$\dfrac{\mathrm{d}\boldsymbol{r}}{\mathrm{d}t}$ 和 $\dfrac{\mathrm{d}r}{\mathrm{d}t}$ 是否相同？

11-2　说明点在下述情况下做何种运动？

（1）$a_\tau = 0$，$a_n = 0$；

（2）$a_\tau \neq 0$，$a_n = 0$；

（3）$a_\tau = 0$，$a_n \neq 0$；

（4）$a_\tau \neq 0$，$a_n \neq 0$。

11-3　动点在平面内运动，已知其运动轨迹 $y = f(x)$ 及其在 x 轴方向的分量 vx。判断下述说法是否正确：

（1）动点的速度可完全确定。

（2）动点的加速度在 x 轴方向的分量 ax 可完全确定。

（3）当 $vx \neq 0$ 时，一定能确定动点的速度 v、切向加速度 a_τ、法向加速度 a_n 及全加速度 a。

11-4　做曲线运动的两个动点，初速度相同，运动轨迹相同，运动中两点的法向加速度相同。判断下列说法是否正确：

（1）任一瞬时两动点的切向加速度必相同。

（2）任一瞬时两点的速度必相同。

（3）两点的运动方程必相同。

11-5　“刚体平移时，各点的轨迹一定是直线；刚体绕定轴转动时，各点的轨迹一定是圆”的说法对吗？

11-6　各点都做圆周运动的刚体一定是定轴转动吗？

11-7　点的速度合成定理对牵连运动是平动还是转动都成立，将其两端对时间求导，得

$$\frac{\mathrm{d}\boldsymbol{v}_\mathrm{a}}{\mathrm{d}t} = \frac{\mathrm{d}\boldsymbol{v}_\mathrm{e}}{\mathrm{d}t} + \frac{\mathrm{d}\boldsymbol{v}_\mathrm{r}}{\mathrm{d}t}$$

从而有

$$\boldsymbol{a}_\mathrm{a} = \boldsymbol{a}_\mathrm{e} + \boldsymbol{a}_\mathrm{r}$$

所以此式对牵连运动是平动还是转动都成立。试指出上面的推导错在哪里。

习　题

11-1　如习题 11-1 图所示曲线规尺的杆长 $OA = AB = 200\text{mm}$，$CD = DE = AC = AE = 50\text{mm}$。杆 OA 绕 O 轴转动的规律为 $\varphi = \dfrac{\pi}{5}t$ rad，并且当运动开始时，角 $\varphi = 0$，求 D 点的运动方程和轨迹。

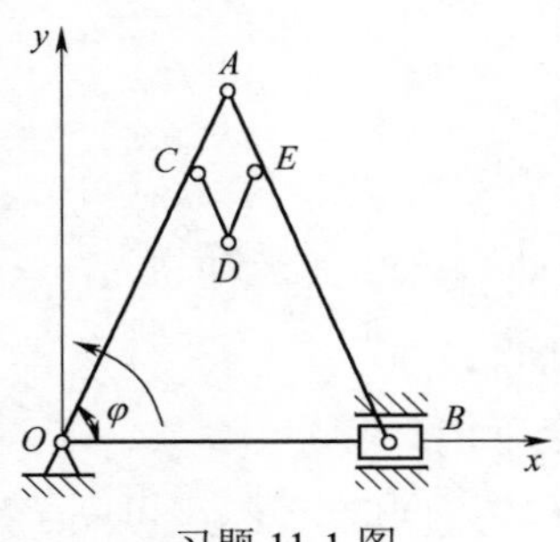

习题 11-1 图

11-2　如习题 11-2 图所示 AB 杆长 l，以 $\varphi = \omega t$ 的规律绕 B 点转动，ω 为常量。而与杆连接的滑块 B 以 $s = a + b\sin\omega t$ 的规律沿水平线做简谐振动，a、b 为常量。求 A 点的轨迹。

11-3　套筒 A 由绕过定滑轮 B 的绳索牵引而沿导轨上升，滑轮中心到导轨的距离为 l，如习题 11-3 图所示。设绳索以等速 $\boldsymbol{v}_0$ 拉下，忽略滑轮尺寸。求套筒 A 的速度和加速度与距离 x 的关系式。

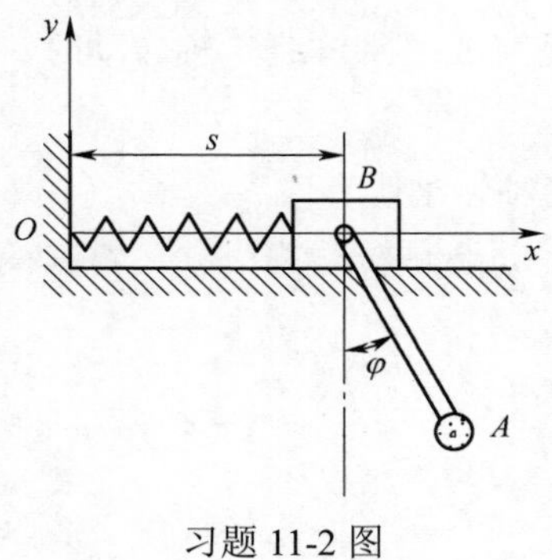

习题 11-2 图

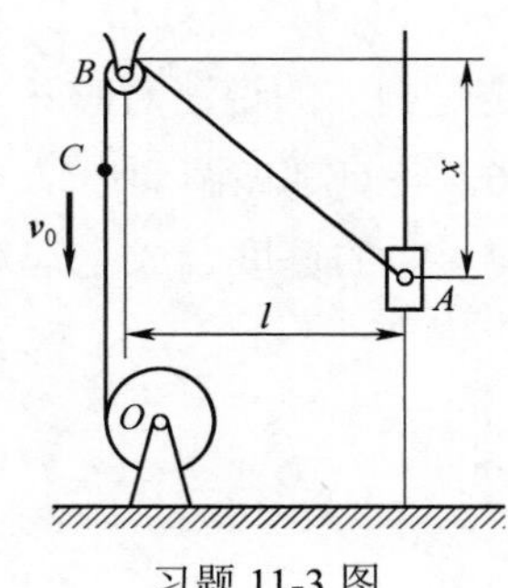

习题 11-3 图

11-4　如习题 11-4 图所示，半径为 R 的圆形凸轮可绕 O 轴转动，带动顶杆 BC 做铅垂直线运动。设凸轮圆心在 A 点，偏心距 $OA = e$，$\varphi = \omega t$，其中 ω 为常量。试求顶杆上 B 点的运动方程、速度和加速度。

11-5　如习题 11-5 图所示，一直杆以 $\varphi=\omega_0 t$ 绕其固定端 O 转动，其中 ω_0 为常量。沿此杆有一滑块以匀速 v_0 滑动。设运动开始时，杆在水平位置，滑块在 O 点，试求滑块的轨迹（以极坐标表示）。

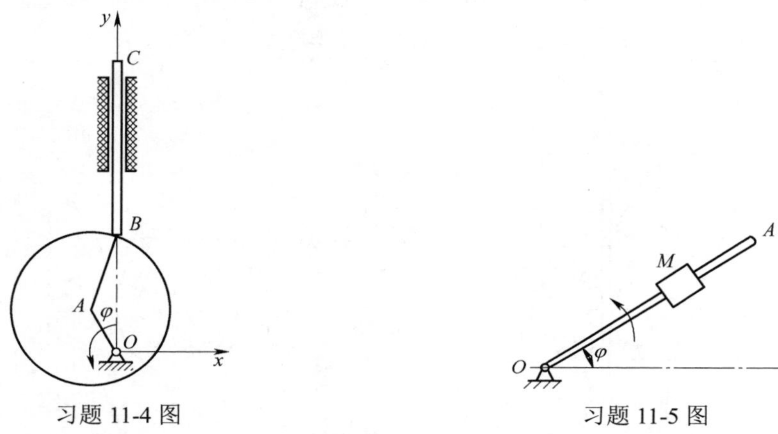

习题 11-4 图　　习题 11-5 图

11-6　已知如习题 11-6 图所示机构的尺寸如下：$O_1A=O_2B=AM=r=0.2\text{m}$；$O_1O_2=AB$。如轮 O_1 按 $\varphi=15\pi t$（φ 单位为 rad）的规律转动，求当 $t=0.5\text{s}$ 时，杆 AB 上的点 M 的速度和加速度。

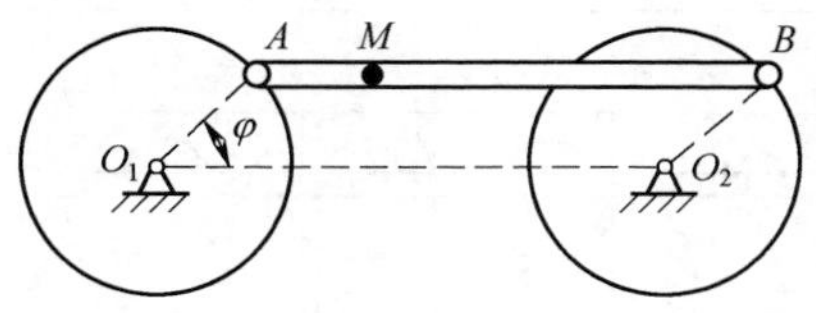

习题 11-6 图

11-7　如习题 11-7 图所示，曲柄 CB 以等角速度 ω_0 绕 C 轴转动，其转动方程为 $\varphi=\omega_0 t$。通过滑块 B 带动摇杆 OA 转动。设 $OC=h$，$CB=r$。求摇杆转动方程。

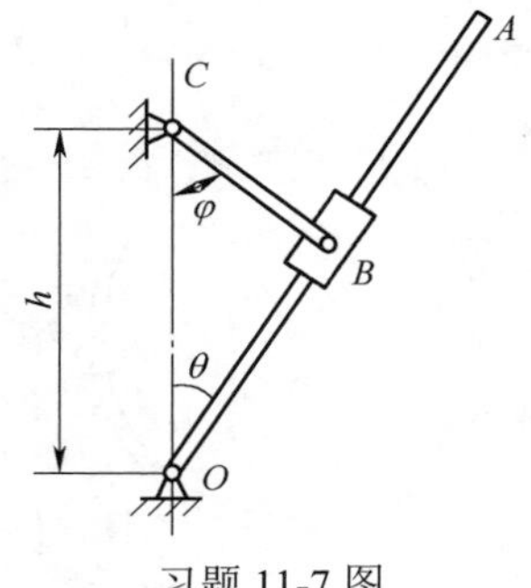

习题 11-7 图

11-8　机构如习题 11-8 图所示，假设 AB 杆以匀速 u 运动，开始时 $\varphi = 0$。试求当 $\varphi = \frac{\pi}{4}$ 时，摇杆 OC 的角速度和角加速度。

11-9　纸盘由厚度为 a 的纸条卷成，令纸盘的中心不动，而以等速 v 拉纸条，如习题 11-9 图所示。求纸盘的角加速度（以半径 r 的函数表示）。

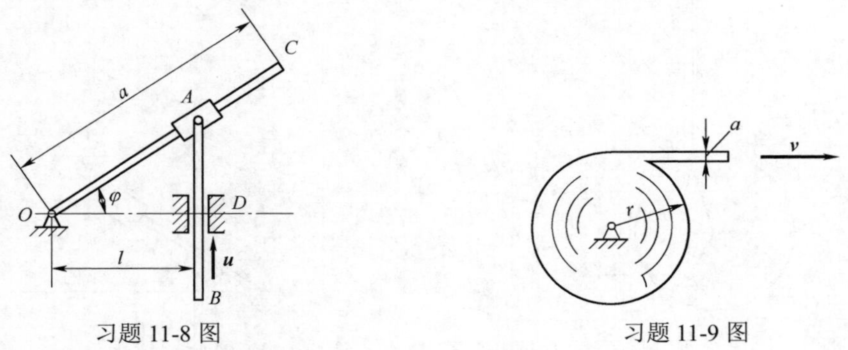

习题 11-8 图　　　　习题 11-9 图

11-10　如习题 11-10 图所示滚子传送带，已知滚子的直径 $d = 0.2\text{m}$，转速 $n = 50\text{r/min}$。求钢板在滚子上无滑动运动的速度和加速度，并求在滚子上与钢板接触点的加速度。

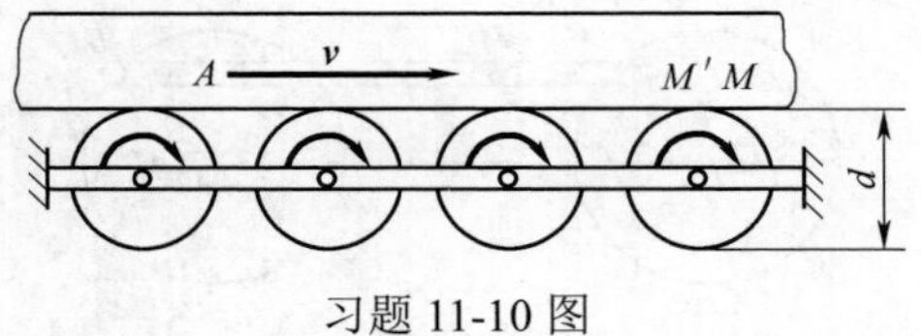

习题 11-10 图

11-11　小环 A 沿半径为 R 的固定圆环以匀速 v_0 运动，带动穿过小环的摆杆 OB 绕 O 轴转动（习题 11-11 图）。试求 OB 的角速度和角加速度。若 $OB = l$，试求 B 点的速度和加速度。

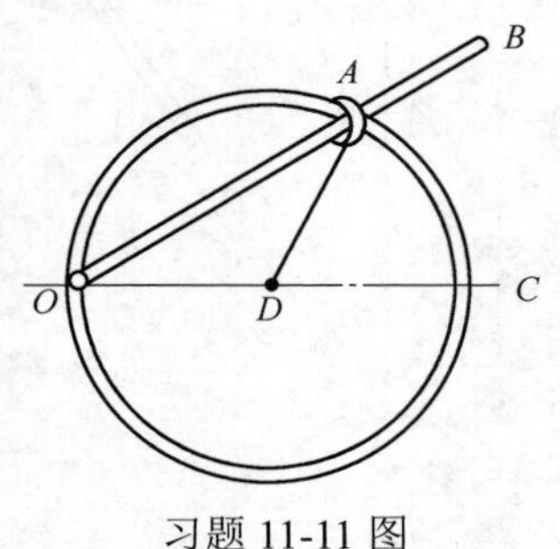

习题 11-11 图

11-12　长度 $OA=l$ 的细杆可绕 O 轴转动，其端点 A 紧靠在物块 B 的侧面上（习题 11-12 图）。若 B 以匀速 v_0 向右运动，试求杆 OA 的角速度和角加速度。

11-13　汽车 A 以 $v_1=40\text{km/h}$ 沿直线道路行驶，汽车 B 以 $v_2=40\sqrt{2}\text{km/h}$ 沿另一岔道行驶（习题 11-13 图）。求在 B 车上观察到的 A 车的速度。

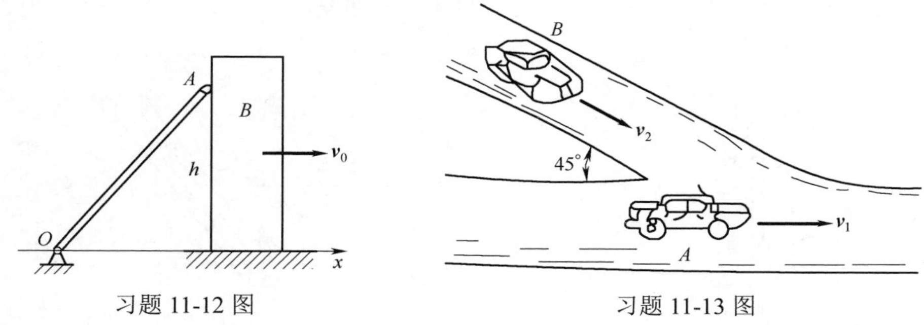

习题 11-12 图　　习题 11-13 图

11-14　由西向东流的河，宽 1000m，流速为 0.5m/s，小船自南岸某点出发渡至北岸，设小船相对于水流的划速为 1m/s。问：（1）若划速保持与河岸垂直，船在北岸的何处靠岸？渡河时间需多久？（2)若欲使船在北岸上正对出发点处靠岸，划船时应取什么方向？渡河时间需多久？

11-15　播种机以匀速率 $v_1=1\text{m/s}$ 直线前进。种子脱离输种管时具有相对于输种管的速度 $v_2=2\text{m/s}$。求此时种子相对于地面的速度，及落至地面上的位置与离开输种管时的位置之间的水平距离。

11-16　砂石料从传送带 A 落到另一传送带 B 的绝对速度为 $v_1=4\text{m/s}$，其方向与铅直线成 30°角（习题 11-16 图）。设传送带 B 与水平面成 15°角，其速度为 $v_2=2\text{m/s}$，求此时砂石料对于传送带 B 的相对速度。当传送带 B 的速度多大时，砂石料的相对速度才能与 B 带垂直？

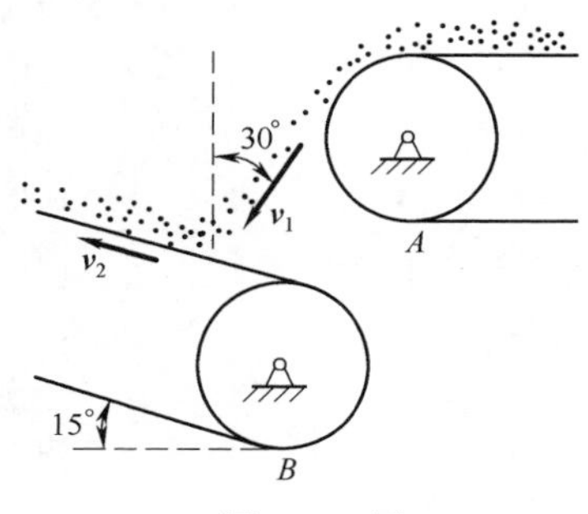

习题 11-16 图

11-17　三角形凸轮沿水平方向运动，其斜边与水平线成 α 角（习题 11-17 图）。

杆 AB 的 A 端搁置在斜面上，另一端 B 在气缸内滑动，如某瞬时凸轮以速度 v 向右运动，求活塞 B 的速度。

11-18　如习题 11-18 图所示一曲柄滑道机构，长 $OA=r$ 的曲柄，以匀角速度 ω 绕 O 轴转动。装在水平杆 CB 上的滑槽 DE 与水平线成 $60°$ 角。求当曲柄与水平线的夹角 φ 分别为 0°、30°、60°时，杆 BC 的速度。

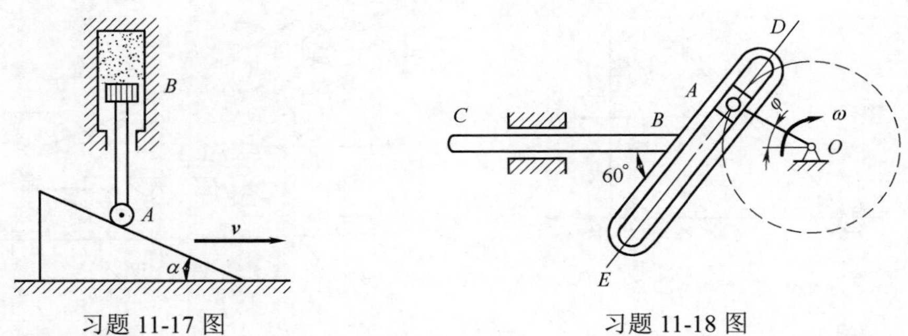

习题 11-17 图　　习题 11-18 图

11-19　一外形为半圆弧的凸轮 A，半径 r=300mm，沿水平方向向右做匀加速运动，其加速度 $\boldsymbol{a}_A$=800mm/s^2。凸轮推动直杆 BC 沿铅直导槽上下运动。设在如习题 11-19 图所示瞬时，$\boldsymbol{v}_A$=600mm/s，求杆 BC 的速度及加速度。

11-20　铰接四边形机构中的 $O_1A=O_2B=100\text{mm}$，$O_1O_2=AB$，杆 O_1A 以等角速度 $\omega=2\text{rad/s}$ 绕 O_1 轴转动。AB 杆上有一套筒 C，此筒与 CD 杆相铰接，机构各部件都在同一铅直面内，如习题 11-20 图所示。求当 $\varphi=60°$ 时 CD 杆的速度和加速度。

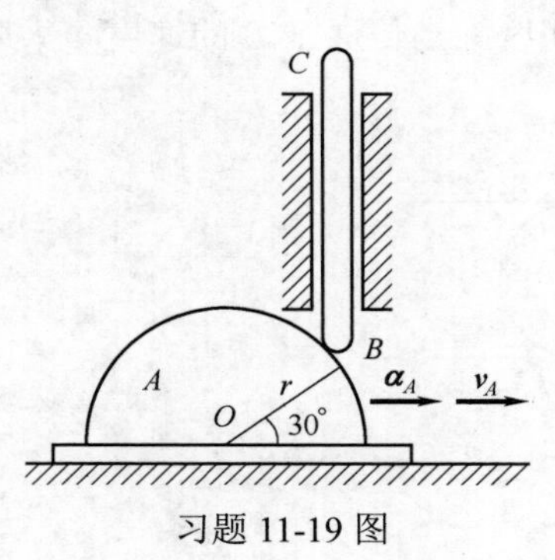

习题 11-19 图

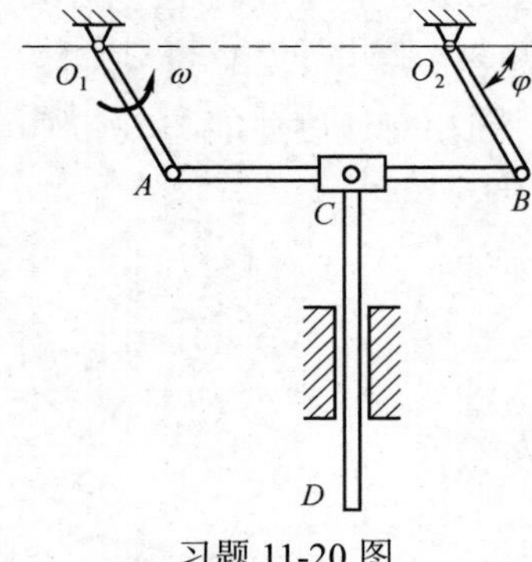

习题 11-20 图

第12章　刚体的平面运动

知识梳理

刚体的平面运动是工程实际中比较常见的一种运动形式。本章将以刚体的两种基本运动为基础，运用运动合成与分解的方法，研究刚体的一种较为复杂的运动——平面运动。

1. 平面运动的分解

平面图形在其平面上的位置完全可由图形内任意直线$O'M$的位置来确定，而要确定此直线在平面内的位置，就要确定点O'的位置($x'_{O'},y'_{O'}$)以及直线$O'M$在该平面的方位（直线与水平线夹角φ）。平面运动分解后的运动方程见表12.1。

表12.1　平面运动分解为平移和定转

图例	平移	定转
y M φ $O'(x'_{O'},y'_{O'})$ O x	随基点O'的运动 $x'_{O'}=f_1(t)$ $y'_{O'}=f_2(t)$	绕基点O'的转动 $\varphi=f_3(t)$

2. 平面刚体上一点的速度分析

刚体的平面运动既然可以分解为随基点的平移（牵连运动）和绕基点的转动（相对运动），平面图形上任一点的速度就可以利用点的速度合成定理来求。具体求解有以下三种方法，见表12.2。

表 12.2 求解刚体上一点速度的三种方法

方法	基点法	速度投影定理	速度瞬心法
图例	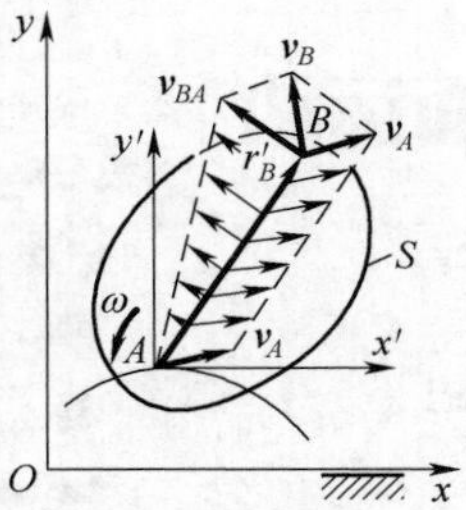	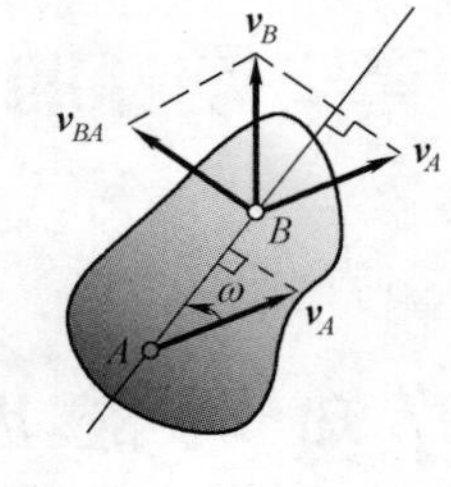	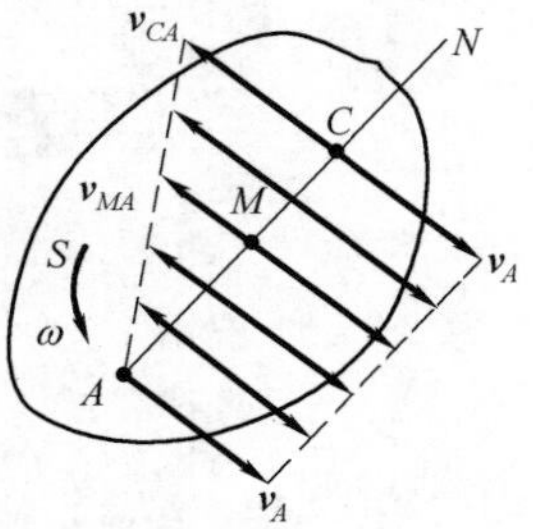
方程	$\boldsymbol{v}_B=\boldsymbol{v}_A+\boldsymbol{v}_{BA}$	$(\boldsymbol{v}_B)_{AB}=(\boldsymbol{v}_A)_{AB}$	$\boldsymbol{v}_M=\boldsymbol{v}_A+\boldsymbol{v}_{MA}$

3．速度瞬心

一般情况下，在每一瞬时，平面运动图形上都唯一存在一个速度为 0 的点。该点称为瞬时速度中心，简称速度瞬心。平面运动刚体的速度瞬心可归纳为表 12.3 所列的几种情形。

表 12.3 速 度 瞬 心

纯滚动	两个速度方向平行			两个不平行的速度方向
	速度垂直两点的连线		速度不垂直两点的连线	
	两速度指向相同	两速度指向相反		
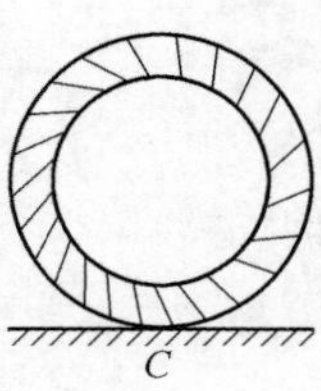	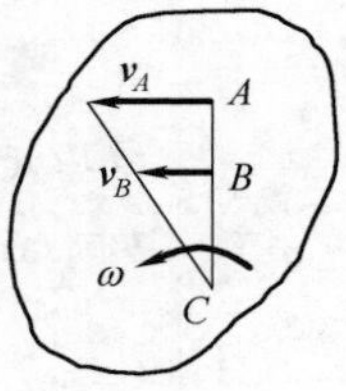	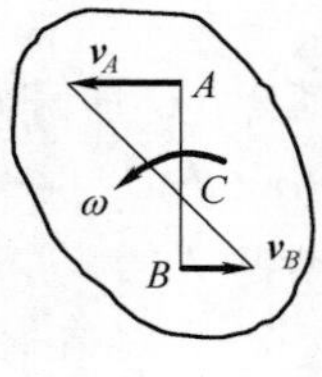	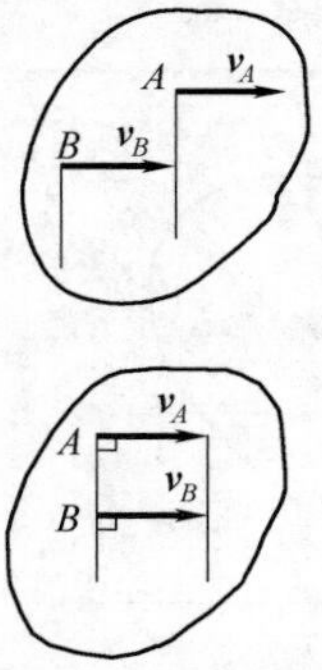	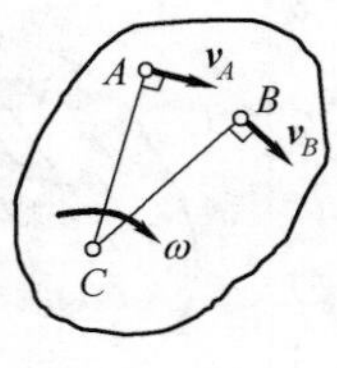

4．平面刚体上一点的加速度分析

平面图形的运动可以看成随基点的平移（牵连运动）与绕基点的转动（相对运动）的合成，因此，可以运用牵连运动为平移时点的加速度合成定理来分析平面图形上点的加速度。加速度合成定理（基点法）为

$$\boldsymbol{a}_B=\boldsymbol{a}_A+\boldsymbol{a}_{BA}^{\tau}+\boldsymbol{a}_{BA}^{n}$$

式中，$a_{BA}^{\tau} = AB \cdot \alpha$，$a_{BA}^{n} = AB \cdot \omega^2$。

基 本 要 求

1．熟悉刚体平面运动的特点。
2．能熟练应用基点法、瞬心法和速度投影法求解有关速度的问题。
3．能熟练应用基点法求解有关加速度的问题。
4．对常见平面机构能熟练地进行速度和加速度分析。

典 型 例 题

例 12.1　椭圆规尺的 A 端以速度 $\boldsymbol{v}_A$ 沿 x 轴的负向运动，如图 12.1 所示，$AB=l$。求 B 端的速度以及尺 AB 的角速度。

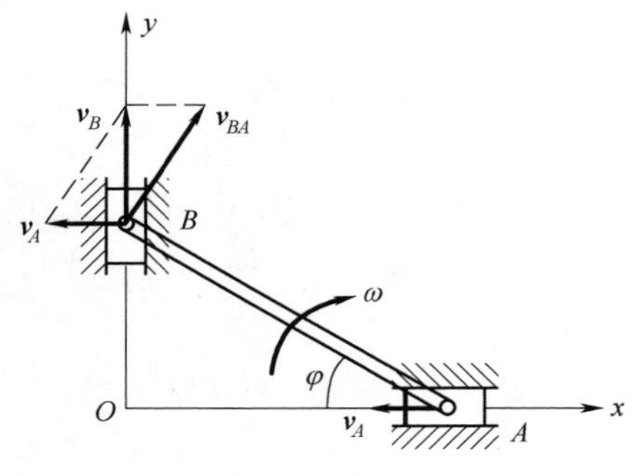

图 12.1

解：尺 AB 做平面运动，已知 $\boldsymbol{v}_A$ 的大小和方向，以及 $\boldsymbol{v}_B$ 的方向，若选 A 点为基点，则 $\boldsymbol{v}_{BA}$ 的方向垂直于 AB，共有四个要素是已知的，所以可用基点法求解，作速度平行四边形时，应使 $\boldsymbol{v}_B$ 位于平行四边形的对角线上。

$$\boldsymbol{v}_B = \boldsymbol{v}_A + \boldsymbol{v}_{BA}$$

由图 12.1 中的几何关系可得

$$v_B = v_A \cot\varphi$$

$$v_{BA} = \frac{v_A}{\sin\varphi}$$

由于 $v_{BA} = AB \cdot \omega$，由此可得

$$\omega = \frac{v_{BA}}{AB} = \frac{v_{BA}}{l} = \frac{v_A}{l\sin\varphi}$$

例 12.2 四连杆机构如图 12.2 所示。设曲柄长 OA=0.5m，连杆长 AB=1m，曲柄以匀角速度 $\omega = 4\ \text{rad/s}$ 做顺时针转动。试求图示瞬时点 B 的速度、连杆 AB 及杆 BC 的角速度。

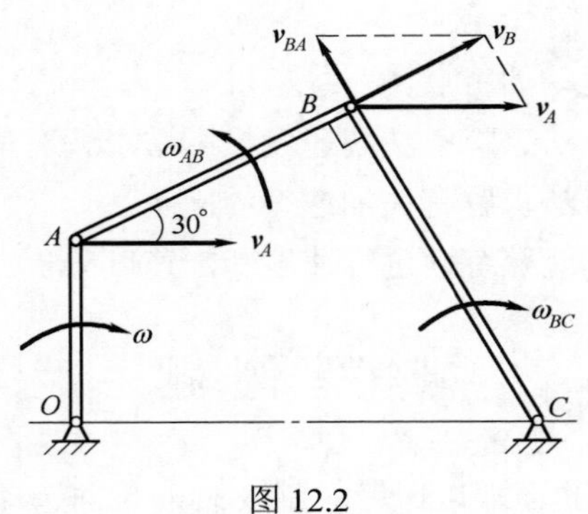

图 12.2

解： 连杆 AB 做平面运动，曲柄 OA 及摇杆 BC 做定轴转动

以 A 点为基点，B 点的速度为

$$\boldsymbol{v}_B = \boldsymbol{v}_A + \boldsymbol{v}_{BA}$$

其中，$v_A = OA \cdot \omega = 2\ \text{m/s}$，方向垂直于 OA，指向如图 12.2 所示；$\boldsymbol{v}_B$ 大小未知，方向垂直于摇杆 BC；$\boldsymbol{v}_{BA}$ 方向垂直于连杆 AB，大小未知。上式中四个要素是已知的，可以作出其速度平行四边形，应使 $\boldsymbol{v}_B$ 位于平行四边形的对角线上。由几何关系可得，此瞬时点 B 的速度为

$$v_B = v_A \cos 30° = 1.732\ \text{m/s}$$

方向如图 12.2 所示。

此瞬时 BC 杆的角速度为

$$\omega_{BC} = \frac{v_B}{BC} = 1.5\ \text{rad/s}$$

为顺时针转向，如图 12.2 所示。

B 点相对基点 A 的速度

$$v_{BA} = v_A \sin 30° = 1\ \text{m/s}$$

所以 AB 杆在此瞬时的角速度为

$$\omega_{AB} = \frac{v_{BA}}{AB} = 1\ \text{rad/s}$$

为逆时针转向，如图 12.2 所示。

例 12.3 曲柄连杆机构如图 12.3（a）所示，$OA = r$，$AB = \sqrt{3}r$。如曲柄 OA 以匀角速度 ω 转动，求当 $\varphi = 60°$，$\varphi = 0°$，$\varphi = 90°$ 时，B 点的速度。

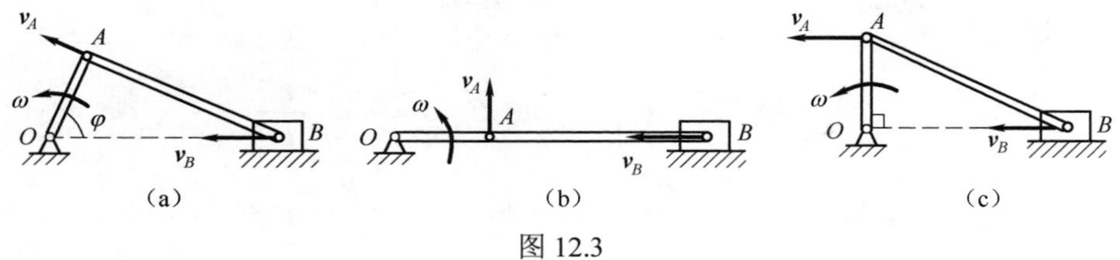

图 12.3

解：连杆 AB 做平面运动，已知 A 点速度的大小和方向，以及 B 点速度的方向，可用速度投影定理法求解。

由速度投影定理

$$(\boldsymbol{v}_B)_{AB} = (\boldsymbol{v}_A)_{AB}$$

当 $\varphi = 60°$ 时，由于 $AB = \sqrt{3}OA$，OA 恰与 AB 垂直，则

$$v_B \cos 30° = v_A$$

解得

$$v_B = \frac{v_A}{\cos 30°} = \frac{2\sqrt{3}}{3}\omega r$$

当 $\varphi = 0°$ 时，$\boldsymbol{v}_A$ 垂直于 AB，则 $v_B = 0$，如图 12.3（b）所示。

当 $\varphi = 90°$ 时，$\boldsymbol{v}_A$ 与 $\boldsymbol{v}_B$ 方向一致，显然有 $v_B = v_A = \omega r$，如图 12.3（c）所示。

例 12.4　一车轮沿直线轨道纯滚动，如图 12.4 所示。已知车轮中心 O 的速度为 v_O。如半径 R 和 r 都是已知的，求轮上 A_1、A_2、A_3、A_4 各点的速度，其中 A_2、O、A_4 三点在同一水平线上，A_1、O、A_3 三点在同一铅垂直线上。

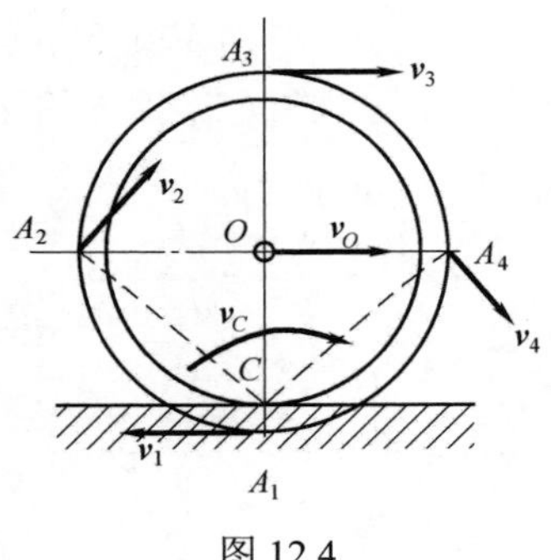

图 12.4

解：车轮做平面运动，车轮与轨道的接触点 C 就是车轮的速度瞬心。车轮的角速度

$$\omega = \frac{v_O}{r}$$

转向为顺时针。

由瞬心法很容易求出轮缘上各点的速度大小为

$$v_1 = A_1C \cdot \omega = \frac{R-r}{r}v_O, \quad v_2 = A_2C \cdot \omega = \frac{\sqrt{R^2+r^2}}{r}v_O$$

$$v_3 = A_3C \cdot \omega = \frac{R+r}{r}v_O, \quad v_4 = A_4C \cdot \omega = \frac{\sqrt{R^2+r^2}}{r}v_O$$

各点速度方向如图 12.4 所示。

例 12.5 如图 12.5 所示，长为 l 的杆 AB，A 端始终靠在铅垂的墙壁上，B 端铰接在半径为 R 的圆盘中心，圆盘沿水平地面纯滚动。若在图示位置，杆 A 端的速度为 $\boldsymbol{v}_A$，试求该瞬时，杆 AB 的角速度、端点 B 和中点 D 的速度以及圆盘的角速度。

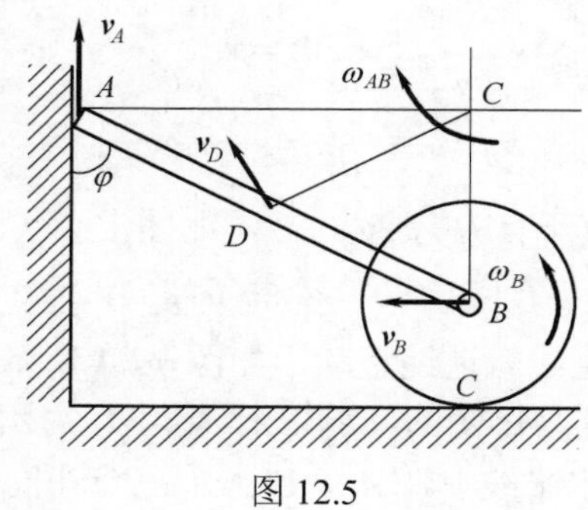

图 12.5

解：杆 AB 及圆盘均做平面运动。分别作 A 和 B 两点速度的垂线，两条直线的交点 C_1 就是杆 AB 的速度瞬心，圆盘与水平地面的接触点 C_2 就是圆盘的速度瞬心，如图 12.5 所示。于是杆 AB 的角速度为

$$\omega_{AB} = \frac{v_A}{AC_1} = \frac{v_A}{l\sin\varphi}$$

端点 B 的速度为

$$v_B = BC_1 \cdot \omega_{AB} = v_A \cot\varphi$$

中点 D 的速度为

$$v_D = DC_1 \cdot \omega_{AB} = \frac{l}{2} \cdot \frac{v_A}{l\sin\varphi} = \frac{v_A}{2\sin\varphi}$$

圆盘的角速度为

$$\omega_B = \frac{v_B}{R} = \frac{v_A}{R}\cot\varphi$$

各速度及角速度的方向如图 12.5 所示。

例 12.6　曲柄滑块机构如图 12.6 所示。已知曲柄长 $OA=r$，以匀角速度 ω 转动，连杆长 $AB=l$。$\varphi=45°$，$\beta=30°$。试求图示瞬时滑块 B 的速度及连杆 AB 的角速度。

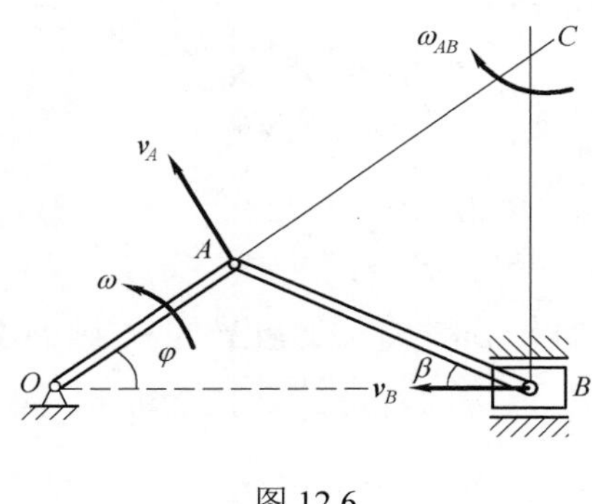

图 12.6

解：连杆 AB 做平面运动。

分别作 A 和 B 两点速度的垂线，两条垂线的交点 C 就是连杆 AB 的速度瞬心，由图中几何关系知

$$AC=\frac{\sqrt{6}}{2}l，\quad BC=\frac{1+\sqrt{3}}{2}l$$

因为 OA 做定轴转动，所以 A 点的速度为

$$v_A=OA\omega=r\omega$$

于是，AB 杆的角速度为

$$\omega_{AB}=\frac{v_A}{AC}=\frac{r\omega}{\frac{\sqrt{6}l}{2}}=\frac{0.82r\omega}{l}$$

滑块 B 的速度为

$$v_B=BC\cdot\omega_{AB}=\frac{1+\sqrt{3}}{2}l\cdot\frac{0.82r\omega}{l}=1.12r\omega$$

由上述各例可见，在运用速度瞬心法解题时，一般应首先根据已知条件确定平面图形的速度瞬心，然后求出平面图形的角速度，最后再计算平面图形上各点的速度。如果需要研究由几个平面图形组成的机构，则可依次对每一平面图形按上述步骤进行，直到求出所需的全部未知量为止。应该注意，每一个平面图形有它自己的速度瞬心和角速度，因此，每求出一个瞬心和角速度，应明确标出它是哪一个平面图形的瞬心和角速度，要加以区分，切不可混淆。

例 12.7　求例 12.2 机构在图示瞬时 B 点的切向加速度、法向加速度、连杆

AB 及杆 BC 的角加速度。

解：连杆 AB 做平面运动，由例 12.2 的速度分析已经求得了连杆 AB 的角速度 ω_{AB}、杆 BC 的角速度 ω_{BC} 和 B 点的速度 v_B。

选 A 点为基点，其加速度为

$$a_A^n = OA \cdot \omega^2 = 8\text{m/s}^2$$

它的方向沿 OA 指向 O 点。

由基点法，B 点的加速度为

$$\boldsymbol{a}_B^n + \boldsymbol{a}_B^\tau = \boldsymbol{a}_A^n + \boldsymbol{a}_{BA}^n + \boldsymbol{a}_{BA}^\tau$$

其中 $\boldsymbol{a}_B^n$、$\boldsymbol{a}_A^n$ 和 $\boldsymbol{a}_{BA}^n$ 的大小和方向都是已知的。因为 B 点做圆周运动，$\boldsymbol{a}_B^\tau$ 垂直于 CB；$\boldsymbol{a}_{BA}^\tau$ 垂直于 AB，其方向暂设如图 12.7 所示。

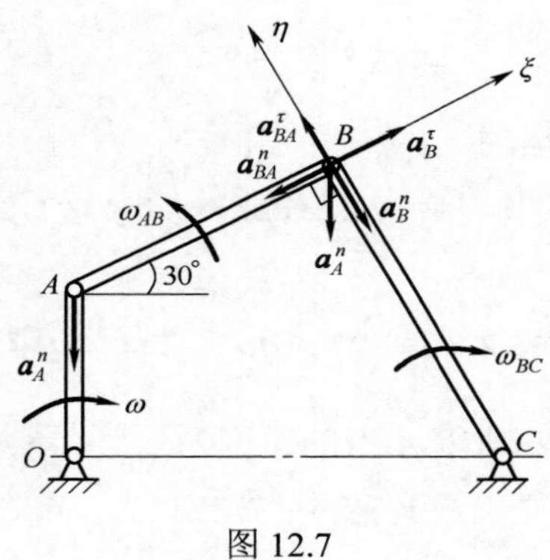

图 12.7

$\boldsymbol{a}_B^n$ 沿 BC 指向 C，它的大小为

$$a_B^n = BC \cdot \omega_{BC}^2 = 2.6\text{m/s}^2$$

$\boldsymbol{a}_{BA}^n$ 沿 AB 指向 A，它的大小为

$$a_{BA}^n = AB \cdot \omega_{AB}^2 = 1\text{m/s}^2$$

现在求两个未知量：$\boldsymbol{a}_B^\tau$ 和 $\boldsymbol{a}_{BA}^\tau$ 的大小。取 ξ 轴沿 AB，取 η 轴沿 BC，方向如图 12.7 所示。将上述矢量合成式分别在 ξ 和 η 轴上投影，得

$$a_B^\tau = -a_A^n \cos 60° - a_{BA}^n$$

$$-a_B^n = -a_A^n \sin 60° + a_{BA}^\tau$$

代入数值，解得

$$a_B^\tau = -a_A^n \cos 60° - a_{BA}^n = -5\text{m/s}^2$$

$$a_{BA}^\tau = a_A^n \sin 60° - a_B^n = 4.33\text{m/s}^2$$

于是有

$$\alpha_{AB} = \frac{a_{BA}^{\tau}}{AB} = \frac{4.33}{1} = 4.33\text{rad/s}^2$$

$$\alpha_{BC} = \frac{a_{B}^{\tau}}{BC} = \frac{-5}{1.15} = -4.35\text{rad/s}^2$$

上式中负号说明 $\boldsymbol{a}_B^{\tau}$ 与图中假设方向相反，BC 杆的角加速度 α_{BC} 及 AB 杆的角加速度 α_{AB} 转向均为逆时针。

思　考　题

12-1　刚体的平面运动有何特点？平面运动与平移有何区别？

12-2　下列各种运动是否属于平面运动？

A．擦黑板时黑板擦在黑板上的运动。

B．教室天花板的吊扇旋转的运动。

C．教室的门开门或者关门的运动。

D．列车在水平直线轨道上和水平曲线轨道上的运动。

12-3　确定平面运动刚体的位置，至少需要哪几个独立运动参变量？

12-4　刚体的平移是否一定是平面运动的特例？

12-5　一平面图形 S，若选其上一点 A 为基点，则图形 S 绕 A 点转动的角速度为 ω_A，若另选一点 B 为基点，则图形 S 绕 B 点转动的角速度为 ω_B，且一般情况下 ω_A 不等于 ω_B。这种说法对吗？为什么？

12-6　做平面运动的平面图形上任意两点 A 和 B 的速度 v_A 与 v_B 之间有何关系？为什么 v_{BA} 一定与 AB 垂直？v_{BA} 与 v_{AB} 有何关系？

12-7　刚体运动时，下述哪些情况一定是平面运动？

A．刚体在运动时，其上所有直线都与自身初始位置保持平行。

B．刚体上有两点固定不动。

C．刚体上有三点到某固定平面的距离保持不变。

D．刚体在运动时，其上所有直线都与某一固定直线间的距离保持不变。

E．刚体上各点到某平板距离保持不变，而该平板在运动，平板上各点到某固定平面的距离保持不变。

12-8　判断下述说法是否正确：

A．刚体的平面运动是平移的特殊情况。

B．刚体的平移是平面运动的特殊情况。

C．刚体的定转是平面运动的特殊情况。

D．平移的刚体，其运动一定不是平面运动。

E．平移的刚体，只要其上有一点到某固定平面的距离保持不变，刚体的运动就一定是平面运动。

F．做平面运动的刚体，只要其上有一条直线始终与自身初始位置保持平行，刚体的运动就一定是平移运动。

12-9 建立刚体平面运动的运动方程时，下述各说法是否正确？

A．必须以加速度为 0 的点为基点。

B．必须以速度为 0 的点为基点。

C．必须以加速度和速度都为 0 的点为基点。

D．基点可以任意选取。

12-10 设 v_A 与 v_B 是平面图形内的两点速度，判断下列平面图形（思考题 12-10 图）上指定点的速度分布是否可能。

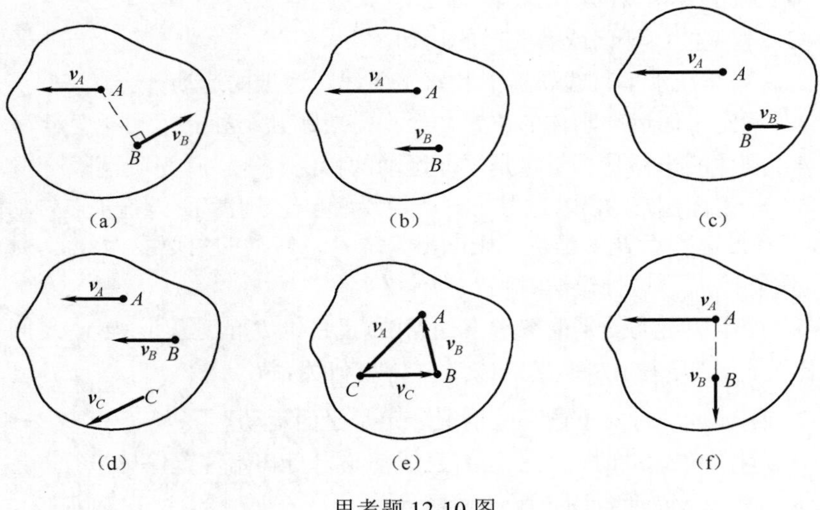

思考题 12-10 图

习　题

12-1 如习题 12-1 图所示四杆机构 $OABO_1$ 中，$OA = O_1B = \frac{1}{2}AB$；曲柄 OA 的角速度 $\omega = 3\text{rad/s}$。求当 $\varphi = 90°$ 且曲柄 O_1B 重合于 OO_1 的延长线时，杆 AB 和曲柄 O_1B 的角速度。

12-2 如习题 12-2 图所示，在筛动机构中，筛子的摆动是由曲柄连杆机构所带动的。已知曲柄 OA 的转速 $n_{OA}=40\text{r/min}$，$OA=0.3\text{m}$。当筛子 BC 运动到与点 O 在同一水平线上时，$\angle BAO=90°$。求此瞬时筛子 BC 的速度。

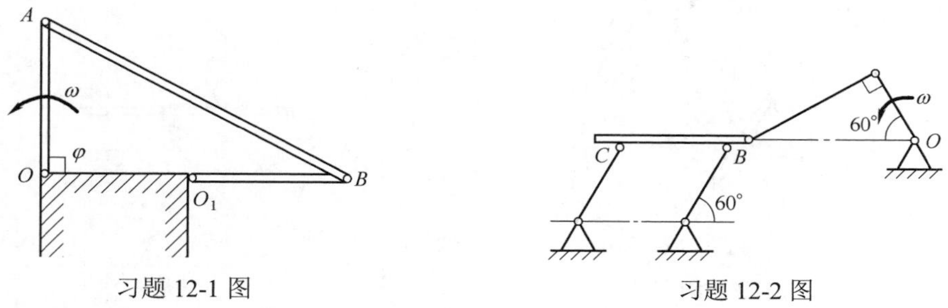

习题 12-1 图　　习题 12-2 图

12-3 行星轮机构如习题 12-3 图所示。已知：曲柄 OA 以匀角速度 $\omega=2.5\text{rad/s}$ 绕 O 轴转动，行星轮 I 在固定的齿轮 II 上纯滚动，两轮的半径分别为 $r_1=5\text{cm}$，$r_2=15\text{cm}$。试求行星轮 I 上 B、C、D、E（$CE\perp BD$）各点的速度。

12-4 直杆 AB 长 l=200mm，在铅垂面内运动，杆的两端分别沿铅直墙及水平面滑动，如习题 12-4 图所示。已知在某瞬时，$\alpha=60°$，$v_B=20\text{mm/s}$。试求此瞬时杆 AB 的角速度及 A 端的速度。

12-5 如习题 12-5 图所示配气机构中，曲柄 OA 以匀角速度 $\omega=20\text{rad/s}$ 绕 O 转动。已知 OA=0.4m，$AC=BC=0.2\sqrt{37}$ m。求当曲柄 OA 在两铅垂直线位置和两水平位置时，配汽机构中气阀推杆 DE 的速度。

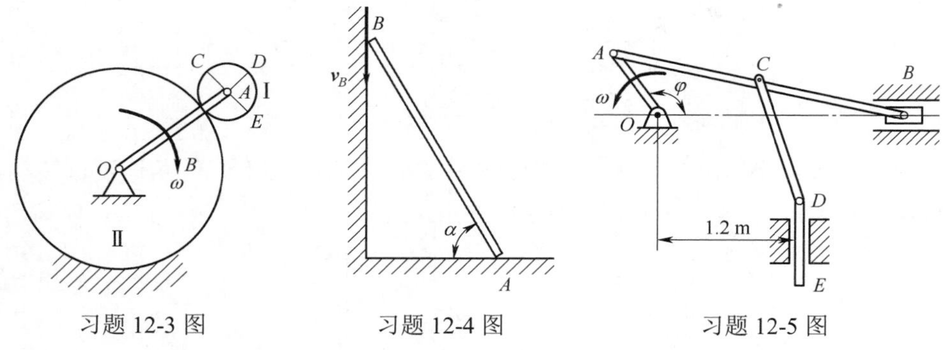

习题 12-3 图　　习题 12-4 图　　习题 12-5 图

12-6 如习题 12-6 图所示平面机构中，曲柄 OA 以角速度 $\omega=3\text{rad/s}$ 绕 O 轴转动，AC=3m，R=1m，轮沿水平直线轨道纯滚动。在图示瞬时 OC 为铅垂位置，且有 $CA\perp OA$，$OC=2\sqrt{3}\text{m}$，$\varphi=60°$。试求该瞬时轮缘上 B 点的速度和轮子的角速度。

12-7 如习题 12-7 图所示曲柄连杆机构在其连杆 AB 的中点 C 以铰链与 CD 杆相连接，而 CD 杆又与 DE 杆相连接，DE 杆可绕 E 转动。已知 B 点和 E 点在同一铅垂线上，OAB 成一水平线；曲柄 OA 的角速度 $\omega = 8\text{rad/s}$，$OA = 25\text{cm}$，$DE = 100\text{cm}$，$\angle CDE = 90°$，$\angle ACD = 30°$，求曲柄连杆机构在图示位置时，DE 杆的角速度。

习题 12-6 图　　　　习题 12-7 图

12-8　如习题 12-8 图所示平面机构中，$AB=BD=DE=l=300\text{mm}$。在图示位置时，$BD//AE$，杆 AB 的角速度 $\omega = 5\text{rad/s}$。求此瞬时杆 DE 的角速度和杆 BD 中点 C 的速度。

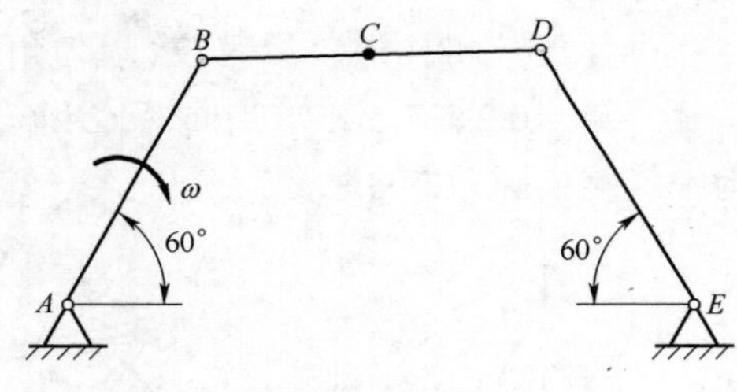

习题 12-8 图

12-9　如习题 12-9 图所示平面机构中，已知曲柄 OA 以等角速度 ω 转动，$OA=r$，$AB=2r$。试求图示瞬时摇杆 BC 的角速度。

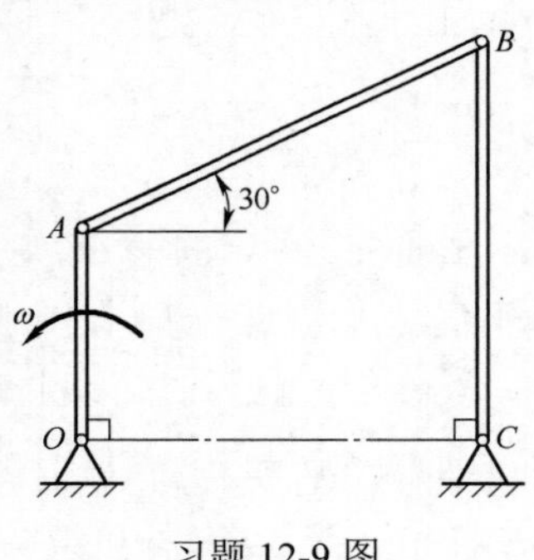

习题 12-9 图

12-10　机构如习题 12-10 图所示。已知：曲柄 O_1A 长为 r，角速度为 ω，杆 AB、O_2B 及 BC 长均为 l。当 $O_1A \perp O_1B$ 时，$\theta = \varphi$。试求此瞬时滑块 C 的速度。

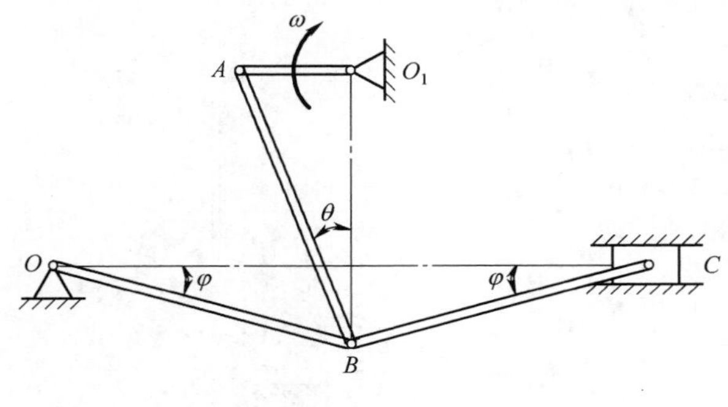

习题 12-10 图

12-11　如习题 12-11 图所示机构中，曲柄 OA 以匀角速度 ω_0 绕 O 转动，并通过连杆 AB 带动半径为 r 的滚轮沿水平固定面纯滚动。已知 $OA=r$，$AB=2r$。试求当曲柄 OA 在图示竖直位置时，滚轮的角速度和角加速度。

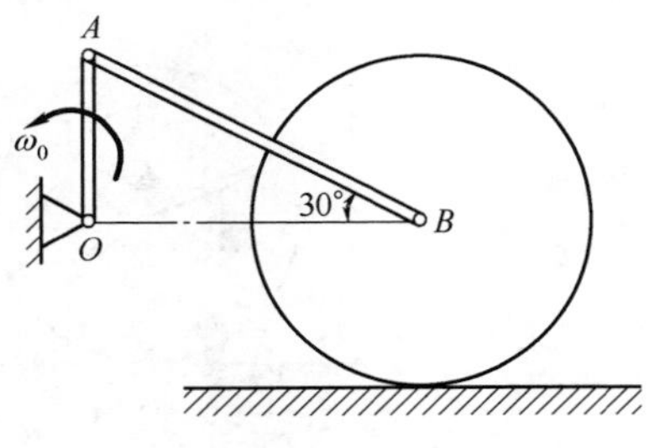

习题 12-11 图

12-12　在椭圆规的机构中，曲柄 OC 以匀角速度 ω_0 绕 O 轴转动，$OC=AC=BC=l$，如习题 12-12 图所示。求当 $\varphi = 45°$ 时，滑块 B 的速度和加速度。

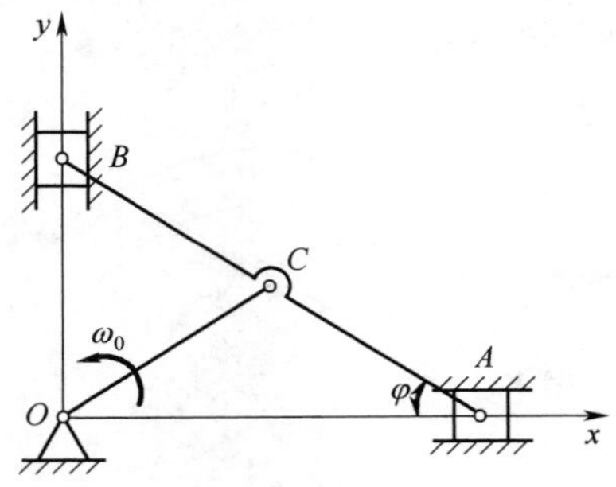

习题 12-12 图

12-13 已知 BC=5cm，AB=10cm，杆 AB 的端点 A 以匀速 $v_A=10\text{cm/s}$ 沿水平路面向右运动。在如习题 12-13 图所示瞬时，$\theta=30°$，杆 BC 处于铅垂位置。试求该瞬时点 B 的加速度和杆 AB 的角加速度。

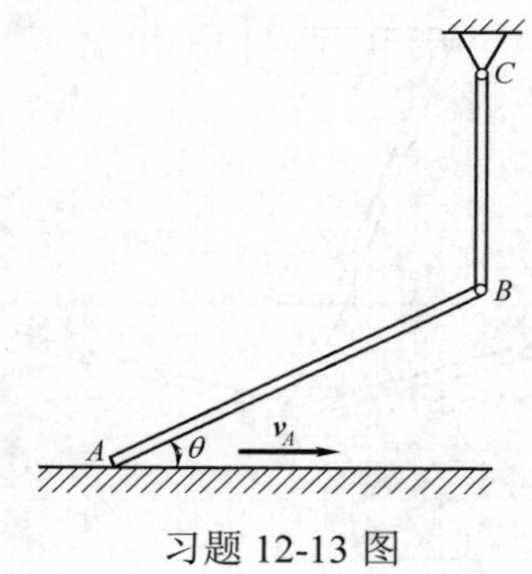

习题 12-13 图

12-14 已知曲柄 OA 长 10cm，以转速 n=30r/min 绕 O 匀速转动；滚轮半径 R=10cm，沿水平面只滚不滑，连杆 AB 长 17.3cm，O、B 在同一水平线上，如习题 12-14 图所示。试求在图示位置时滚轮的角速度和角加速度。

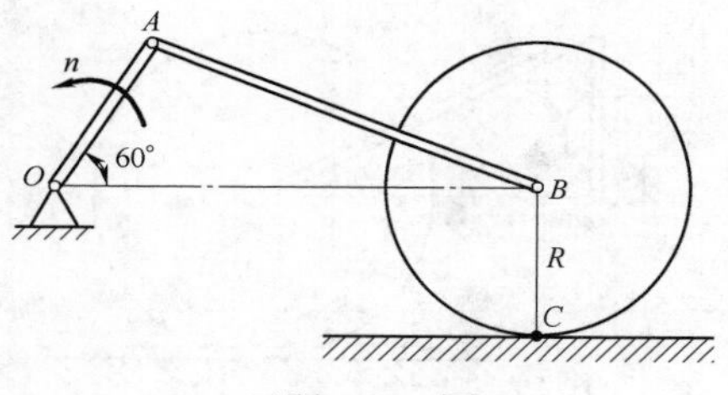

习题 12-14 图

12-15 在如习题 12-15 图所示曲柄连杆机构中，曲柄 OA 绕 O 轴转动，其角速度为 ω_0，角加速度为 α_0。在某瞬时曲柄与水平线间成 $60°$ 角，而连杆 AB 与曲柄 OA 垂直。滑块 B 在圆形槽内滑动，此时半径 O_1B 与连杆 AB 间成 $30°$ 角。如 $OA=r$，$AB=2\sqrt{3}\,r$，$O_1B=2r$。求在该瞬时，滑块 B 的切向加速度和法向加速度。

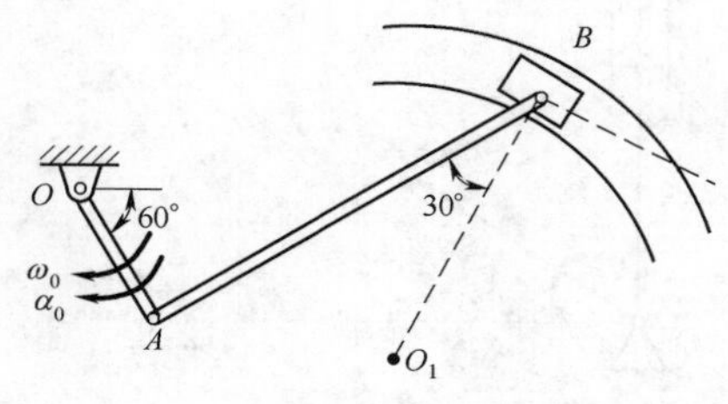

习题 12-15 图

12-16　在如习题 12-16 图所示机构中，曲柄 OA 长为 r，绕 O 轴以等角速度 ω_0 转动，AB=6r，$BC=3\sqrt{3}\,r$。求在图示位置时，滑块 C 的速度和加速度。

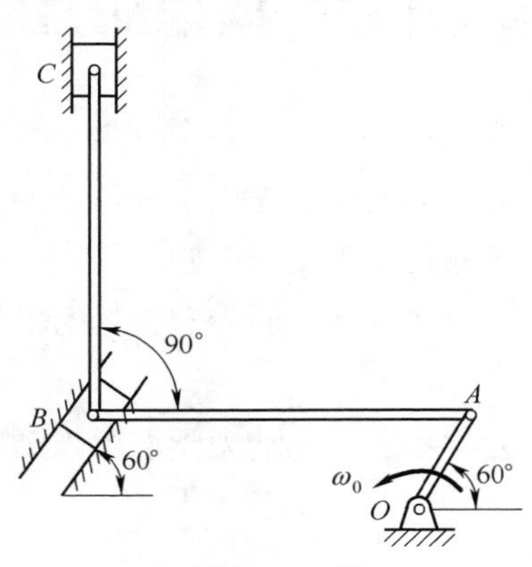

习题 12-16 图

12-17　如习题 12-17 图所示平面机构中，OA 杆的角速度 $\omega_0=10\text{rad/s}$，角加速度 $\alpha_0=5\text{rad/s}^2$，OA=0.2m，$O_1B=1\text{m}$，AB=1.2m。图示瞬时，杆 OA 与杆 O_1B 均处于铅直位置，求此时杆 AB 的角速度、点 B 的速度和加速度。

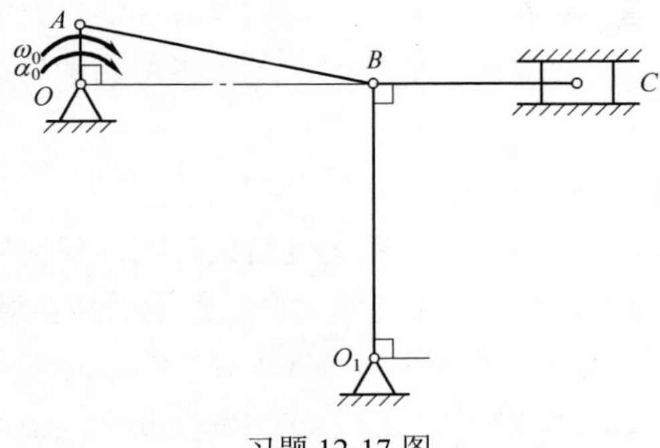

习题 12-17 图

第13章　质点动力学

前面研究了静力学问题，即研究了作用于物体上的力的简化和平衡问题；随后分析了运动学问题，即研究物体运动的问题。从这一章开始，我们把两方面的知识联系起来研究，学习作用在物体上的力与物体的机械运动之间的关系，也就是动力学问题。

动力学可分为质点动力学和质点系动力学，质点动力学是研究质点系动力学的基础。

知识梳理

1. 牛顿三定律

动力学基本定律是在对机械运动进行大量的观察及实验的基础上建立起来的。这些基本定律，是牛顿在总结前人，特别是伽利略研究的基础上概括和归纳出来的，通常称为牛顿运动定律。它描述了动力学最基本的规律，是古典力学的核心。

（1）第一定律（惯性定律）。

质点如不受力作用，将保持静止或匀速直线运动。任何质点都有保持其运动状态不变的特性，即惯性。在日常生活和生产实践中经常会遇到惯性现象。例如：站在做匀速直线运动的汽车上的乘客，当汽车突然刹车时会向前方倾倒。

由第一定律还可知，如果质点的运动状态发生变化，则质点必然受到其他物体的作用，或者说是受到力的作用，即力是改变质点运动状态的原因。

（2）第二定律（力与加速度之间的关系定律）。

质点的质量与加速度的乘积，等于作用于质点的力的大小，加速度的方向与力的方向相同。即

$$m\boldsymbol{a}=\boldsymbol{F} \tag{13.1}$$

当质点同时受 n 个力作用时，式（13.1）中的 $\boldsymbol{F}$ 表示这 n 个力的合力，即

$$m\boldsymbol{a}=\sum_{i=1}^{n}\boldsymbol{F}_i \tag{13.2}$$

由第二定律可知：质点的质量越大，加速度越小，其保持惯性运动的能力越强。因此，质量是质点惯性的度量。

设物体重力为 $\boldsymbol{P}$ 。在重力的作用下的加速度称为重力加速度，用 $\boldsymbol{g}$ 表示。根据第二定律有

$$\boldsymbol{P} = m\boldsymbol{g} \tag{13.3}$$

注意质量和重量是两个不同的概念。质量是物体惯性的度量，重量是地球对物体作用的重力的大小。一般取 $g = 9.80\text{m/s}^2$ 。

（3）第三定律（作用与反作用定律）。

两个质点（物体）间的相互作用力总是大小相等、方向相反，且沿着同一直线，同时分别作用在这两个质点（物体）上。

2. 质点运动微分方程的矢量形式

由牛顿第二定律有

$$m\boldsymbol{a} = \sum_{i=1}^{n} \boldsymbol{F}_i \tag{13.4}$$

由运动学的知识，若用矢径 $\boldsymbol{r}$ 表示质点 M 在惯性坐标系 $Oxyz$ 中的空间位置，则质点的加速度为

$$\boldsymbol{a} = \frac{\mathrm{d}^2\boldsymbol{r}}{\mathrm{d}t^2}$$

将上式代入式（13.4），得

$$m\frac{\mathrm{d}^2\boldsymbol{r}}{\mathrm{d}t^2} = \sum_{i=1}^{n} \boldsymbol{F}_i \tag{13.5}$$

式（13.5）就是矢量形式的质点运动微分方程，为方便运算，常用它的投影式。

3. 质点运动微分方程在直角坐标轴上投影

设质点 M 的矢径 $\boldsymbol{r}$ 在直角坐标系 $Oxyz$ 上的投影分别为 x、y、z，力 $\boldsymbol{F}_i$ 在 x、y、z 轴上的投影分别为 F_{ix} 、 F_{iy} 、 F_{iz} ，则式（13.5）在直角坐标轴上的投影为

$$\left.\begin{aligned} m\frac{\mathrm{d}^2x}{\mathrm{d}t^2} &= \sum_{i=1}^{n} F_{ix} \\ m\frac{\mathrm{d}^2y}{\mathrm{d}t^2} &= \sum_{i=1}^{n} F_{iy} \\ m\frac{\mathrm{d}^2z}{\mathrm{d}t^2} &= \sum_{i=1}^{n} F_{iz} \end{aligned}\right\} \tag{13.6}$$

4. 质点运动微分方程在自然轴上投影

式（13.5）在自然轴系（图 13.1）上的投影式为

$$\left.\begin{aligned} m\frac{\mathrm{d}v}{\mathrm{d}t} &= \sum_{i=1}^{n} F_{i\tau} \\ m\frac{v^2}{\rho} &= \sum_{i=1}^{n} F_{in} \\ 0 &= \sum_{i=1}^{n} F_{ib} \end{aligned}\right\} \tag{13.7}$$

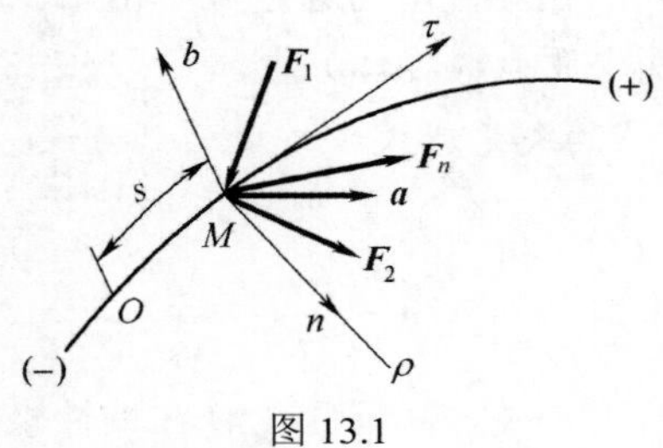

图 13.1

5. 质点动力学的两类基本问题

应用质点运动微分方程式（13.5）可求解质点动力学的两类基本问题。

（1）第一类基本问题：已知质点的运动，求作用于质点的力。

（2）第二类基本问题：已知作用于质点的力，求质点的运动。

基本要求

1. 掌握牛顿三定律。
2. 了解力的单位及量纲。
3. 掌握质点运动微分方程的三种形式，即矢量形式和两种投影形式。
4. 掌握两类问题的求解方法。

典型例题

例 13.1 小车载着质量为 m 的物体以加速度 a 沿着斜坡上行（图 13.2），如果物体不捆扎，也不至于掉下，物体与小车接触面的摩擦因数至少应为多少？

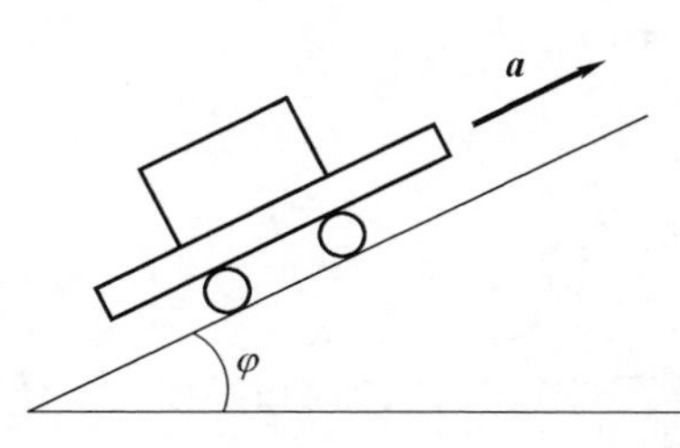

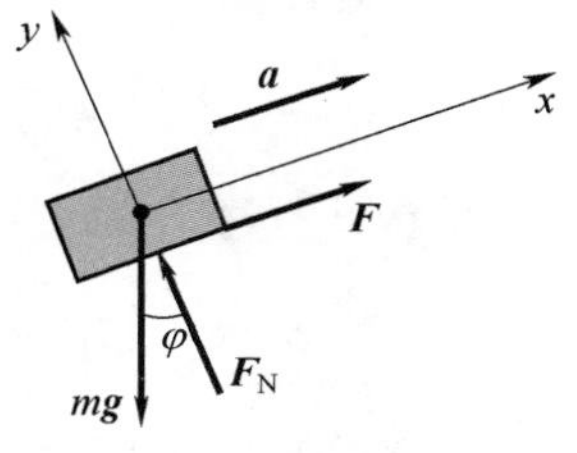

图 13.2

解：取物体为研究对象

$$ma = F - mg\sin\varphi$$

$$0 = F_N - mg\cos\varphi$$

得到

$$F = mg\left(\frac{a}{g} + \sin\varphi\right)$$

$$F_N = mg\cos\varphi$$

要保证物体不下滑，应有 $F \leqslant F_{max} = fF_N$

即有

$$mg\left(\frac{a}{g} + \sin\varphi\right) \leqslant fmg\cos\varphi$$

$$f_{min} = \frac{\left(\frac{a}{g} + \sin\varphi\right)}{\cos\varphi}$$

例 13.2　如图 13.3 所示，设电梯以不变的加速度 a 上升，求放在电梯地板上重 W 的物块 M 对地板的压力。

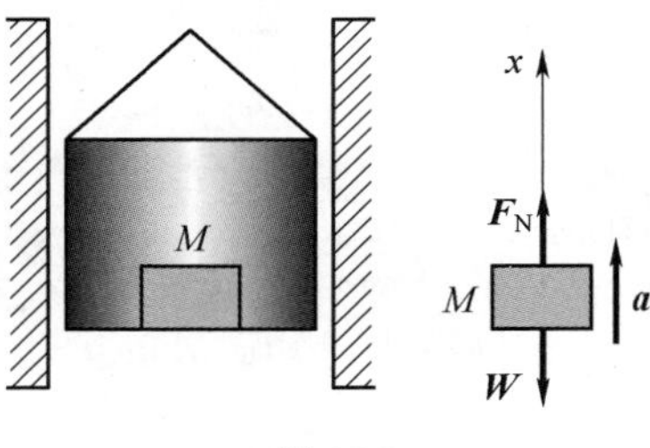

图 13.3

解：取物块为研究对象，已知加速度，求解受力，是运动学的第一类问题。分析物体 M，它受重力 W 和地板反力 F_N 的作用。根据 $F = ma$，可得

$$ma = F_N - W$$

因为 $m = W / g$，则由上式得到地板反力

$$F_N = W + \frac{W}{g}a = W\left(1 + \frac{a}{g}\right)$$

因此，地板所受压力为

$$F_N' = W + \frac{W}{g}a = W\left(1 + \frac{a}{g}\right)$$

上式第一部分称为静压力，第二部分称为附加动压力，F_N' 称为动压力。

讨论：

令 $n = 1 + \frac{a}{g}$，则 $F_N' = nW$。

（1）$n>1$，动压力大于静压力，这种现象称为超重。

（2）$n<1$，动压力小于静压力，这种现象称为失重。

例 13.3 如图 13.4（a）所示，矿砂的筛体按 $x = 50\sin\omega t$（x 的单位为 mm），$y = 50\cos\omega t$（y 的单位为 mm）的规律做简谐运动。为使筛上的矿砂砂粒开始与筛分开而抛起，求曲柄转动角速度 ω 的最小值。

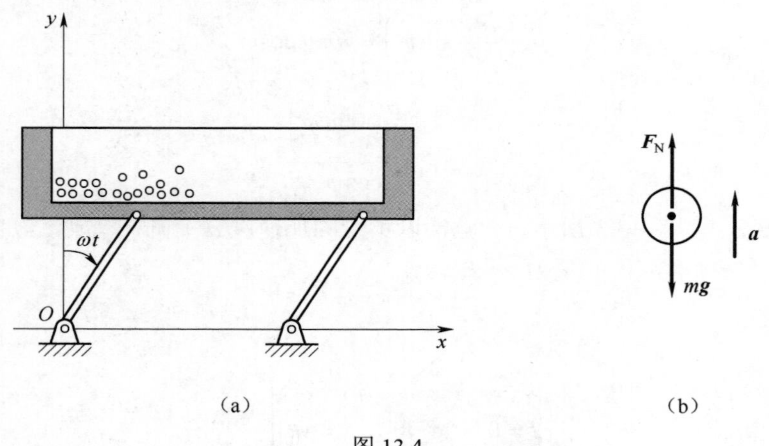

图 13.4

解：取矿砂为研究对象。该问题为已知矿砂的运动，求作用力的问题，属于运动学的第一类问题。

分析铅垂方向矿粒的受力和加速度，如图 13.4（b）所示，并列方程

$$ma = F_N - mg$$

其中，$a = y = -50\omega^2\cos\omega t = -0.05\cos\omega t \ \text{m/s}^2$

解得　$F_N = m(g - 0.05\omega^2\cos\omega t)$

$F_{N\min} = m(g - 0.05\omega^2)$

当 $F_{\mathrm{Nmin}}=0$ 时，解得 $\omega=14\mathrm{rad/s}$ 。

例 13.4　如图 13.5 所示弹簧一质量系统，物块的质量为 m，弹簧的刚度系数为 k，物块自平衡位置的初始速度为 v_0。求物块的运动方程。

解： 取物块为研究对象。这是已知力（弹簧力）求运动规律的问题，故为第二类动力学问题。

如图 13.5（b）所示，以弹簧在静载 mg 作用下变形后的平衡位置（称为静平衡位置）为原点建立 ox 坐标系，将物块置于任意位置（ $x>0$ ）处。

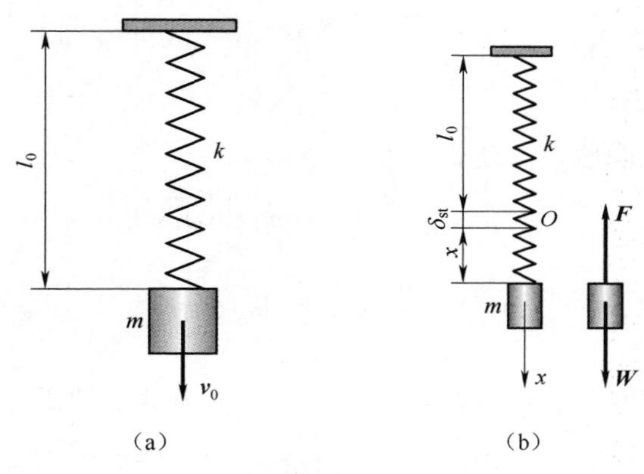

图 13.5

根据 $F=ma$ ，列出物块的运动微分方程

$$m\ddot{x}=-k(x+\delta_{\mathrm{st}})+mg$$

因为 $k\delta_{\mathrm{st}}=mg_{\mathrm{s}}$ ，所以上式为

$$\ddot{x}+\omega_0^2x=0\ ,\quad \omega_0^2=\frac{k}{m}$$

求解可得　　$x=A\sin(\omega_0 t+\varphi)$

注意到　　$t=0\ ,\quad x=0\ ,\quad \dot{x}=v_0$

故可得物块的运动方程

$$x=v_0\sqrt{\frac{m}{k}}\cdot\sin\sqrt{\frac{m}{k}}t$$

例 13.5　桥式起重机跑车用钢丝绳吊挂的一质量为 m 的重物沿横向做匀速运动，速度为 $\boldsymbol{v}_0$ ，重物中心至悬挂点的距离为 l，如图 13.6 所示。突然刹车，重物因惯性绕悬挂点 O 向前摆动，求钢丝绳的最大拉力。

解： 以重物（抽象为质点）为研究对象，由于其运动轨迹为以悬挂点 O 为圆心，以绳长 l 为半径的圆弧，故该题适合用自然法求解。重物受重力 mg 和钢丝绳

拉力 $\boldsymbol{F}_{\mathrm{T}}$ 的共同作用，在一般位置时受力如图 13.6 所示。设钢丝绳与铅垂线成角 φ 时，重物的速度为 $\boldsymbol{v}$。

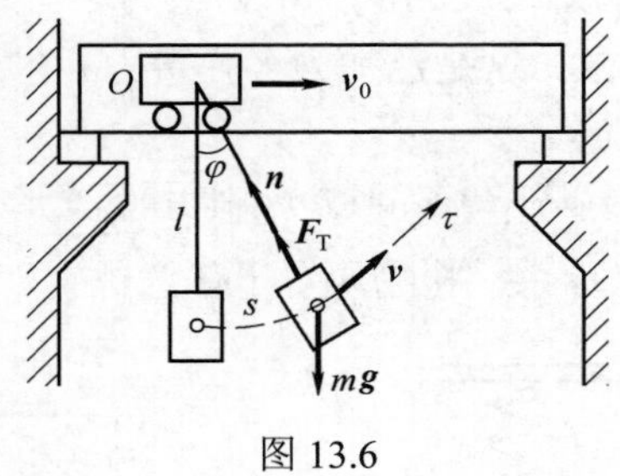

图 13.6

应用自然形式的质点运动微分方程

$$ma_\tau = m\frac{\mathrm{d}v}{\mathrm{d}t} = -mg\sin\varphi \tag{a}$$

$$ma_n = m\frac{v^2}{l} = F_{\mathrm{T}} - mg\cos\varphi \tag{b}$$

由式（b）可知，$F_{\mathrm{T}} = mg\cos\varphi + m\dfrac{v^2}{l}$，其中 v 和 φ 是变量，由式（a）可知，重物做减速运动，因此，$\varphi = 0$ 时，钢丝绳的拉力最大。

$$F_{\mathrm{Tmax}} = m\left(g + \frac{v_0^{\ 2}}{l}\right)$$

从式（a）来看，待求的是质点的运动规律，故属于质点动力学的第二类基本问题；从式（b）来看，在求出质点的运动规律后，利用它可以求钢丝绳的拉力，这是质点动力学的第一类基本问题。故该问题是第一类基本问题与第二类基本问题综合在一起的动力学问题，称为混合问题。

思 考 题

13-1 站在磅秤上的人，突然下蹲的瞬间，指针向读数大的一边偏还是向读数小的一边偏？为什么？

13-2 质点的运动方向即速度方向，是否一定与作用在质点上的合力方向相同？

13-3 质点做曲线运动时，是否不受任何力？

习　题

13-1　罐笼质量$m=480\text{kg}$，上升时的速度如习题 13-1 图所示。求在下列时间间隔内，悬挂罐笼的钢丝绳的拉力。

（1）$t=0$ 至 $t=2\text{s}$；（2）$t=2\text{s}$ 至 $t=8\text{s}$；（3）$t=8\text{s}$ 至 $t=10\text{s}$

13-2　质量$m_1=60\text{kg}$的箱子A放在质量$m_2=40\text{kg}$的小车B上，如习题 13-2 图所示，若箱子和小车间的动摩擦因数$f=0.2$，拉力$F=300\text{N}$，求小车和箱子的加速度。

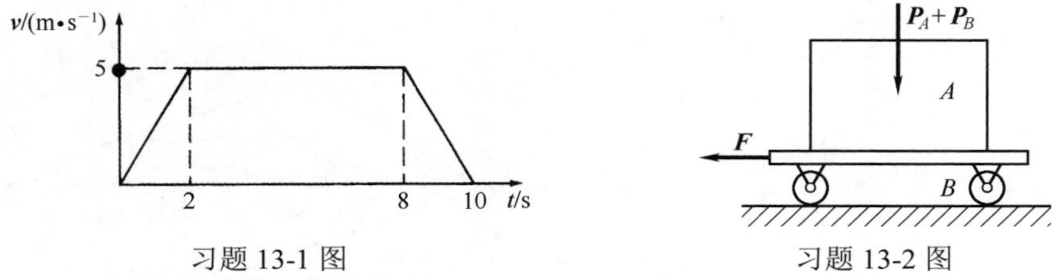

习题 13-1 图　　习题 13-2 图

13-3　小球A重P，以两细绳AB、AC挂起，如习题 13-3 图所示。现把绳子AB突然剪断，在该瞬时绳子AC的拉力F_T为多少？小球到达铅垂位置时，绳子中的拉力为多少？

13-4　一质量为m的物体放在匀速转动的水平台上，它与转轴之间的距离为R，如习题 13-4 图所示。设物体与转台表面的摩擦因数为f_s，当物体不致因转台旋转而滑出时，水平转台的最大速度是多少？

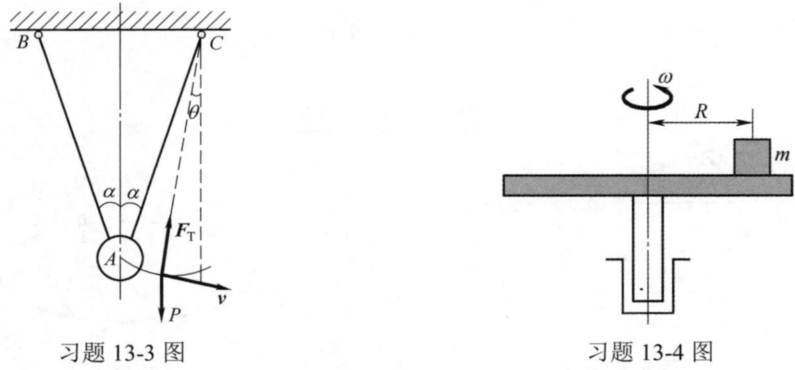

习题 13-3 图　　习题 13-4 图

13-5　质量为m的矿石，在静止的水中由静止开始缓慢下沉，如习题 13-5 图所示。由实验知，当矿石速度不大时，水的阻力与矿石速度大小成正比，其方向与速度方向相反，即 $\boldsymbol{F}=-\mu v$，μ 为阻尼系数，它与矿石形状、截面尺寸、介质密度有关。若水的浮力忽略不计，试求矿石下沉速度和运动规律。

13-6　物体 M 放在粗糙的斜面上，斜面倾角的正切值 $\tan\theta=\dfrac{1}{30}$，物体与斜面的动摩擦因数 $f=0.1$，物体的质量为 300g。今用绳子水平牵引物体 M，牵引力的方向与 AB 边平行，如习题 13-6 图所示。在某一时间以后，物体开始做匀速直线运动，已知其平行于 AB 边的分速度 $v_2=120\text{mm/s}$，求与 AB 垂直的分速度 v_1 和绳子的张力 F_{T}。

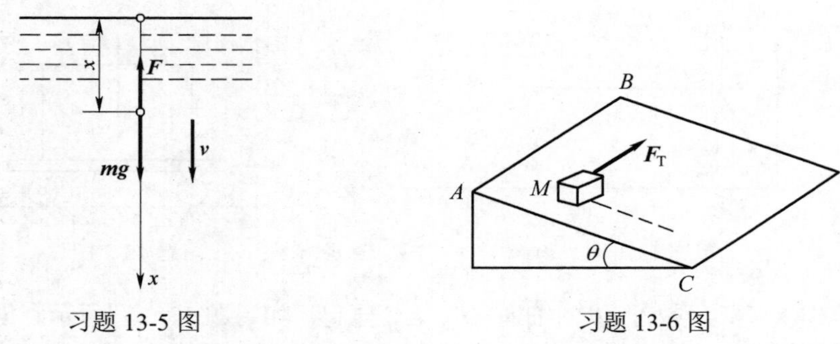

习题 13-5 图　　习题 13-6 图

13-7　质量为 m 的滑块 A 因绳子的牵引沿水平导轨滑动，绳子的另一端缠在半径为 r 的鼓轮上，鼓轮以匀角速度 ω 转动，如习题 13-7 图所示。不计导轨摩擦，求绳子的张力 F_{T} 和距离 x 之间的关系。

13-8　质量 $m=1\text{kg}$ 的小球，由长为 $l=30\text{cm}$ 的细绳悬挂于固定点 O，小球 A 在水平面内做匀速圆周运动，形成一锥摆，并设绳与铅垂线成 $\alpha=60°$ 的夹角，如习题 13-8 图所示。求小球的速度与绳中的张力。

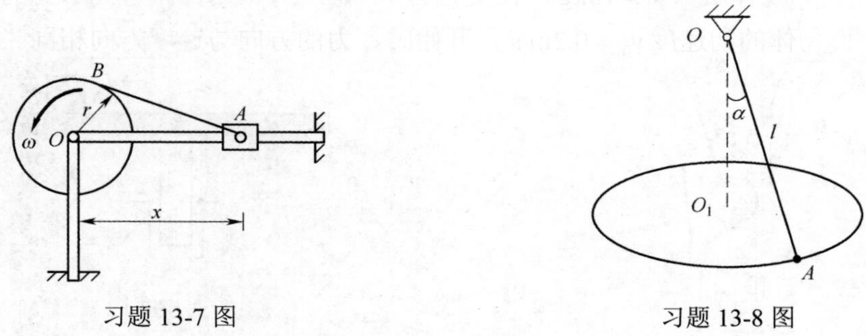

习题 13-7 图　　习题 13-8 图

13-9　质量为 m 的质点 M，带有电荷 e，以水平的初速度 v_0 进入电场强度按

$E = A\cos kt$ 变化的均匀电场中，其中，A、k 为已知常数，并且初速度方向与电场强度方向垂直，如习题 13-9 图所示。质点 M 在电场中受力 $\boldsymbol{F} = -e\boldsymbol{E}$，忽略质点的重力。求质点的运动轨迹。

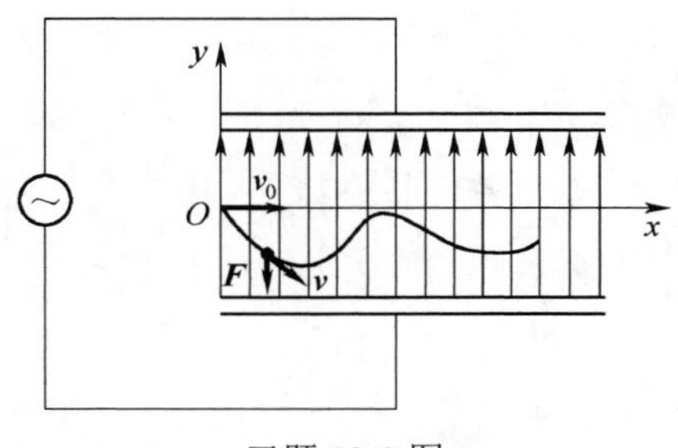

习题 13-9 图

13-10　如习题 13-10 图所示，单摆的摆长为 l，摆锤的质量为 m，已知摆的摆动方程为 $\varphi = \varphi_0 \sin(\sqrt{g/l})t$ rad，其中 φ_0 和 g 为常数，t 以 s 计。求 $\varphi = 0$ 和 $\varphi = \varphi_0$ 时，摆绳的拉力。

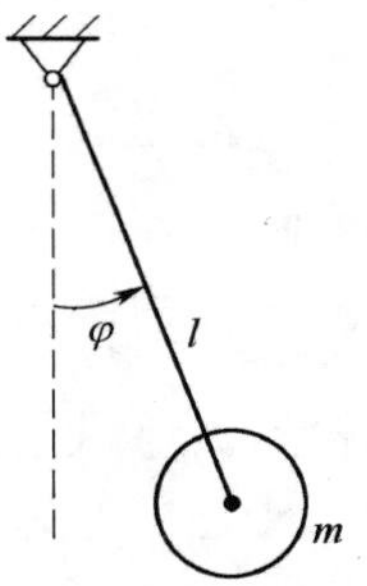

习题 13-10 图

13-11　一物体质量 $m = 10\text{kg}$，在变力 $F = 100(1-t)$（力的单位为 N）的作用下运动。设物体的初速度 $v_0 = 0.2\text{m/s}$，开始时，力的方向与速度方向相同。经过多少时间后物体的速度为 0？此前走了多少路程？

第 14 章　动力学普遍定理

知 识 梳 理

1. 动量定理

（1）动量。

质点的质量与它速度矢的乘积称为质点的动量，记为$m\boldsymbol{v}$。质点的动量是矢量，方向与速度矢的方向一致。在国际单位制中，动量的单位为$\mathrm{kg\cdot m/s}$。

质点系中所有质点动量的矢量和，称为质点系的动量。用$\boldsymbol{p}$表示

$$\boldsymbol{p}=\sum m_i\boldsymbol{v}_i \tag{14.1}$$

质点系质量中心（简称“质心”）的矢径为$\boldsymbol{r}_C$，表示为

$$\boldsymbol{r}_C=\frac{\sum m_i\boldsymbol{r}_i}{m} \tag{14.2}$$

或

$$m\boldsymbol{r}_C=\sum m_i\boldsymbol{r}_i$$

其中$\boldsymbol{r}_C$和$\boldsymbol{r}_i$是相对所选取的坐标（可以是静坐标或动坐标）而言的。

两边对时间t求导，则有$m\boldsymbol{v}_C=\sum m_i\boldsymbol{v}_i$，因此，质点系的动量又可以表示为

$$\boldsymbol{p}=\sum m_i\boldsymbol{v}_i=m\boldsymbol{v}_C \tag{14.3}$$

即质点系的动量等于质心速度与其全部质量的乘积。

对于刚体系统，设第i个刚体的质心C_i的速度为$\boldsymbol{v}_{Ci}$，整个刚体系统的动量为

$$\boldsymbol{p}=\sum m_i\boldsymbol{v}_{Ci} \tag{14.4}$$

（2）冲量。

作用力与其作用时间的乘积称为常力的冲量。冲量是矢量，与力的方向一致。常力$\boldsymbol{F}$，作用时间为t，则此力的冲量为

$$\boldsymbol{I}=\boldsymbol{F}t \tag{14.5}$$

如果$\boldsymbol{F}$是变量，在微小时间$\mathrm{d}t$内，力$\boldsymbol{F}$的冲量称为元冲量，即

$$\mathrm{d}\boldsymbol{I}=\boldsymbol{F}\mathrm{d}t \tag{14.6}$$

力 $\boldsymbol{F}$ 在作用时间内的冲量为矢量积分

$$\boldsymbol{I}=\int_{t_1}^{t_2}\boldsymbol{F}\mathrm{d}t \tag{14.7}$$

冲量的单位在国际单位制中为N·s，因此冲量与动量的量纲是相同的。

（3）质点的动量定理。

由质点动力学微分方程，得到质点动量定理的微分形式

$$\frac{\mathrm{d}(m\boldsymbol{v})}{\mathrm{d}t}=\boldsymbol{F}$$

或

$$\mathrm{d}(m\boldsymbol{v})=\boldsymbol{F}\mathrm{d}t \tag{14.8}$$

对上式两边积分，得

$$m\boldsymbol{v}_2-m\boldsymbol{v}_1=\int_{t_1}^{t_2}\boldsymbol{F}\mathrm{d}t=\boldsymbol{I} \tag{14.9}$$

式（14.9）为质点动量定理的积分形式，即质点动量的变化等于作用于质点的力在此段时间内的冲量。

（4）质点系的动量定理。

质点系动量定理的微分形式

$$\frac{\mathrm{d}\boldsymbol{p}}{\mathrm{d}t}=\sum\boldsymbol{F}_i^{(\mathrm{e})} \tag{14.10}$$

此式表示，只有系统外部的力，才能改变质点系的总动量。

对上式积分，得质点系动量定理的积分形式

$$\boldsymbol{p}_2-\boldsymbol{p}_1=\sum\boldsymbol{I}_i^{(\mathrm{e})} \tag{14.11}$$

当 $\sum\boldsymbol{I}_i^{(\mathrm{e})}=0$ 时，$\boldsymbol{p}=$常矢量，即系统动量守恒。

（5）质心运动定理。

质心运动定理

$$m\boldsymbol{a}_C=\sum\boldsymbol{F}_i^{(\mathrm{e})} \tag{14.12}$$

此式表示，只有系统外部的力，才能改变质点系质心运动定理。

2. 动量矩定理

（1）均质简单形状物体转动惯量的计算。

1）均质细直杆（图 14.1）对 z 轴的转动惯量

$$J_z=\frac{1}{3}Ml^2$$

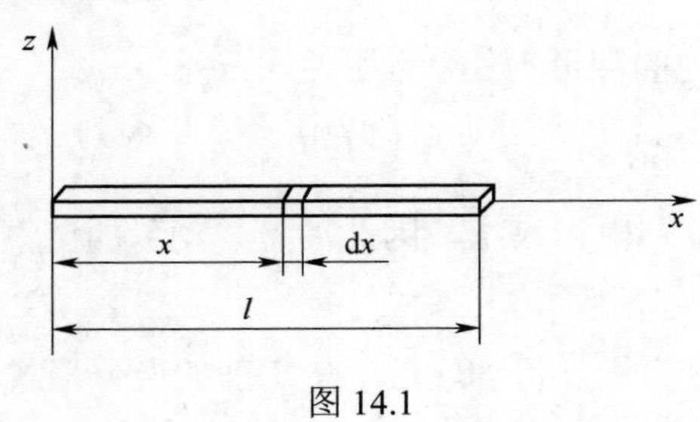

图 14.1

2）均质薄圆环对中心轴的转动惯量

$$J_z = MR^2$$

3）均质圆盘对中心轴的转动惯量

$$J_z = \frac{1}{2}MR^2$$

（2）动量矩的计算。

质点的动量 $m\boldsymbol{v}$ 对 O 点之矩，等于矢径 $\boldsymbol{r}$ 与动量 $m\boldsymbol{v}$ 的矢积。以符号 $\boldsymbol{M}_O(m\boldsymbol{v})$ 表示，即

$$\boldsymbol{M}_O(m\boldsymbol{v}) = \boldsymbol{r} \times m\boldsymbol{v}$$

质点系对某点 O 的动量矩等于质点系内各质点的动量对该点的矩的矢量和。用 $\boldsymbol{L}_O$ 表示。即

$$\boldsymbol{L}_O = \sum \boldsymbol{M}_O(m_i\boldsymbol{v}_i) = \sum \boldsymbol{r}_i \times m_i\boldsymbol{v}_i$$

绕定轴转动刚体对其转轴的动量矩等于刚体对转轴的转动惯量与转动角速度的乘积，即

$$L_z = J_z\omega$$

（3）动量矩定理。

1）质点的动量矩定理。

$$\frac{\mathrm{d}}{\mathrm{d}t}[\boldsymbol{M}_O(m\boldsymbol{v})] = \boldsymbol{M}_O(\boldsymbol{F})$$

上式即为质点的动量矩定理：质点对某定点的动量矩对时间的导数，等于作用于质点的力对该点的矩。

将上式在各固定坐标轴上投影，考虑矢量对点之矩与通过该点轴之矩的关系，可得

$$\left.\begin{aligned}\frac{\mathrm{d}}{\mathrm{d}t}M_x(m\boldsymbol{v})=M_x(\boldsymbol{F})\\ \frac{\mathrm{d}}{\mathrm{d}t}M_y(m\boldsymbol{v})=M_y(\boldsymbol{F})\\ \frac{\mathrm{d}}{\mathrm{d}t}M_z(m\boldsymbol{v})=M_z(\boldsymbol{F})\end{aligned}\right\}$$

这就是质点对固定轴的动量矩定理：质点对某固定轴的动量矩对时间的导数，等于作用在质点上的力对同一轴之矩。

2）质点系的动量矩定理。

$$\frac{\mathrm{d}\boldsymbol{L}_O}{\mathrm{d}t}=\sum M_O(\boldsymbol{F}_i^{(\mathrm{e})})=\boldsymbol{M}_O^{(\mathrm{e})}$$

此式为质点系动量矩定理：质点系对某固定点的动量矩对时间的导数，等于作用于质点系的外力对同一点的矩。

将上式投影到固定坐标轴上，可得质点系对轴的动量矩定理，即

$$\left.\begin{aligned}\frac{\mathrm{d}L_x}{\mathrm{d}t}=\sum M_x(\boldsymbol{F}^{(\mathrm{e})})\\ \frac{\mathrm{d}L_y}{\mathrm{d}t}=\sum M_y(\boldsymbol{F}^{(\mathrm{e})})\\ \frac{\mathrm{d}L_z}{\mathrm{d}t}=\sum M_z(\boldsymbol{F}^{(\mathrm{e})})\end{aligned}\right\}$$

质点系对某固定轴的动量矩对时间的导数等于作用于该质系所有外力对同一轴之矩的代数和。

（4）刚体绕定轴转动的微分方程

$$J_z\frac{\mathrm{d}\omega}{\mathrm{d}t}=\sum M_z(\boldsymbol{F}^{(\mathrm{e})})$$

$$J_z\alpha=\sum M_z(\boldsymbol{F}^{(\mathrm{e})})$$

或

$$J_z\frac{\mathrm{d}^2\phi}{\mathrm{d}t^2}=\sum M_z(\boldsymbol{F}^{(\mathrm{e})})$$

3. 动能定理

（1）力的功。

1）常力在直线运动中的功。

常力 $\boldsymbol{F}$ 作用下质点沿直线从 M_1 运动到 M_2，其位移为 $\boldsymbol{s}$， $\boldsymbol{F}$ 与 $\boldsymbol{s}$ 的夹角为 α，则常力 $\boldsymbol{F}$ 在此过程中所做的功为

$$W=F\cos\alpha\cdot s=\boldsymbol{F}\cdot\boldsymbol{s}$$

2）变力的功。

$$\delta W = \boldsymbol{F} \cdot \mathrm{d}\boldsymbol{r}$$

$$W_{12} = \int_l (F_x \mathrm{d}x + F_y \mathrm{d}y + F_z \mathrm{d}z)$$

3）几种常见力的功。

质点重力的功

$$W_{12} = mg(z_1 - z_2)$$

质点系重力的功

$$W_{12} = mg(z_{C1} - z_{C2})$$

弹性力的功

$$W_{12} = \frac{k}{2}(\delta_1^2 - \delta_2^2)$$

作用在刚体上力偶的功

$$W = \int_{\varphi_1}^{\varphi_2} M \mathrm{d}\varphi$$

（2）动能。

1）质点的动能

$$T = mv^2 / 2$$

2）质点系的动能

$$T = \sum \frac{1}{2} m_i v_i^2$$

3）刚体的动能

平移刚体的动能

$$T = \frac{1}{2} M v_C^2$$

定轴转动刚体的动能

$$T = \frac{1}{2} J_z \omega^2$$

平面运动刚体的动能

$$T = \frac{1}{2} M v_C^2 + \frac{1}{2} J_C \omega^2$$

即做平面运动刚体的动能，等于随质心平动的动能与绕质心转动的动能的和。

（3）动能定理。

1）质点系的动能定理微分形式

$$\mathrm{d}T = \sum \delta W_i$$

2）质点系的动能定理积分形式

$$T_2 - T_1 = \sum W_i$$

基本要求

1．能正确计算质点系、刚体和刚体系的动量。

2．能正确地进行受力分析和运动分析，用动量定理求解质点系问题。

3．能正确计算质点系和刚体对固定点或质心的动量矩。

4．能正确地进行受力分析和运动分析，用动量矩定理求解质点系问题。

5．能熟练用刚体绕定轴转动的微分方程解决受力和运动的问题。

6．能正确计算质点系、刚体及刚体系统的动能。

7．能熟练计算力的功。

8．能熟练掌握利用动能定理的积分形式确定出系统受力和运动的关系。

9．正确使用动量定理、动量矩定理和动能定理求解质点系的未知运动量和未知约束力。

典型例题

例 14.1　质量为 1kg 的小球，以速度 $v_1 = 4\text{m/s}$ 与一固定水平面相碰，其方向与铅垂线成角 $\varphi = 30°$。设小球弹跳速度 $v_2 = 2\text{m/s}$，其方向与铅垂线成角 $\beta = 60°$，如图 14.2 所示。求作用于小球上的冲量的大小和方向。

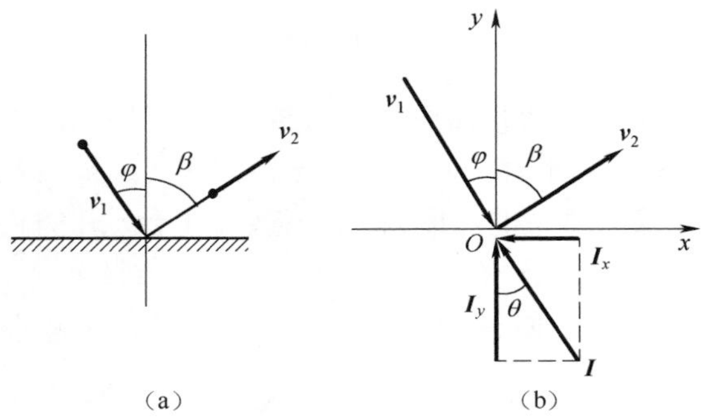

图 14.2

解：取小球为质点。作用于小球上的冲量为$\boldsymbol{I}$，投影分别为I_x、I_y，其指向假设。如图 14.2（b）所示。则有

$$-I_x=mv_2\sin\beta-mv_1\sin\varphi$$
$$I_y=mv_2\cos\beta-m(-v_1\cos\varphi)$$

代入数值得

$$I_x=0.27\text{kg}\cdot\text{m/s},\quad I_y=4.46\text{kg}\cdot\text{m/s}$$

I_x、I_y为正值，则说明其实际方向与假设方向相同。

作用于小球的冲量大小

$$I=\sqrt{I_x^2+I_y^2}=\sqrt{0.27^2+4.46^2}\text{kg}\cdot\text{m/s}=4.47\text{kg}\cdot\text{m/s}$$

方向：

$$\tan\theta=\frac{I_x}{I_y}=\frac{0.27}{4.46}=0.0605\qquad\theta=3°28'$$

例 14.2 质量为m_1平台AB，放于水平面上，平台与水平面间的动滑动摩擦因数为f，质量为m_2的小车D，由绞车拖动，相对于平台的运动规律为$s=\frac{1}{2}bt^2$，其中b为已知常数，如图 14.3 所示。不计绞车的质量，求平台的加速度。

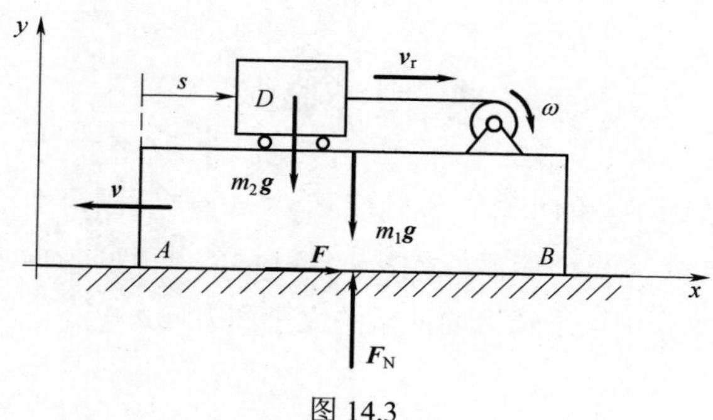

图 14.3

解：首先分析受力。选取整体作为质点系，作用在水平方向的外力有摩擦力$\boldsymbol{F}$，竖直方向有小车和平台的重力及地面对整体的法向约束力$\boldsymbol{F}_N$。

再分析运动。动量定理中的速度为绝对速度，平台水平方向动量为$-m_1\boldsymbol{v}$。由速度合成定理可知，小车的绝对速度为$\boldsymbol{v}_r-\boldsymbol{v}$，因此小车水平方向动量为$m_2(\boldsymbol{v}_r-\boldsymbol{v})$。质点系水平方向动量为$p_x=-m_1v+m_2(v_r-v)$，竖直方向动量$p_y=0$。

由动量定理微分形式的投影式，得$\frac{\mathrm{d}p_x}{\mathrm{d}t}=\sum F_x^{(e)}$，$\frac{\mathrm{d}p_y}{\mathrm{d}t}=\sum F_y^{(e)}$，分别有

$$\frac{\mathrm{d}}{\mathrm{d}t}[-m_1 v + m_2(v_r - v)] = F$$

$$0 = F_N - (m_1 + m_2)g$$

式中　$v_r = \dot{s}$，$F = fF_N$

解得　$a = \frac{\mathrm{d}v}{\mathrm{d}t} = \frac{m_2 b - f(m_1 + m_2)g}{m_1 + m_2}$

注意：取质点系为研究对象，运用动量定理时不考虑质点系内力。

例 14.3　如图 14.4 所示，曲柄滑槽机构中，长为 l 的曲柄以匀角速度 ω 绕 O 轴转动，运动开始时 $\varphi = 0$。已知均质曲柄的质量为 m_1，滑块 A 的质量为 m_2，导杆 BD 的质量为 m_3，点 G 为其质心，且 $BG = \frac{1}{2}$。求：（1）机构质量中心的运动方程；（2）作用在 O 轴的最大水平力。

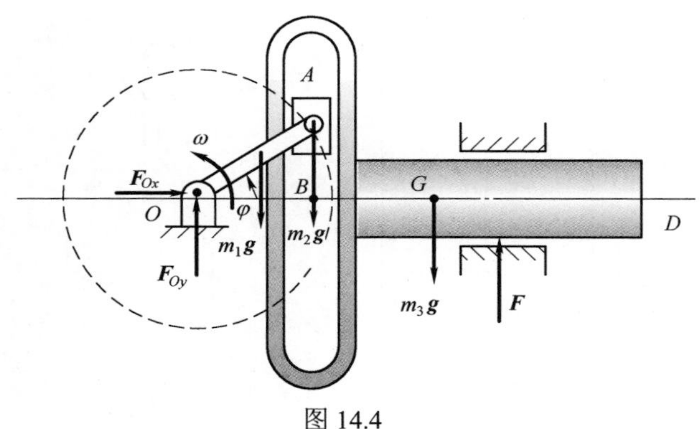

图 14.4

解：选取整个机构为研究的质点系。作用在水平方向的外力有 $\boldsymbol{F}_{Ox}$，由质心坐标公式得

$$x_C = \frac{\sum m x_i}{\sum m_i},\quad y_C = \frac{\sum m_i y_i}{\sum m_i}$$

得到质心的运动方程为

$$x_C = \frac{m_3 l}{2(m_1+m_2+m_3)} + \frac{m_1 + 2m_2 + 2m_3}{2(m_1+m_2+m_3)} l\cos\omega t$$

$$y_C = \frac{m_1+2m_2}{2(m_1+m_2+m_3)} l\sin\omega t$$

机构的受力如图 14.4 所示。

由质心运动定理在 x 轴上的投影式得

$$ma_{Cx} = \sum F_x^{(e)}$$

有

$$(m_1+m_2+m_3)\ddot{x}_C = F_{Ox}$$

解得

$$F_{Ox} = -\frac{1}{2}(m_1+m_2+m_3)l\omega^2 \cos\omega t$$

显然，最大水平约束力

$$F_{Ox\max} = \frac{1}{2}(m_1+m_2+m_3)l\omega^2$$

例 14.4 如图 14.5 所示，均质薄板尺寸为l、b，板面积为bl时，质量为m。求薄板对x和y轴的转动惯量。

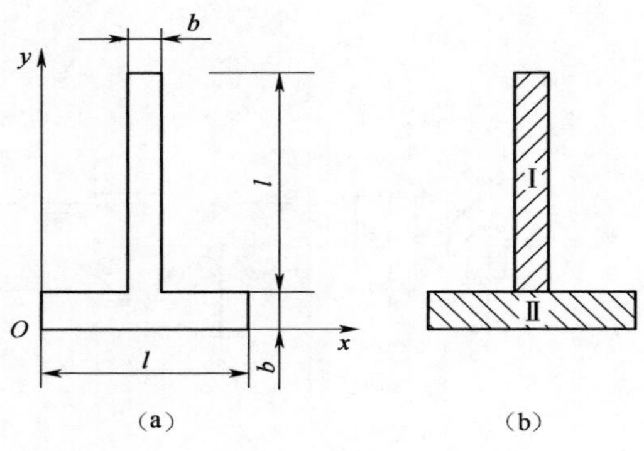

图 14.5

解：将薄板分割成两块，每块的面积为bl，由转动惯量的平行轴定理，得

$$J_x = \frac{1}{12}ml^2 + m\left(\frac{l}{2}+b\right)^2 + \frac{1}{3}mb^2 = \frac{1}{3}m(l^2+3bl+4b^2)$$

$$J_y = \frac{1}{12}mb^2 + m\left(\frac{l}{2}\right)^2 + \frac{1}{3}ml^2 = \frac{1}{12}m(b^2+7l^2)$$

讨论：在求解组合体的转动惯量时，一般应用分割法的思想求解，将图形分割成若干个规则图形求解。对每个图形，尽量利用转动惯量的平行轴定理，可以使计算简化。

例 14.5 两个鼓轮固连在一起，其总质量是m，对水平转轴O的转动惯量是J_O。鼓轮的半径是r_1和r_2。绳端悬挂的重物A和B质量分别是m_1和m_2［图 14.6（a）］，且$m_1 > m_2$。试求鼓轮的角加速度。

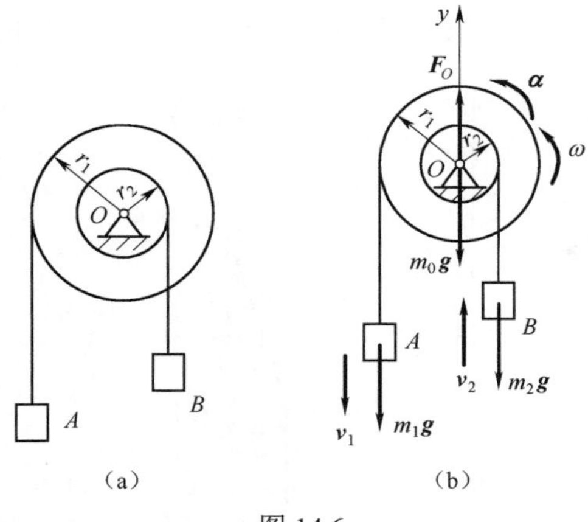

图 14.6

解：取鼓轮，以及重物 A、B 和绳索为研究对象［图 14.6（b）］。对鼓轮的转轴 z（垂直于图面，指向读者）应用动量矩定理，有

$$\frac{\mathrm{d}L_{Oz}}{\mathrm{d}t}=M_{Oz}$$

系统的动量矩由三部分组成，等于

$$L_{Oz}=J_O\omega+m_1v_1r_1+m_2v_2r_2$$

因为有 $v_1=r_1\omega$，$v_2=r_2\omega$，则得到

$$L_{Oz}=(J_O+m_1r_1^2+m_2r_2^2)\omega \tag{a}$$

$$M_{Oz}=(m_1r_1-m_2r_2)g \tag{b}$$

将式（a）和式（b）代入方程

$$\frac{\mathrm{d}L_{Oz}}{\mathrm{d}t}=M_{Oz}$$

即得

$$(J_O+m_1r_1^2+m_2r_2^2)\frac{\mathrm{d}\omega}{\mathrm{d}t}=(m_1r_1-m_2r_2)g$$

从而求出鼓轮的角加速度

$$\boldsymbol{\alpha}=\frac{\mathrm{d}\omega}{\mathrm{d}t}=\frac{m_1r_1-m_2r_2}{J_O+m_1r_1^2+m_2r_2^2}g$$

方向为逆时针。

例 14.6　如图 14.7 所示的机构，水平杆 AB 固连于铅直转轴。杆 AC 和 BD 的一端各用铰链与 AB 杆相连，另一端各系重 P 的球 C 和 D。开始时两球用绳相连，而杆 AC 和 CD 处于铅直位置，机构以角速度 ω_0 绕 z 轴转动。在某瞬时绳被拉断，两球因而分离，经过一段时间又达到稳定运转，此时杆 AC 和 BD 各与铅

直线成 α 角［图 14.7（b）］。设杆重均略去不计，试求这时机构的角速度 ω 。

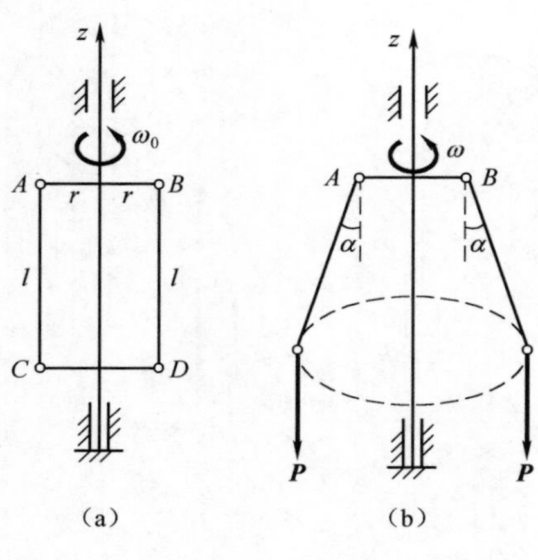

图 14.7

解：取杆和球一起组成的系统为研究对象，所受外力为球的重力和轴承反力。这些力对 z 轴之矩都等于 0，所以系统对 z 轴的动量矩守恒。

开始时，系统的动量矩为

$$L_{z1}=2\frac{p}{g}v_0 r=2r^2\omega_0\frac{P}{g}$$

最后稳定运转时，系统的动量矩为

$$L_{z2}=2\frac{p}{g}v(r+l\sin\alpha)=2(r+l\sin\alpha)^2\omega\frac{p}{g}$$

因为 $L_{z1}=L_{z2}$

即
$$2(r+l\sin\alpha)^2\omega\frac{p}{g}=2r^2\omega_0\frac{P}{g}$$

于是得

$$\omega=\frac{r^2}{(r+l\sin\alpha)^2}\omega_0$$

例 14.7　求复摆的运动规律。一个刚体，由于重力作用而自由地绕一水平轴转动（图 14-8），称为复摆（或物理摆）。设摆的质量为 m，质心 C 到转轴 O 的距离为 a，摆对轴的转动惯量为 J_0。

解：以复摆为研究的质点系。复摆受的外力有重力 mg 和轴承的约束反力。设 φ 角以逆时针方向为正，则重力对 O 点之矩为负。应用刚体定轴转动微分方程，则

$$J_0 \frac{d^2\varphi}{dt^2} = -mga\sin\varphi$$

即

$$\frac{d^2\varphi}{dt^2} + \frac{mga}{I_0}\sin\varphi = 0$$

当摆做微幅摆动时，可取 $\sin\varphi \approx \varphi$

令 $\omega_n^2 = \frac{mga}{J_0}$，上式成为

$$\frac{d^2\varphi}{dt^2} + \omega_n^2\varphi = 0$$

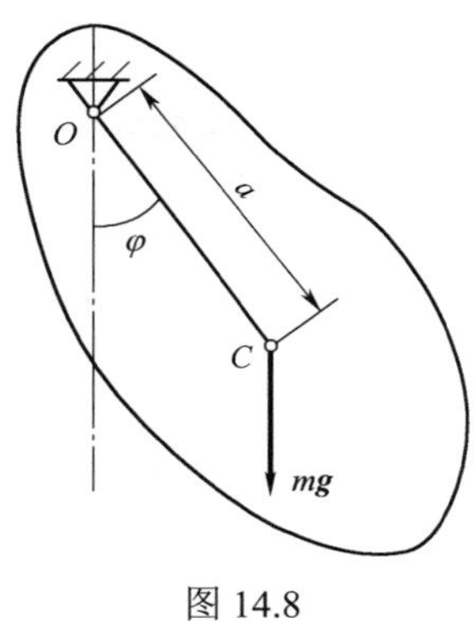

图 14.8

解此微分方程得

$$\varphi = \varphi_0 \sin(\omega_n \cdot t + \alpha)$$

式中：φ_0 为角振幅；α 为初位相。两者均由初始条件决定。复摆的周期为

$$T = \frac{2\pi}{\omega_n} = 2\pi\sqrt{\frac{J_0}{mga}}$$

在工程实际中常用上式，通过测定零件（如曲柄、连杆等）的摆动周期，计算其转动惯量 $J_0 = \frac{T^2 mga}{4\pi^2}$。这种测量转动惯量的实验方法，称为摆动法。

例 14.8　如图 14.9 所示坦克履带单位长度的质量为 m，两轮的质量均为 m_1，可视为均质圆盘，半径为 R，两轮轴间距离 $l = \pi R$，当坦克以速度 v 沿直线行驶时，试求此系统的动能。

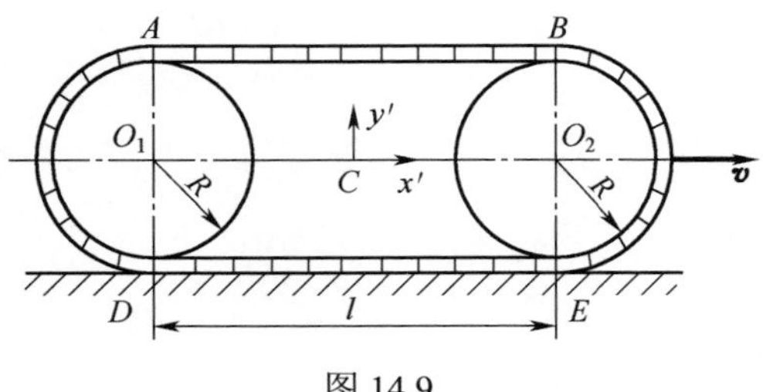

图 14.9

解：此系统的动能等于系统内各部分动能之和。两轮及其上履带部分做平面运动，其瞬心分别为 D、E，可知轮的角速度 $\omega = \frac{v}{R}$，履带 AB 部分平动，平动速度为 $2v$，履带 DE 部分速度为 0。

（1）轮的动能

$$T_1 = T_2 = \frac{1}{2}m_1v^2 + \frac{1}{2}\left(\frac{1}{2}m_1R^2\right)\left(\frac{v}{R}\right)^2 = \frac{3}{4}m_1v^2$$

（2）履带 AB 部分动能

$$T_{AB} = \frac{1}{2}m_{AB}(2v)^2 = \frac{1}{2}m\pi R4v^2 = 2m\pi R4v^2$$

（3）两轮上履带（合并为一均质圆环）动能

$$T_3 = \frac{1}{2}J_D\omega^2 = \frac{1}{2}(2\pi Rm\cdot R^2 + 2\pi Rm\cdot R^2)\left(\frac{v}{R}\right)^2 = 2\pi Rmv^2$$

所以，此系统的动能为

$$T = 2T_1 + T_{AB} + T_3 + T_{ED} = 2\times\frac{3}{4}m_1v^2 + 2m\pi rv^2 + 2\pi Rmv^2 + 0$$

$$= \left[\frac{3}{2}m_1 + 4\pi mR\right]v^2$$

例 14.9 卷扬机如图 14.10 所示，鼓轮在常力矩 M 作用下将圆柱由静止沿斜面上拉。已知鼓轮的半径为 R_1，重力为 P_1，质量分布在轮缘上；圆柱的半径为 R_2，重力为 P_2，质量均匀分布。设斜坡的倾角为 α，表面粗糙，使圆柱只滚不滑。系统从静止开始运动，求圆柱中心 C 经过路程 l 时的速度和加速度。

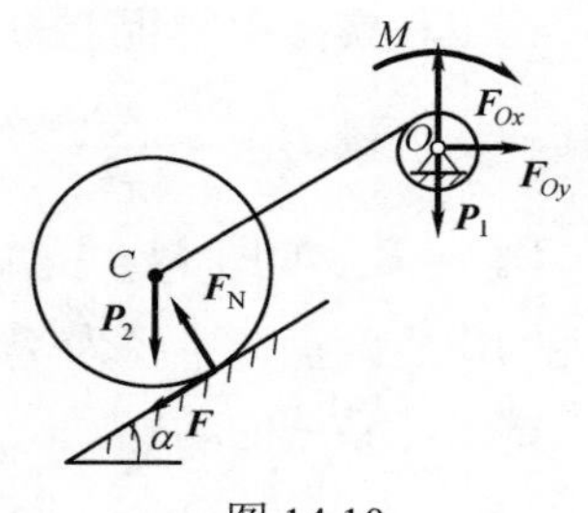

图 14.10

解：以圆柱和鼓轮一起组成的质点系为研究对象。作用于该质点系的力有：重力 P_1 和 P_2，外力矩 M，轴承反力 F_{Ox} 和 F_{Oy}，斜面对圆柱的 P_2 作用力 F_N 和静摩擦力 $\boldsymbol{F}$。

计算功：约束反力 F_N、F_{Ox} 和 F_{Oy} 及摩擦力均不做功，因此

$$\sum W_i^F = M\varphi - P_2\sin\alpha\cdot l$$

质点系的动能：

质点系初始静止，$T_1 = 0$

$$T_2 = \frac{1}{2}J_0\omega^2 + \frac{1}{2}\frac{P_2}{g}v_C^2 + \frac{1}{2}J_C\omega_2^2$$

式中：J_0、J_C 分别为鼓轮对中心轴 O、圆柱对过质心 C 的轴的转动惯量。

$$J_0 = \frac{P_1}{g}R_1^2，\quad J_C = \frac{P_2}{2g}R_2^2$$

因 ω_1 和 ω_2 分别为鼓轮和圆柱的角速度，$\omega_1 = v_C / R_1$，$\omega_2 = v_C / R_2$，于是

$$T_2 = \frac{v_C^2}{4g}(2P_1 + 3P_2)$$

由动能定理求解。

$$T_2 - T_1 = \sum W_i^F$$

$$\frac{v_C^2}{4g}(2P_1 + 3P_2) - 0 = M\varphi - P_2 \sin\alpha \cdot l$$

将 $\varphi = l / R_1$ 代入上式解得

$$v_C = 2\sqrt{\frac{(M - P_2 R_1 \sin\alpha)gl}{R_1(2P_1 + 3P_2)}}$$

将上式平方后，视 l 为变量，对时间求导：

$$\frac{\mathrm{d}}{\mathrm{d}t}(v_C^2) = 4\frac{(M - P_2 R_1 \sin\alpha)g}{R_1(2P_1 + 3P_2)}\frac{\mathrm{d}l}{\mathrm{d}t}$$

因 $\frac{\mathrm{d}v_C}{\mathrm{d}t} = a_C$，$\frac{\mathrm{d}l}{\mathrm{d}t} = v_C$，因此上式变为

$$2v_C a_C = 4v_C \frac{(M - P_2 R_1 \sin\alpha)g}{R_1(2P_1 + 3P_2)}$$

故

$$a_C = 2\frac{M - P_2 R_1 \sin\alpha}{R_1(2P_1 + 3P_2)}g$$

例 14.10　如图 14.11 所示的机构中，已知：纯滚动的匀质轮与物 A 的质量均为 m，轮半径为 r，斜面倾角为 β，物 A 与斜面间的动摩擦因数为 f'，不计杆 OA 的质量和轮子的滚动摩阻。试求：（1）O 点的加速度；（2）杆 OA 的内力。

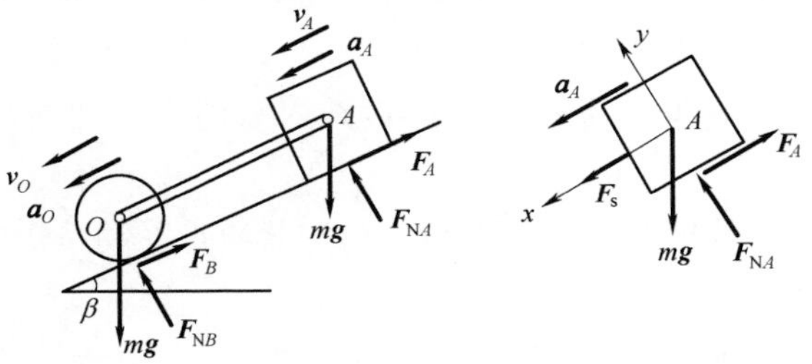

图 14.11

解：（1）对系统由动能定理得

$$\mathrm{d}T = \sum \delta W$$

$$\mathrm{d}\left(\frac{1}{2}m{v_A}^2 + \frac{1}{2}m{v_O}^2 + \frac{1}{2}J_O\omega^2\right) = 2mg\sin\beta\,\mathrm{d}L - f'mg\cos\beta\,\mathrm{d}L$$

其中

$$v_A = v_O\text{，}\quad a_A = a_O$$

对上式两边同除以 $\mathrm{d}t$ 得

$$a_O = \mathrm{d}v_O / \mathrm{d}t = \mathrm{d}v_A / \mathrm{d}t = 2(2\sin\beta - f'\cdot\cos\beta)g/5$$

（2）分析滑块 A 受力：

$$N_A - mg\cdot\cos\beta = 0\text{，}\quad N_A = mg\cos\beta\text{，}\quad F_A = f'N_A = f'mg\cos\beta$$

（3）对滑块 A 按质心运动定理得

$$S - F_A + mg\cdot\sin\beta = ma_A$$

其中

$$a_A = a_O$$

由上式得

$$S = (3f'\cdot\cos\beta - \sin\beta)mg/5$$

思 考 题

14-1 当质点做匀速直线运动或匀速曲线运动时，它的动量是否改变？

14-2 内力是否能改变质点系的动量？内力是否能改变质点系中质点的动量？

14-3 在什么条件下才有质点系动量守恒？当质点系的动量守恒时，其中各质点动量是否也守恒？

14-4 质点系的质心位置由什么决定？内力能否改变质心的运动？

14-5 转动惯量的大小是不是只和质量有关？

14-6 当质点做匀速直线运动时，该质点对此直线外任一固定点的动量矩是否不变？

14-7 内力能否改变质点系的动量矩？内力能否改变质点系中各质点的动量矩？

14-8 质点系动量矩守恒的条件是什么？若质点系动量矩守恒，其中各质点的动量矩是不是也守恒？

14-9 质点做曲线运动时，沿切线方向及法线方向的力是否做功？

14-10 滑动摩擦力是否一定做负功？举例说明。

14-11 物体沿固定面纯滚动，接触点的摩擦力是否做功？

14-12 质点系的内力可以改变系统的动能吗？

14-13 当某系统的机械能守恒时，作用在该系统上的力是否全都是有势力？

14-14 从塔顶以大小相同的初速度 v_0 分别沿水平方向、铅垂向上方向、铅垂向下方向抛出小球，当小球落到地面时，速度是否相等？为什么？

习　题

14-1　坦克履带质量为m_1，两个车轮的质量为m_2。如习题 14-1 图所示，车轮看成均质圆盘，半径为r。设坦克前进速度为$\boldsymbol{v}$，试求此质点系的动量。

14-2　椭圆机构中，规尺AB的质量为$2m_1$，滑块A和B的质量均为m_2。曲柄OC的质量为m_1，且以匀角速度ω绕O轴转动。如习题 14-2 图所示，$OC = AC = BC = l$。设物体均为均质，求机构动量。

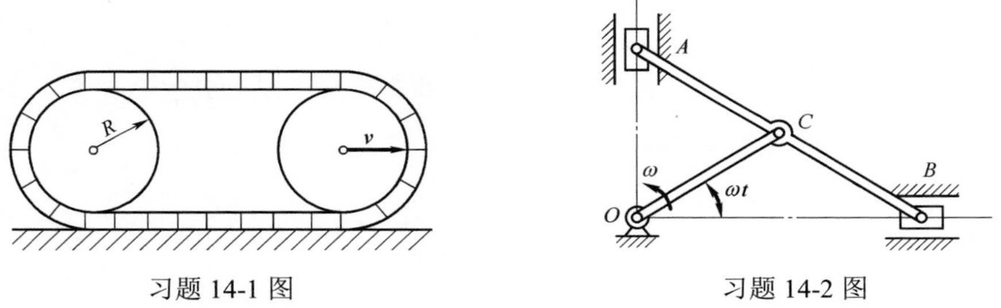

习题 14-1 图　　　　习题 14-2 图

14-3　质量$m = 0.28\text{kg}$的棒球，以$v_0 = 50\text{m/s}$的速度水平向右运动，在棒击后速度改变，降至$v = 40\text{m/s}$，方向与v_0成$\theta = 135°$，指向如习题 14-3 图所示。求棒作用于球的冲量的水平分量和铅垂分量。

14-4　滑轮机构如习题 14-4 图所示。物体A和B的质量为m_1和m_2。滑轮C和D的质量为m_3和m_4，质心与形心重合。设B物体以加速度$\boldsymbol{a}$下降，求C滑轮的轴承O处的约束力。绳质量略去不计。

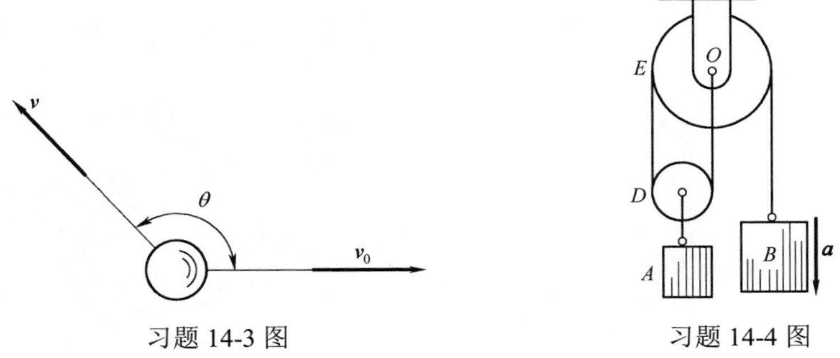

习题 14-3 图　　　　习题 14-4 图

14-5　三个物块的质量分别为$m_1 = 30\text{kg}$，$m_2 = 15\text{kg}$，$m_3 = 20\text{kg}$，由一条绕过定滑轮M和N的绳子相连接，放在质量$m_4 = 100\text{kg}$的平台$ABED$上，如习题 14-5

图所示。当物块m_1下降时，物块m_2在平台上向右移动，而物块m_3则沿斜面上升。如略去摩擦和绳子重量，求重物m_1下降1m时，平台相对地面的位移。

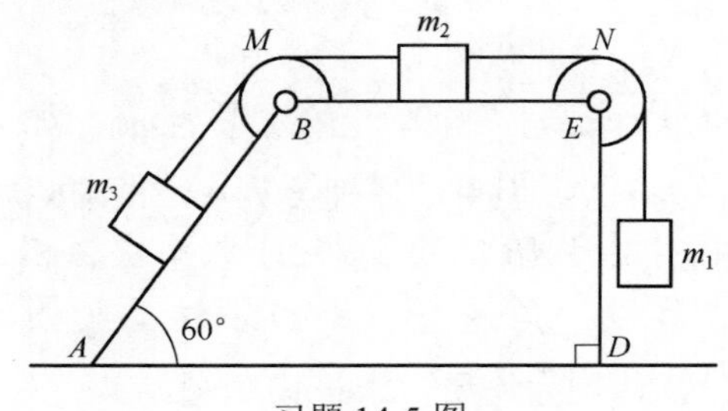

习题 14-5 图

14-6　如习题 14-6 图所示，均质滑轮A质量为m，重物M_1、M_2质量分别为m_1和m_2，斜面的倾角为θ，不考虑摩擦。已知重物M_2的加速度为$\boldsymbol{a}$，试求轴承O处的约束力（表示成a的函数）。

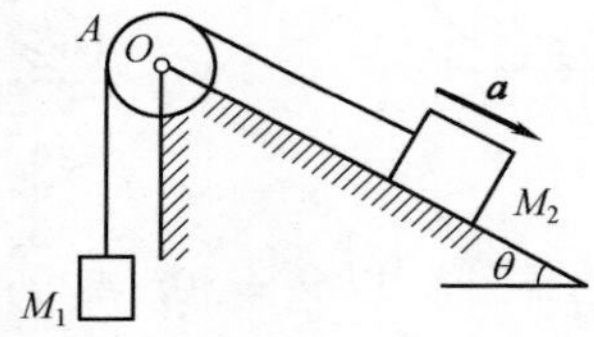

习题 14-6 图

14-7　如习题 14-7 图所示，长为$2l$的均质杆AB竖直地立在光滑水平面上。求它从竖直位置无初速地倒下时，端点A相对图示坐标系的轨迹。

14-8　如习题 14-8 图所示，质量为m_1的电机放在光滑水平面上。电机转轴O上装一质量为m_2的胶带轮，由于质量不均匀，胶带轮质量偏心，不在O轴上，偏心距$OC = e$。转子以匀角速度ω转动，试求电机的水平运动规律。

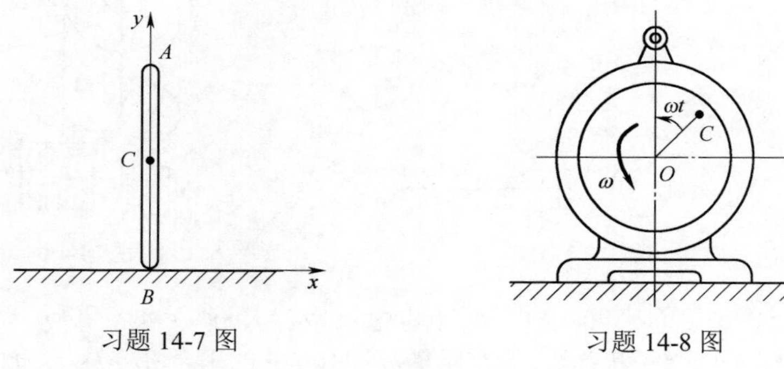

习题 14-7 图　　　　习题 14-8 图

14-9　质量为m_1的小车A，悬挂摆锤B（习题 14-9 图）。已知摆锤摆动规律$\varphi=\varphi_0\cos kt$。设摆锤B的质量为m_2，摆长为l，摆杆的重量及摩擦忽略不计，求小车的运动方程。

14-10　质量为m、长为$2l$的均质杆OA绕固定轴O在铅垂面内转动，如习题 14-10 图所示。已知在图示位置时，杆的角速度为ω，角加速度为α。试求此时杆在O轴处的约束力。

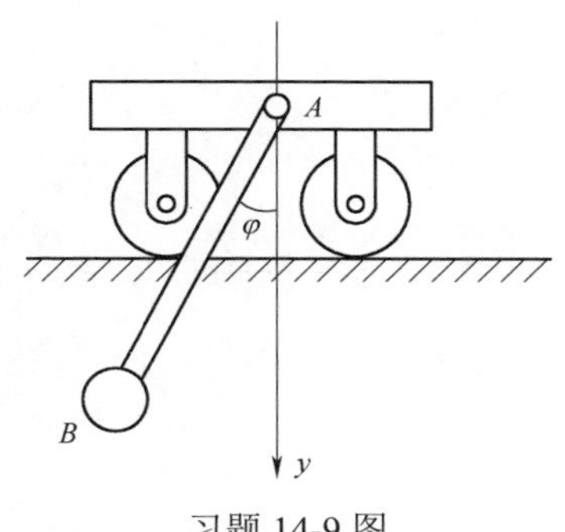

习题 14-9 图

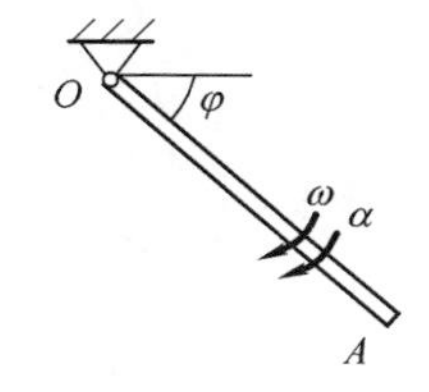

习题 14-10 图

14-11　质量为M的大三角块放在光滑水平面上，大三角块斜面上放一个和它相似且质量为m小三角块（习题 14-11 图）。已知两三角块的边长分别为a和b。两三角块为均质，试求小三角块由图示位置滑到底时大三角块的位移。

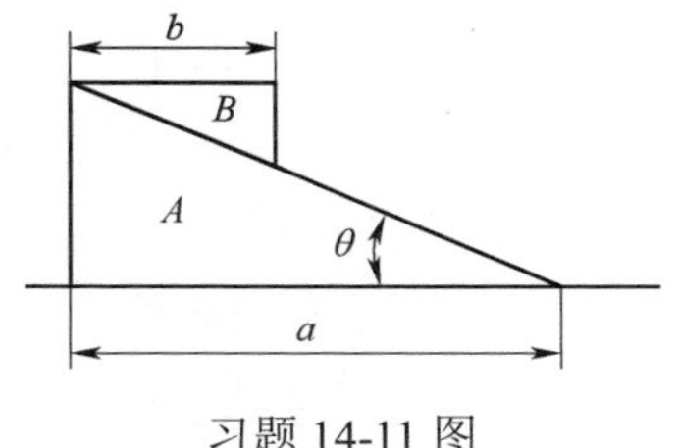

习题 14-11 图

14-12　如习题 14-12 图所示，已知无重杆OA角速度$\omega_O=2\text{rad/s}$，均质圆盘$m=15\text{kg}$，$R=100\text{mm}$。习题 14-12 图（a）中，圆盘与OA杆焊接在一起。习题 14-12 图（b）、（c）中，圆盘与OA杆铰接，且相对OA以角速度$\omega_r=2\text{rad/s}$转动，转向如图。求在（a）、（b）、（c）三图中，圆盘对O轴的动量矩。

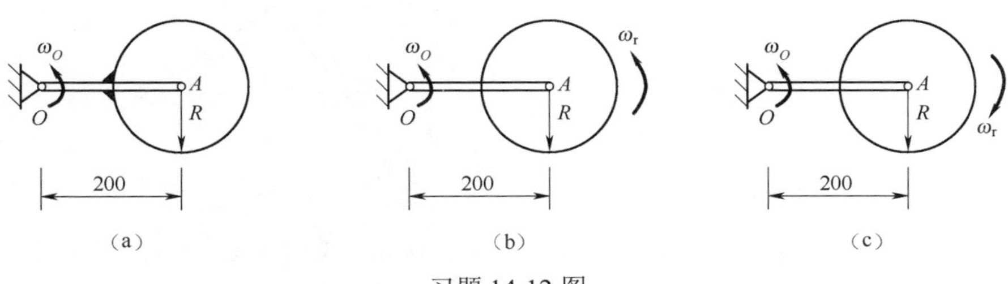

习题 14-12 图

14-13　已知重物a、b的质量各为m_1、m_2，塔轮的质量为m_3，受力如习题 14-13 图所示。对转轴的回转半径为 ρ，且质心位于转轴 O 处。已知轮塔的内外径分别为 r 和 R。求轮塔的角加速度。

14-14 圆轮 A 重 P_1，半径为 r_1，以角速度 ω 绕 OA 杆的 A 端转动，如习题 14-14 图所示。此时将轮放置在重 P_2 的另一圆轮 B 上，其半径为 r_2。B 轮原为静止，但可绕其几何轴自由转动。放置后，A 轮的重量由 B 轮支持。略去轴承的摩擦与杆 OA 的重量，并设两轮间的摩擦因数为 f。问自 A 轮放在 B 轮上到两轮间没有滑动为止，经过多少时间？

习题 14-13 图　　　　习题 14-14 图

14-15 如习题 14-15 图所示，轮子的质量 m=100kg，半径 R=1m，可以看成均质圆盘。当轮子以转速 n=120r/min 绕定轴 C 转动时，在杆 A 点垂直地施加常力 $\boldsymbol{P}$，经过 10s 轮子停转。设轮与闸块间的动摩擦因数 f'=0.1，试求力 $\boldsymbol{P}$ 的大小。轴承的摩擦和闸块的厚度忽略不计。

14-16 已知习题 14-16 图中均质三角形薄板的质量为 m，高为 h，求对底边的转动惯量 J_x。

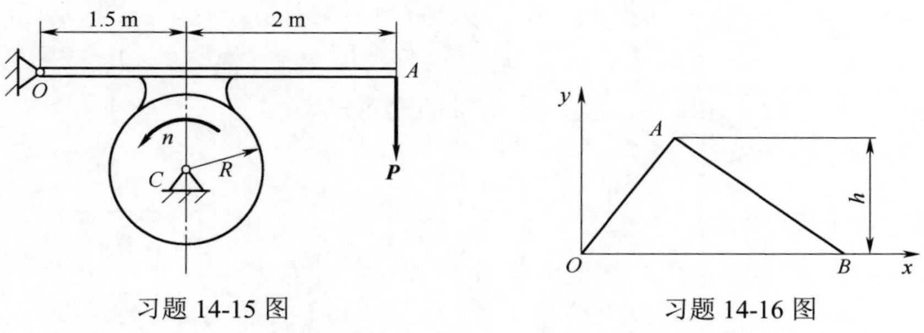

习题 14-15 图　　　　习题 14-16 图

14-17 如习题 14-17 图所示弹簧原长 $l = 10$cm，刚性系数 $k = 4.9$kN/m，一端固定在 O 点，此点在半径 $R = 10$cm 的圆周上。如弹簧的另一端由 B 点拉至 A 点和由 A 点拉至 D 点，分别计算弹性力所做的功。$AC \perp BC$、OA 和 BD 为直径。

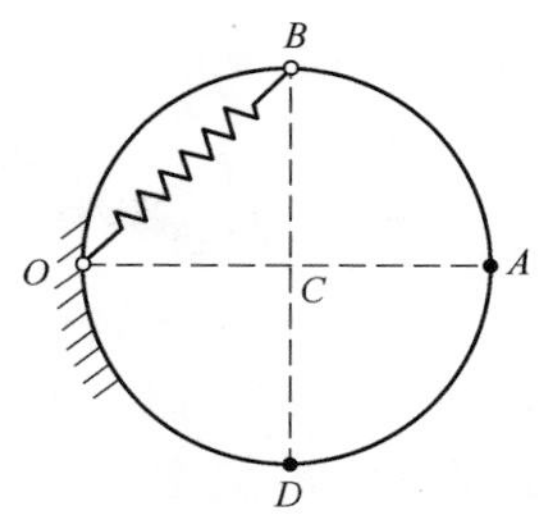

习题 14-17 图

14-18　在半径为 r 的卷筒上，作用一力偶矩 $M = b\varphi + h\varphi^2$，式中 b、h 为常数，φ 为转角，物 B 重力为 Q，与水平面间的动摩擦因数为 f（习题 14-18 图）。试求当卷筒转过两圈时，作用于系统上所有力做功的总和。

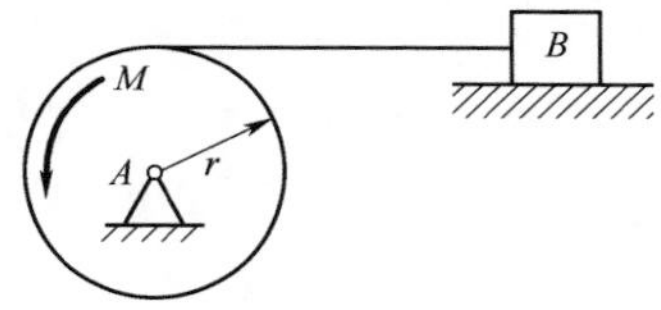

习题 14-18 图

14-19　滑块 A 质量为 m_1，在滑道内滑动，匀质直杆长为 l、质量为 m_2（习题 14-19 图）。当 AB 杆与铅线的夹角为 φ 时，滑块 A 的速度为 v，AB 杆的角速度为 ω。试求该瞬时系统的动能。

14-20　质量 $m = 0.5\text{kg}$ 的小球，在外力 $\boldsymbol{F} = (2xy)\boldsymbol{i} + (3x^2)\boldsymbol{j}$ 的作用下，由静止开始在一铅垂放置的光滑槽内运动（习题 14-20 图），槽的曲线方程为 $x^2 = 9y$，设开始时小球位于原点 O，求小球运动到 $A(3,1)$ 点时的速度（长度单位为 m，力的单位为 N）。

习题 14-19 图　　习题 14-20 图

14-21　在如习题 14-21 图所示滑轮组中悬挂两个重物，其中 M_1 重 P，M_2 重 Q。定滑轮 O_1 的半径为 r_1，重 W_1；动滑轮 O_2 的半径为 r_2，重 W_2。两轮都视为均质圆盘。如绳重和摩擦略去不计，并设$P>2Q-W_2$，求重物M_1由静止下降距离h时的速度。

14-22 两个重W的物体用绳连接，此绳跨过滑轮O，如习题14-22图所示。在左方物体上放有一带孔的薄圆板，而在右方物体上放有两个相同的圆板，圆板均重P。此质点系由静止开始运动，当右方重物$Q+2P$落下距离x_1时，重物Q通过一固定圆环板，而其上重$2P$的薄板被搁住。如该重物Q下降了距离x_2，然后停止，求x_2与x_1的比。摩擦和滑轮质量不计。

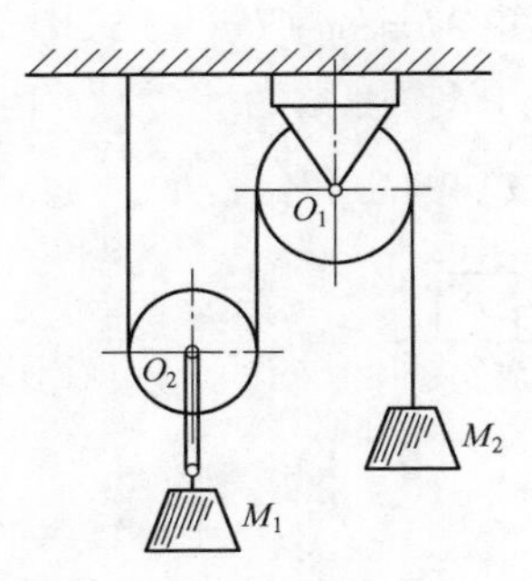

习题14-21图

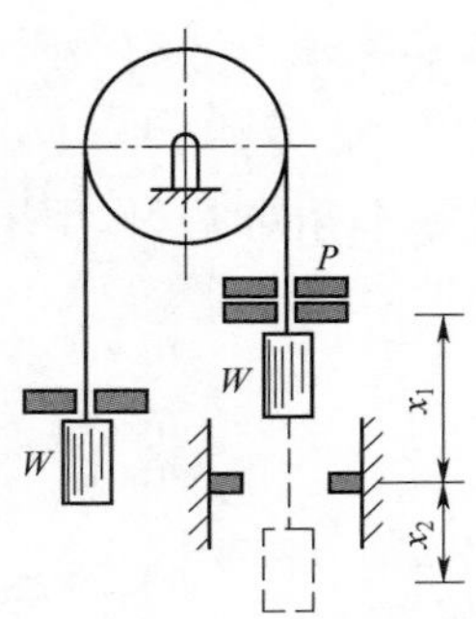

习题14-22图

14-23 A、B两圆盘的质量都是10kg，半径r都等于0.3m，用绳子连接，如习题14-23图所示。设正在旋转的B盘的角速度$\omega=20$rad/s，求当B盘角速度减到4rad/s时，A盘上升的距离。

14-24 机构位于铅垂面内。已知：两相同直杆，长度均为l，质量均为m，在AB杆上作用有一不变的力偶矩M。若在如习题14-24图所示位置θ时无初速地释放，试求当A端碰到支座O时A端的速度v_A。

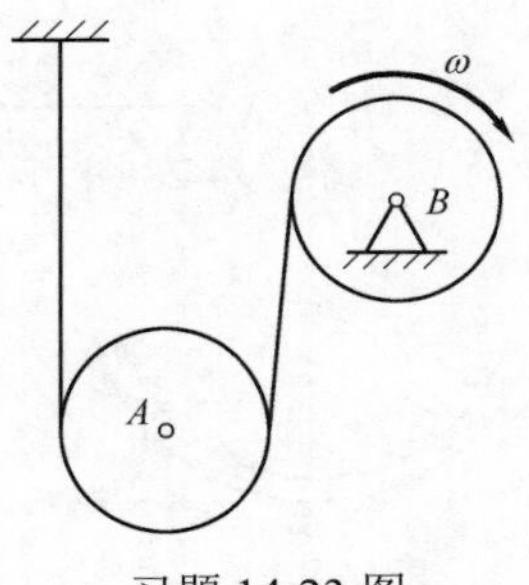

习题14-23图

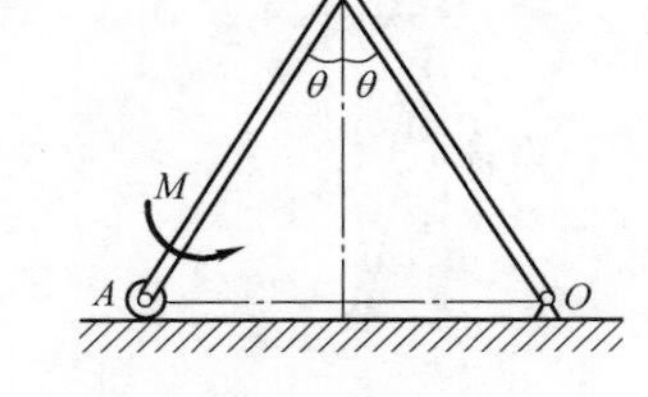

习题14-24图

14-25 机构如习题14-25图所示。已知：半径为R、质量为m_1的匀质圆盘A在水平面上纯滚动，定滑轮C半径为r，质量为m_2，物B质量为m_3。系统无初速地进入运动，试求重物 B 下降 h 距离时，圆盘中心的速度与加速度。

14-26　一均质板 C，水平地放置在均质圆轮 A 和 B 上，A 轮和 B 轮的半径分别为 r 和 R，A 轮做定轴转动，B 轮在水平面上滚动而不滑动，板 C 与两轮之间无相对滑动（习题 14-26 图）。已知板 C 和轮 A 的重量均为 P，轮 B 重 Q，在 B 轮上作用有矩为 M 的常力偶。试求板 C 的加速度。

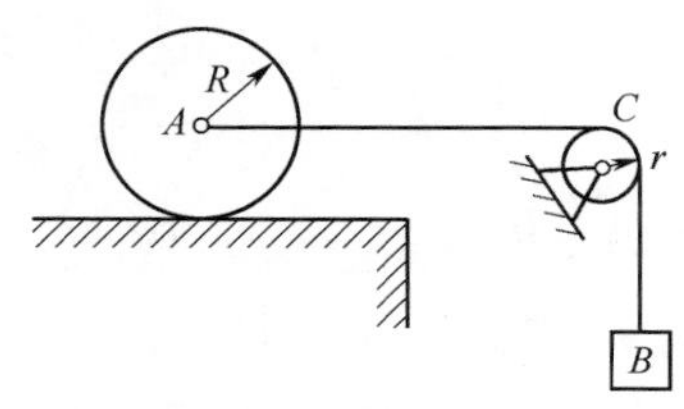

习题 14-25 图

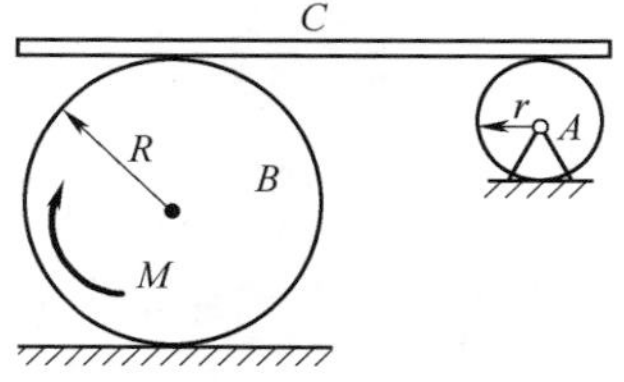

习题 14-26 图

14-27　在如习题 14-27 图所示机构中，已知：匀质圆盘 A 重为 P，匀质轮 O 重为 Q，半径均为 R，斜面的倾角为 β，圆盘 A 沿斜面纯滚动，轮 O 上作用一力偶矩为 M 的常值力偶。试求轮 O 的角加速度 α。

14-28　如习题 14-28 图所示高炉上料卷扬机，卷筒绕 O_1 轴动，转动惯量为 J，半径为 R，其上作用有力矩 M_0。料斗车重 P，运动时受到阻力（摩擦因数为 f）。滑轮和钢绳质量以及轴承摩擦均不计。求：当料斗走过距离 s 时的速度和加速度。

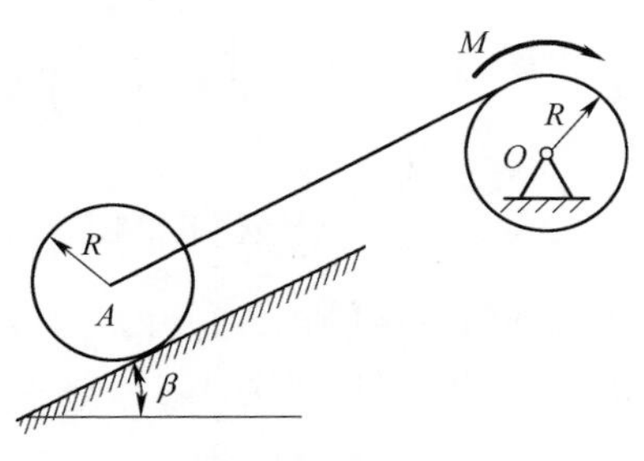

习题 14-27 图

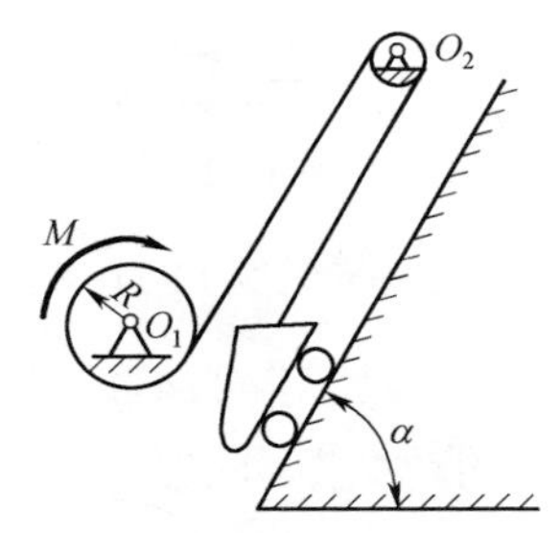

习题 14-28 图

14-29　均质圆盘 A 重 W_1，半径为 r，沿倾角为 α 的斜面向下纯滚动。物块 B 重 W_2，与水平面的动摩擦因数为 f'，定滑轮质量不计，绳的两直线段分别与斜面和水平面平行（习题 14-29 图）。已知物块 B 的加速度为 a，试求 f'。

14-30　如习题 14-30 图所示，均质杆质量为 m，长为 l，可绕距端点 $l/3$ 的转轴 O 转动，求杆由水平位置静止开始转动到任一位置时的角速度、角加速度以及轴承 O 的约束反力。

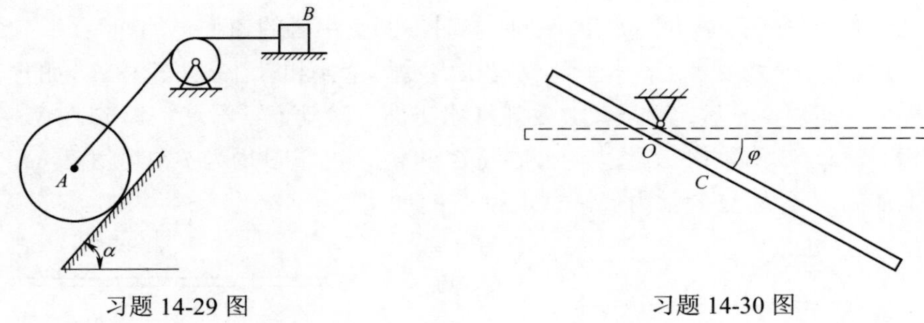

习题 14-29 图　　　　习题 14-30 图

14-31　如习题 14-31 图所示，轮 A 和轮 B 可视为均质圆盘，半径都为 R，重为 W_1。绕在两轮上的绳索中间连着物块 C，设物块 C 重为 W_2，且放在理想光滑的水平面上。今在轮 A 上作用一不变的力矩 M。求轮 A 与物块之间绳索的张力。绳的重量不计。

14-32　均质圆柱体 A 的重量为 P，在外缘上绕有一细绳，绳的一端 B 固定不动，如习题 14-32 图所示，圆柱体无初速度地自由下降，试求圆柱体质心的加速度和绳的拉力。

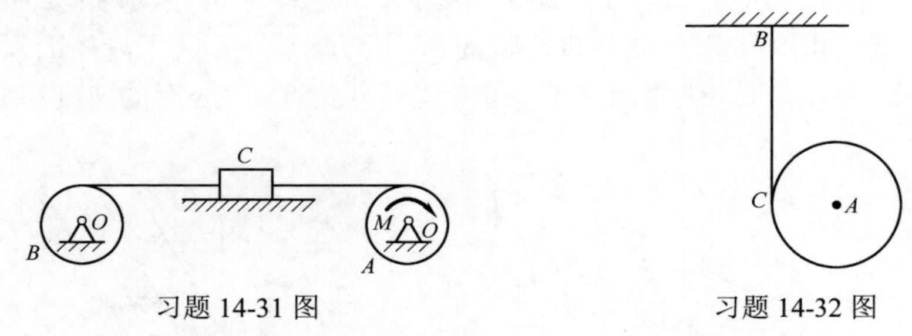

习题 14-31 图　　　　习题 14-32 图

14-33　在如习题 14-33 图所示机构中，已知：斜面倾角为 β，物块 A 重为 P，与斜面间的动摩擦因数为 f'。匀质滑轮 B 重为 W，半径为 R，绳与滑轮间无相对滑动；匀质圆盘 C 纯滚动，重为 Q，半径为 r；绳的两直线段分别与斜面和水平面平行。试求当物块 A 由静止开始沿斜面下降到距离为 s 时：（1）滑轮 B 的角速度和角加速度；（2）该瞬时水平面对轮 C 的静滑动摩擦力。

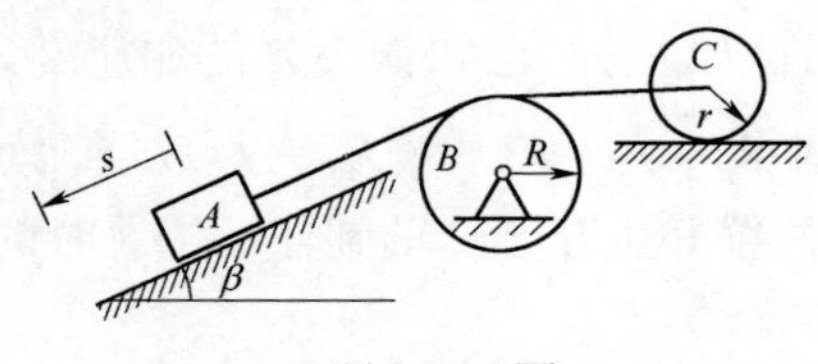

习题 14-33 图

附录A　平面图形的几何性质

知 识 梳 理

1. 静矩、形心、惯性矩、惯性积、极惯性矩、惯性半径的计算及平行移轴公式（表A.1）

表A.1　静矩、形心、惯性矩、惯性积、极惯性矩、惯性半径的计算及平行移轴公式

图示	计算公式	结论
静矩和形心 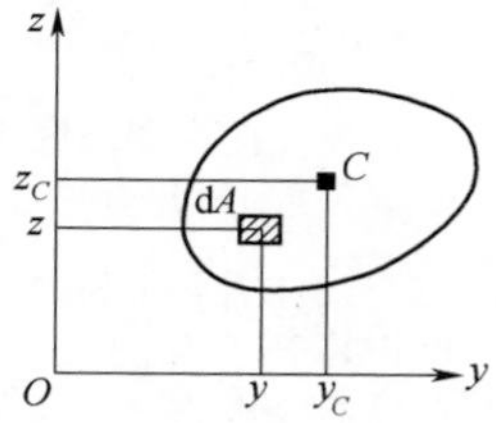	静矩 $S_z=\int_A y\mathrm{d}A=Ay_C$ $S_y=\int_A z\mathrm{d}A=Az_C$ 形心 $y_C=\dfrac{\int_A y\mathrm{d}A}{A}=\dfrac{S_z}{A}$ $z_C=\dfrac{\int_A z\mathrm{d}A}{A}=\dfrac{S_y}{A}$	（1）静矩是对某一坐标轴而言的，同一图形对不同的坐标轴，其静矩一般是不同的。 （2）静矩可能为正值或负值，也可能等于0。其量纲为长度的三次方，常用单位是m^3或mm^3。 （3）若某坐标轴通过形心，则图形对该轴的静矩等于0；反之，若图形对某一轴的静矩等于0，则该轴必然通过图形的形心。
组合图形的静矩和形心 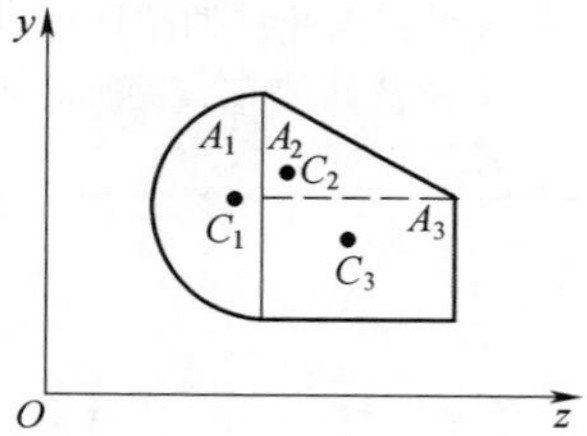	静矩 $S_z=\sum_{i=1}^{n}A_iy_{Ci}$ $S_y=\sum_{i=1}^{n}A_iz_{Ci}$ 形心 $y_C=\dfrac{S_z}{A}=\dfrac{\sum_{i=1}^{n}A_iy_{Ci}}{\sum_{i=1}^{n}A_i}$ $z_C=\dfrac{S_y}{A}=\dfrac{\sum_{i=1}^{n}A_iz_{Ci}}{\sum_{i=1}^{n}A_i}$	组合图形对某轴的静矩等于其组成部分对该轴静矩的代数和。

续表

图示	计算公式	结论
惯性矩、惯性积、极惯性矩和惯性半径 x dA ρ z O y y	惯性矩 $I_y = \int_A z^2 \mathrm{d}A$ $I_z = \int_A y^2 \mathrm{d}A$ 极惯性矩 $I_\mathrm{p} = \int_A \rho^2 \mathrm{d}A$ 惯性积 $I_{yz} = \int_A yz \mathrm{d}A$ 惯性半径 $i_y = \sqrt{\frac{I_y}{A}}$ $i_z = \sqrt{\frac{I_z}{A}}$	（1）惯性矩和惯性积都是对某一坐标轴而言的，同一图形对不同的坐标轴，其值一般是不同的。而极惯性矩是对坐标原点而言的。 （2）惯性矩和极惯性矩的数值恒为正值，其量纲是长度的四次方，常用单位是 m^4 或 mm^4。 （3）惯性积的单位也是长度的四次方，但其值可能为正，可能为负，也可能等于 0。若 y、z 两坐标轴中有一个为图形的对称轴，则图形对这一坐标系的惯性积 I_{yz} 恒等于 0。 （4）极惯性矩和惯性矩有如下关系：$I_\mathrm{p} = I_y + I_z$ 。 （5）组合图形对某轴的惯性矩等于其各组成部分对该轴惯性矩的和。
平行移轴公式 z y z_C b y_C dA z_C C y_C a z O y	$\begin{cases} I_y = I_{y_C} + a^2 A \\ I_z = I_{z_C} + b^2 A \\ I_{yz} = I_{y_C z_C} + abA \end{cases}$	（1）因为面积及 a^2、b^2 项恒为正，故图形对形心轴的惯性矩是最小的。 （2）a、b 为图形的形心在原坐标系中的坐标，它们是有正负的。所以，移轴后惯性积可能增加也可能减少。因此在使用惯性积移轴公式时应注意 a、b 的正负号。

2. 主惯性轴、主惯性矩、形心主惯性轴、形心主惯性矩

（1）主惯性轴：惯性积等于 0 的一对正交坐标轴称为主惯性轴。

（2）主惯性矩：图形对主惯性轴的惯性矩称为主惯性矩。

（3）形心主惯性轴：通过形心的主惯性轴称为形心主惯性轴。

（4）形心主惯性矩：图形对形心主惯性轴的惯性矩称为形心主惯性矩。

基 本 要 求

1. 掌握静矩、形心、惯性矩、惯性积、惯性半径、极惯性矩的概念。
2. 熟练计算简单图形的静矩、形心、惯性矩。
3. 了解主惯性轴、主惯性矩、形心主惯性轴、形心主惯性矩的概念。

典 型 例 题

例 A.1　计算如图 A.1 所示三角形对 y 轴的静矩。

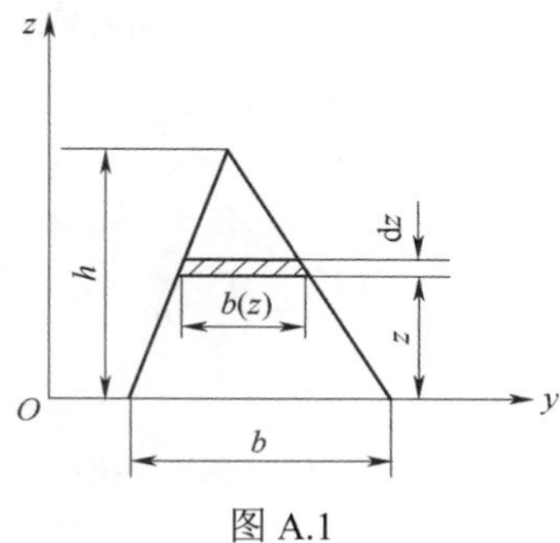

图 A.1

解： 如图 A.1 所示，取平行于 y 轴的狭长条作为微面积 $\mathrm{d}A$

$$\mathrm{d}A = b(z)\mathrm{d}z$$

由相似三角形关系，可知

$$b(z) = \frac{b}{h}(h-z)$$

代入上式得

$$\mathrm{d}A = \frac{b}{h}(h-z)\mathrm{d}z$$

由静矩的定义，得

$$S_y = \int_A z\mathrm{dA} = \int_0^h z\cdot\frac{b}{h}(h-z)\mathrm{d}z = \frac{bh^2}{6}$$

例 A.2　试确定如图 A.2 所示图形的形心位置。

解： z 为对称轴，建立如图 A.2 所示的坐标系，$y_C = 0$。将图形看作由大矩形 I 和小矩形 II 组成，每个矩形的面积及形心位置分别为

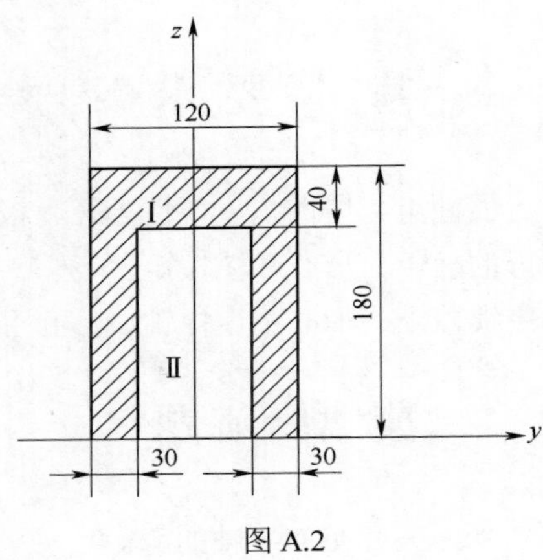

图 A.2

矩形Ⅰ：

$$A_1 = 120 \times 180 = 21600\,\text{mm}^2$$

$$z_{C1} = \frac{180}{2} = 90\text{mm}$$

矩形Ⅱ：

$$A_2 = -140 \times 60 = -8400\,\text{mm}^2$$

$$z_{C2} = \frac{140}{2} = 70\text{mm}$$

整个图形形心 C 的坐标为

$$z_C = \frac{A_1 z_{C1} + A_2 z_{C2}}{A_1 + A_2} = \frac{21600 \times 90 - 8400 \times 70}{21600 - 8400} \approx 103\,\text{mm}$$

例 A.3 确定如图 A.3 所示 T 形截面对其形心轴 z 的惯性矩。

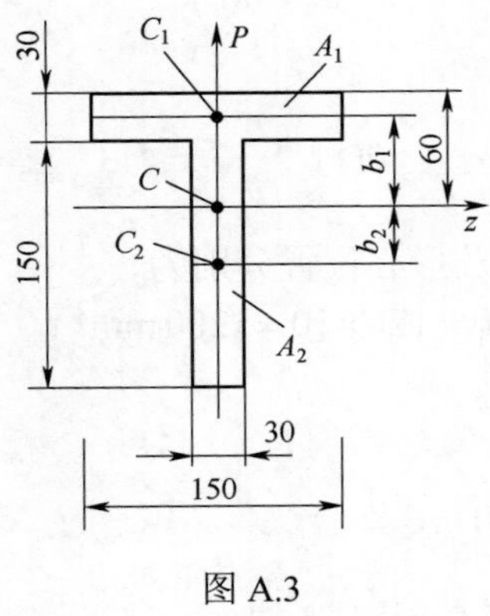

图 A.3

解：将整个截面视为由两个矩形 A_1、A_2 组成，A_1、A_2 的形心位置已知。根据惯性矩定义

$$I_{z1}=\frac{150\times 30^3}{12}，\quad I_{z2}=\frac{30\times 150^3}{12}$$

由惯性矩的平行移轴公式，得

$$\begin{aligned}I_z&=I_{z1}+A_1b_1^2+I_{z2}+A_2b_2^2\\&=\frac{150\times 30^3}{12}+150\times 30\times(60-15)^2+\frac{30\times 150^3}{12}+150\times 30\times(75+30-60)^2\\&=27\times 10^6\,\text{mm}^4\end{aligned}$$

例 A.4　确定如图 A.4 所示图形的形心主惯性轴位置，并计算形心主惯性矩。

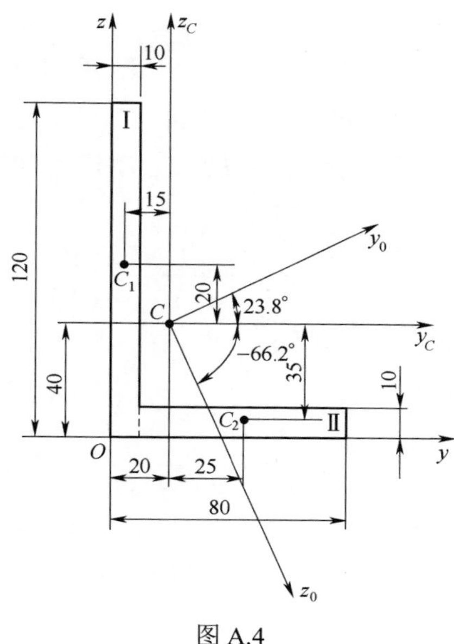

图 A.4

解：(1) 确定如图 A.4 所示平面图形的形心位置，将图形看作由两个矩形 I 和 II 组成。每个矩形的面积及形心位置分别为

矩形 I：

$$A_1=120\times 10=1200\,\text{mm}^2$$

$$y_{C1}=\frac{10}{2}=5\,\text{mm}，\quad z_{C1}=\frac{120}{2}=60\,\text{mm}$$

矩形 II：

$$A_2=70\times 10=700\,\text{mm}^2$$

$$y_{C2}=10+\frac{70}{2}=45\,\text{mm}，\quad z_{C1}=\frac{10}{2}=5\,\text{mm}$$

整个图形形心 C 的坐标为

$$y_C=\frac{A_1y_{C1}+A_2y_{C2}}{A_1+A_2}=\frac{1200\times 5+700\times 45}{1200+700}\approx 20\,\text{mm}$$

$$z_C = \frac{A_1 z_{C1} + A_2 z_{C2}}{A_1 + A_2} = \frac{1200\times 60 + 700\times 5}{1200 + 700} \approx 40\,\text{mm}$$

（2）计算如图 A.4 所示平面图形对形心轴 y_C、z_C 的惯性矩和惯性积。过 C 点作水平和铅垂的一对坐标轴 y_C、z_C。

$$\begin{aligned}I_{y_C} &= \frac{1}{12}\times 10\times 120^3 + 20^2\times 10\times 120 + \frac{1}{12}\times 70\times 10^3 + 35^2\times 70\times 10\\ &= 278.3\times 10^4\,\text{mm}^4\end{aligned}$$

$$\begin{aligned}I_{z_C} &= \frac{1}{12}\times 120\times 10^3 + 15^2\times 10\times 120 + \frac{1}{12}\times 10\times 70^3 + 25^2\times 70\times 10\\ &= 100.3\times 10^4\,\text{mm}^4\end{aligned}$$

$$\begin{aligned}I_{y_C z_C} &= 20\times(-15)\times 120\times 10 + (-35)\times 25\times 70\times 10\\ &= -97.3\times 10^4\,\text{mm}^4\end{aligned}$$

（3）确定如图 A.4 所示平面图形的形心主惯性轴的位置，计算形心主惯性矩。

$$\tan 2\alpha_O = -\frac{2I_{y_C z_C}}{I_{y_C} - I_{z_C}} = -\frac{2\times(-97.3\times 10^4)}{278.3\times 10^4 - 100.3\times 10^4} = 1.093\backslash$$

$$2\alpha_O = 47.6^\circ$$

$$\alpha_O = 23.8^\circ$$

另一形心主惯性轴与 y_C 轴的夹角为

$$\alpha_O' = 23.8^\circ - 90^\circ = -66.2^\circ$$

因为 $I_{y_C z_C} = -97.3\times 10^4\,\text{mm}^4 < 0$，故截面对 $\alpha_O = 23.8^\circ > 0$ 的形心主轴 y_O 的形心主矩最大，对 $\alpha_O' = -66.2^\circ < 0$ 的形心主轴 z_O 的形心主矩最小。截面的形心主惯性矩为

$$\begin{aligned}I_{\max} = I_{y_O} &= \frac{I_{y_C} + I_{z_C}}{2} + \frac{1}{2}\sqrt{(I_{y_C} - I_{z_C})^2 + 4I_{y_C z_C}^2} = \frac{278.3\times 10^4 + 100.3\times 10^4}{2}\\ &+ \frac{1}{2}\sqrt{(278.3\times 10^4 - 100.3\times 10^4)^2 + 4\times(-97.3\times 10^4)^2}\\ &= 321.3\times 10^4\,\text{mm}^4\end{aligned}$$

$$\begin{aligned}I_{\min} = I_{z_O} &= \frac{I_{y_C} + I_{z_C}}{2} - \frac{1}{2}\sqrt{(I_{y_C} - I_{z_C})^2 + 4I_{y_C z_C}^2} = \frac{278.3\times 10^4 + 100.3\times 10^4}{2}\\ &- \frac{1}{2}\sqrt{(278.3\times 10^4 - 100.3\times 10^4)^2 + 4\times(-97.3\times 10^4)^2}\\ &= 57.3\times 10^4\,\text{mm}^4\end{aligned}$$

思　考　题

A-1　试判断下列说法哪个是正确的，哪个是错误的。

（1）图形对其对称轴的静矩为0，惯性矩不为0，惯性积为0。

（2）图形对其对称轴的静矩不为0，惯性矩和惯性积均为0。

（3）图形对其对称轴的静矩、惯性矩及惯性积均为0。

（4）图形对其对称轴的静矩、惯性矩及惯性积均不为0。

A-2　如思考题A-2图所示矩形截面，由惯性矩的平行移轴公式，I_{z2} 的数值哪一个是正确的？

（1）$I_{z2}=I_{z1}+\dfrac{bh^3}{4}$

（2）$I_{z2}=I_z+\dfrac{bh^3}{4}$

（3）$I_{z2}=I_z+bh^3$

（4）$I_{z2}=I_{z1}+bh^3$

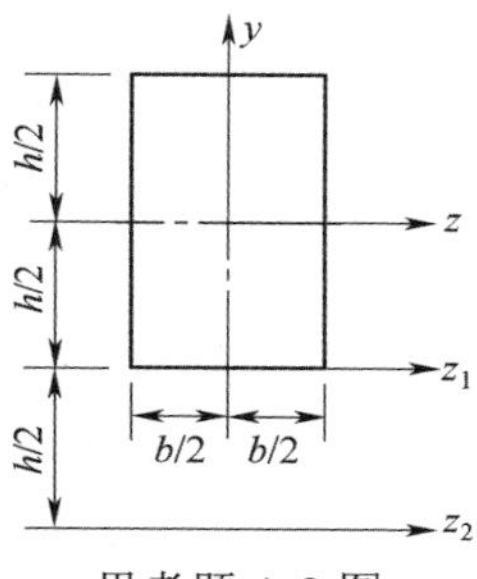

思考题A-2图

A-3　如思考题A-3图所示各图形中，C 是形心，哪些图形对坐标轴的惯性积等于0？

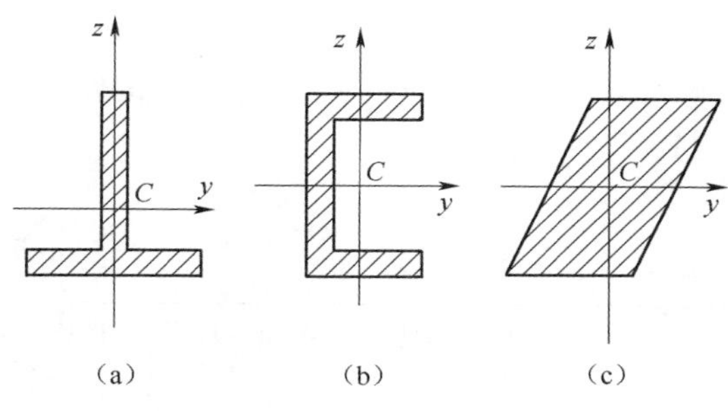

思考题A-3图

A-4　两根由同一号槽钢组成的截面如思考题A-4图所示。已知每根槽钢的截面面积为 A，对形心轴 z_0 的惯性矩为 I_{z_0}，并知 z_0、z_1 和 z 为相互平行的三个轴。在计算组合截面对 z 轴的惯性矩 I_z 时，应选用下列哪一个算式？

（1）$I_z=I_{z_0}+y_0^2A$

（2）$I_z = I_{z_0} + \left(\dfrac{a}{2}\right)^2 A$

（3）$I_z = I_{z_0} + \left(y_0 + \dfrac{a}{2}\right)^2 A$

（4）$I_z = I_{z_0} + y_0^2 A + y_0 a A$

（5）$I_z = I_{z_0} + \left[y_0^2 + \left(\dfrac{a}{2}\right)^2\right] A$

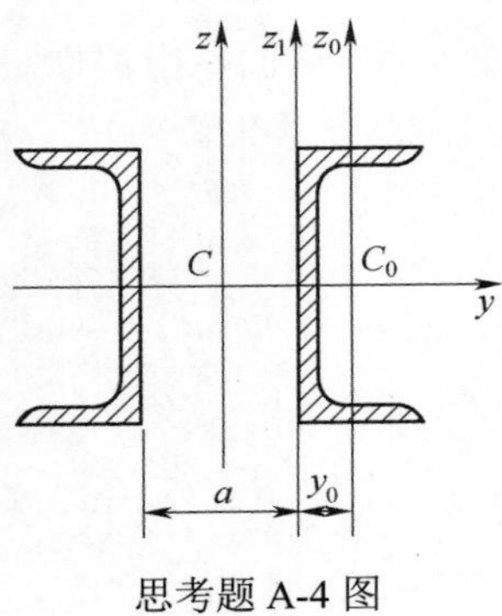

思考题 A-4 图

习　　题

A-1　试求如习题 A-1 图所示各阴影面积对 y 轴的静矩。

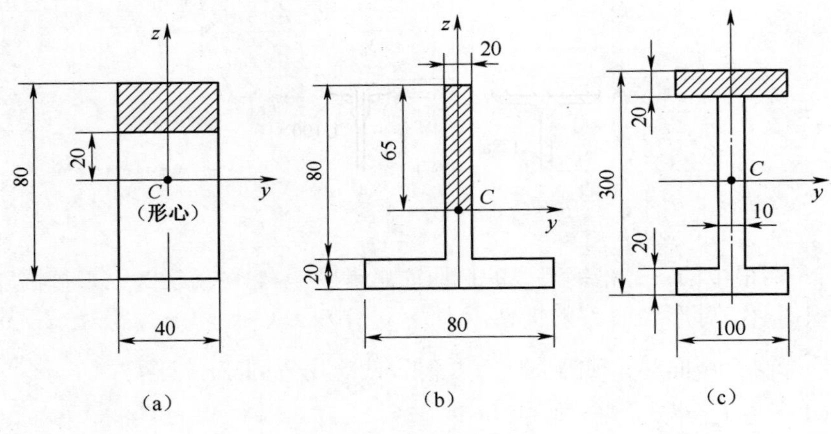

习题 A-1 图

A-2 试求下列图形（习题 A-2 图）的形心位置。

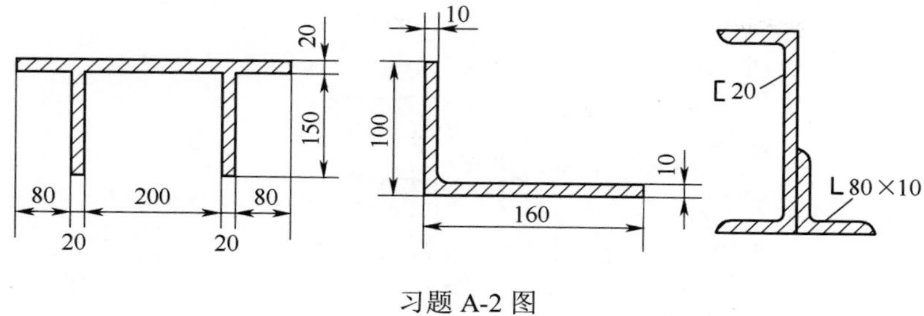

习题 A-2 图

A-3 试求如习题 A-3 图所示截面对形心轴 z_C 轴的惯性矩 I_{z_C}。

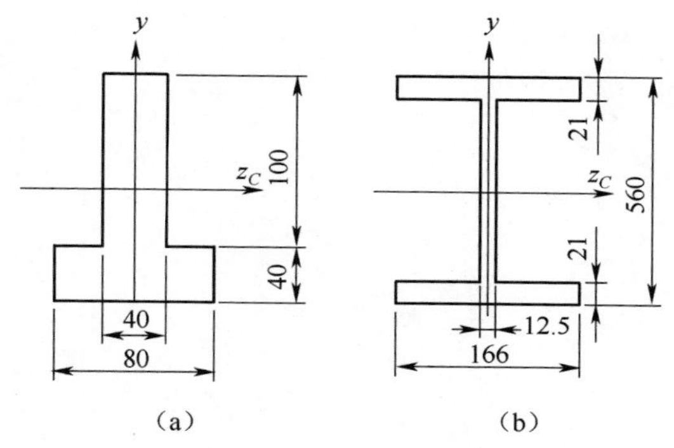

（a）　（b）

习题 A-3 图

A-4 两组合截面如习题 A-4 图所示。试求图示截面对其对称轴 y 轴的惯性矩。

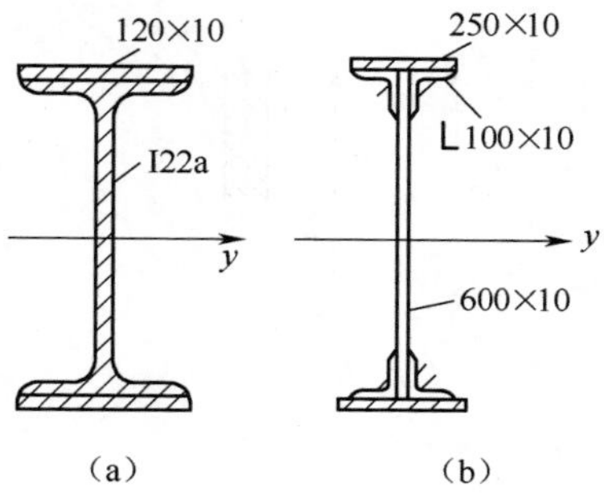

（a）　（b）

习题 A-4 图

A-5　采用两根槽钢 16 焊接成如习题 A-5 图所示截面。若要使两个形心主惯性矩 I_x 和 I_y 相等，两槽钢之间的距离 a 应为多少？

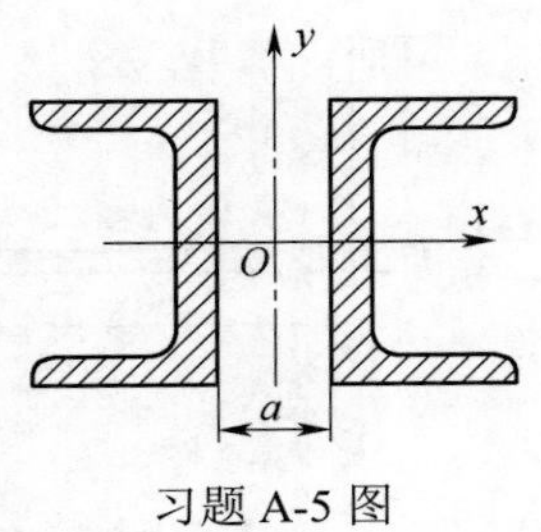

习题 A-5 图

参 考 文 献

[1] 哈尔滨工业大学理论力学教研室．理论力学（I）[M]．7 版．北京：高等教育出版社，2009．

[2] 哈尔滨工业大学理论力学教研室．理论力学（II）[M]．7 版．北京：高等教育出版社，2009．

[3] 刘建忠，高曦光．理论力学[M]．北京：中国水利水电出版社，2014．

[4] 刘鸿文．材料力学[M]．5 版．北京：高等教育出版社，2011．

[5] 胡庆泉，蒋彤．材料力学[M]．北京：中国水利水电出版社，2014．

[6] 西南交通大学应用力学与工程系．工程力学教程[M]．2 版．北京：高等教育出版社，2009．

[7] 刘又文，彭献．理论力学[M]．北京：高等教育出版社，2006．

[8] 邹春伟．理论力学[M]．北京：中国铁道出版社，2000．

读书笔记